Anleitungen für die chemische
Laboratoriumspraxis Band XII

Herausgegeben von F. L. Boschke

G. Habermehl · S. Göttlicher · E. Klingbeil

Röntgenstrukturanalyse organischer Verbindungen

Eine Einführung

Springer-Verlag
Berlin · Heidelberg · New York 1973

Professor Dr. Gerhard Habermehl, Institut für Organische Chemie
der Technischen Hochschule Darmstadt

Professor Dr. Siegfried Göttlicher, Fachgebiet Strukturforschung,
Technische Hochschule Darmstadt

Professor Dr. Eberhard Klingbeil, Fachgebiet Angewandte Mathematik
Technische Hochschule Darmstadt

Mit 136 Abbildungen

ISBN-13: 978-3-642-65512-8   e-ISBN-13: 978-3-642-65511-1
DOI: 10.1007/978-3-642-65511-1

Das Werk ist urheberrechtlich geschützt. Die dadurch begründeten Rechte, insbesondere die der
Übersetzung, des Nachdruckes, der Entnahme von Abbildungen, der Funksendung, der Wiedergabe
auf photomechanischem oder ähnlichem Wege und der Speicherung in Datenverarbeitungsanlagen
bleiben, auch bei nur auszugsweiser Verwertung, vorbehalten.
Bei Vervielfältigung für gewerbliche Zwecke ist gemäß § 54 UrhG eine Vergütung an den Verlag zu
zahlen, deren Höhe mit dem Verlag zu vereinbaren ist.

© by Springer-Verlag Berlin · Heidelberg 1973.
Softcover reprint of the hardcover 1st edition 1973

Die Wiedergabe von Gebrauchsnamen, Handelsnamen, Warenbezeichnungen usw. in diesem Werk
berechtigt auch ohne besondere Kennzeichnung nicht zu der Annahme, daß solche Namen im Sinne
der Warenzeichen- und Markenschutz-Gesetzgebung als frei zu betrachten wären und daher von
jedermann benutzt werden dürften.

Geleitwort

Not so long ago Roentgen-ray crystallography was a rather esoteric science reserved for a fairly small group of specialists. Perusal of the recent literature shows that the number of publications per year concerned with crystal structure analysis by x-ray diffraction has increased by a factor of ten in the last ten years. This great increase can be attributed to a number of factors. An analysis of a molecule which may contain eighty atoms, excluding hydrogen atoms, involves the collection of about 6000 independent reflections. Before the advent of the automatic diffractometer, an instrument which records intensity data while the investigator is free to be occupied otherwise, the estimation of the intensities of the reflections by eye or by photometer was a formidable task. Even if such a large number of data were collected, processing these data was an impossible task until the development of high-speed computers. A third factor was the advancement made in the theory of structure analysis such as the use of isomorphous replacement, anomalous dispersion and direct methods for phase determination. As a result, at the present time it is possible to determine the structure of virtually every material which forms good single crystals, regardless of the number of atoms or whether or not heavy atoms are present.

The relative ease with which molecular structures of crystals can be determined, and the unique information provided by such analyses have made x-ray crystallography an extremely useful and almost indispensable tool for the organic and biological chemist. It is now possible to establish the molecular formula as well as the stereoconfiguration of completely unknown substances, such as new natural products or the products of chemical or photo reactions. There are considerable advantages over other well-established methods for elucidating the molecular formulas and configurations when the amount of material is miniscule or in the instances when the molecular structure is so novel that there are no precedents for comparison when using spectral data, for example. It is also possible to obtain and correlate conformational information on polypeptide chains, i.e. their manner of folding, with their manner of accelerating reactions, their ability to transport metal ions, and the manner in which inhibitors block the normal activities of polypeptides. Mechanisms of reactions can be postulated on the basis of the structures of intermediates, by-products and end products. The fascinating architecture of clathrates can be correlated with physical properties and can lead to technological uses.

The organic chemist can now avail himself of this type of structural information first hand. Crystal structure analysis is no longer the exclusive province of specialists, but is a feasible tool for the organic chemist himself. The intent of this book is precisely aimed at the non-specialist, to acquaint him with the practical procedures for crystal structure analysis. Understanding the nature of the scattering of x-rays by a lattice requires a certain amount of mathematical background. The authors provide the necessary mathematics both in the text and in the appendix in a lucid manner. They describe the various types of experimental apparatus and their operations, and they carefully explain the different procedures for extracting the coordinates of the atoms from the scattering data. The latter portion of the book is particularly useful. It is devoted to numerous examples of actual structure determinations which show how a variety of problem have been solved. Whether classical heavy-atom methods, isomorphous replacement methods, vector search methods, the more recent direct phase determination, or a combination of procedures should be used depends upon the nature of the problem at hand and is well illustrated by the examples. I sincerely commend this book to students, research workers and to all others who wish to become familiar with the techniques used in the important field of structure determination by x-ray diffraction.

Falls Church, VA., USA
April 1973

Isabella Karle

Vorwort

Keine Methode zeigt das Bild eines organischen Moleküls anschaulicher, als es die Röntgenstrukturanalyse liefert. Jedes Atom wird sichtbar, die Übereinstimmung mit der herkömmlichen Strukturformel ist oft verblüffend. Dennoch wird die Methode vergleichsweise selten benutzt. Die Anteilnahme weiter Kreise organischer Chemiker beschränkt sich auf die Freude am fremden Resultat. Dabei ist die Arbeitstechnik doch recht übersichtlich. Röntgenstrahlen durchdringen den Kristall und werden an den Elektronen der Atome gebeugt. Aus dem Beugungsbild berechnet man die Elektronenverteilung im Kristall. Wenn der Weg einer Röntgenstrukturanalyse dennoch oft nur zögernd beschritten wird, so mag das daran liegen, daß die Auswertung der Interferenzen eine mathematisch-physikalische Aufgabe ist. Dem Chemiker zu zeigen, wie man diese Aufgaben löst, ist das Ziel dieses Buches. Es vermittelt im ersten Teil Grundkenntnisse

> der Kristallographie
> der Theorie der Streuung
> der experimentellen Technik
> der Auswertung der Resultate
> der benutzten Rechentechnik

Der zweite Teil bringt Beispiele.

Ein Anhang hilft dem mathematisch Ungeübten über etwaige Schwierigkeiten.

> Wer das Buch gelesen hat, sollte imstande sein,
> > eigene Untersuchungen zu planen
> > und fremde Resultate zu bewerten.

Die Autoren haben sich bemüht, ein Werk zu schaffen, das dem Organiker verständlich ist. Besonders wenden sie sich an Studenten, denn die Methode ist modern und entwicklungsfähig. Wem die ersten Kapitel trocken vorkommen, der mag versuchen, anhand der Beispiele (Teil II) in die Materie einzudringen. Die Beispiele wurden so ausgewählt, daß die verschiedensten Probleme und Möglichkeiten sichtbar werden. Auch handelt es sich um Strukturaufklärungen, die in allgemein verbreiteten und bequem zugänglichen Zeitschriften erschienen sind, so daß eine Fülle weiterführender methodischer Überlegungen erschlossen werden. Jahrelange eigene Erfahrungen runden das Bild ab.

Für das weitere Studium steht eine Fülle spezieller Sekundärliteratur zur Verfügung, durch die die einzelnen Kapitel ergänzt werden können. Es wurde daher, da es sich im wesentlichen um die Grundlagen der Methoden handelt, auf eine vollständige Bibliographie verzichtet, doch ist es möglich, aus der zitierten Literatur weitere Informationen zu entnehmen.

Gewiß wird sich in kommenden Auflagen noch manches verbessern oder ergänzen lassen. Wir danken daher schon hier allen Lesern für Hinweise und Anregungen. Unser Dank gilt ferner allen Kollegen, die uns zu diesem Buch ermuntert haben und die durch wertvolle Diskussionen ihren Beitrag dazu leisteten.

Darmstadt, März 1973　　　　　　　　　　　　　　　　　　Die Verfasser

Inhaltsverzeichnis

Einleitung 1

I. Kristallographische Grundlagen 7
   1. Symmetrieelemente 7
   2. Symmetrieabhängige Punktlagen 10
   3. Hintereinanderschaltung von Symmetrieoperationen 10
   4. Kristallklassen, Kristallsysteme und Laue-Gruppen 14
   5. Nomenklatur der Kristallklassen 14
   6. Zusatzsymmetrieelemente und Raumgruppen 22
   7. Wahl der Elementarzelle und Bravais-Gitter 24

II. Beugung von Röntgenstrahlen in Kristallen 30
   1. Die kinematische Theorie 30
   2. Reziprokes Gitter und Bragg'sche Gleichung 36
   3. Der Einfluß der Kristallstruktur auf die Röntgeninterferenzen 42
   4. Das integrale Reflexionsvermögen 43
   5. Einfluß der Absorption 48
   6. Einfluß der Temperatur auf die Intensität der Röntgeninterferenzen 50
   7. Anisotrope Temperaturfaktoren 53
   8. Die Symmetrie des reziproken Gitters 53
      a) Symmetriezentrum 55
      b) Drehachsen und Spiegelebenen 57
      c) Drehachsen und Drehinversionsachsen 58
      d) Schraubenachsen und Gleitspiegelebenen 59
   9. Basiszentrierte Raumzentrierte und Flächenzentrierte Gitter — Integrale Auslöschungsgesetze 62

III. Die wichtigsten Aufnahmeverfahren ... 65

1. Das Drehkristallverfahren ... 66
2. Das Weißenberg-Verfahren ... 70
   Die Weißenberg-Aufnahmen höherer Schichten (Normalstrahl-, Äqui-Inklinations- und Flat-Cone-Verfahren) ... 74
   Der Lorentz-Faktor für das Weißenberg-Verfahren ... 78
3. Die Bürger-Präzessionsmethode ... 81
   Der Lorentz-Faktor für die Präzessionsmethode ... 85
4. Das DeJong-Bouman-Verfahren ... 90
5. Messung der Intensitäten der Röntgeninterferenzen ... 93
   a) Photographische Verfahren ... 93
   b) Diffraktometerverfahren ... 94

IV. Die Anwendung von Fourier-Reihen bei der Kristallstrukturanalyse ... 98

1. Die Elektronendichte ... 98
2. Die Patterson-Funktion ... 103

V. Absolutbestimmung der Strukturamplituden und Symmetriezentrumtest — Wilson Statistik ... 109

VI. Phasenbestimmung der Strukturamplituden ... 115

1. Die Auswertung der Patterson-Funktion ... 116
   a) Die Schweratommethode ... 116
   b) Bildsuchfunktionen ... 117
   c) Die Fourier-Transformations- und die Faltmolekülmethode ... 120
2. Experimentelle Phasenbestimmung ... 126
   a) Anomale Streuung ... 126
   b) Der isomorphe Ersatz ... 132
3. Die direkten Methoden der Phasenbestimmung ... 134
4. Festlegung des Nullpunktes der Elementarzelle durch willkürliche Wahl einiger Phasenwinkel ... 140
5. Anwendung der direkten Phasenbestimmung — Symbolische Additionsmethode ... 146

VII. Verfeinerung der Lage- und Schwingungsparameter der Atome ... 149

Literaturverzeichnis zu den Kapiteln I—VII ... 152

VIII. Beispiele ... 158

Einleitung ... 158

1. Strukturen, die mit der Schweratom-Methode bearbeitet wurden ... 158
   - a) Cholesterin ... 162
   - b) 1.8-Diaza-cyclotetradecan · 2 HBr ... 162
   - c) Carnosin-Cu(II)-Komplex ... 163
   - d) Testosteron-HgCl$_2$-Komplex ... 165
   - e) Diosgenin-jodacetat ... 167
   - f) Ergoflavin ... 168
   - g) Kreysiginin ... 170
   - h) Morphin · HJ · 2H$_2$O ... 171
   - i) Samandarin ... 173
   - j) Der π-Komplex Pikrinsäure / 1-Brom-2-aminonaphthalin ... 174
   - k) AgClO$_4$/Benzol-Komplex ... 174
   - l) Vitamin B$_{12}$ ... 175
   - m) Cephalosporin C ... 176

2. Strukturaufklärungen nach der Methode des isomorphen Ersatzes ... 180
   - a) Phthalocyanin ... 181
   - b) L-Ephedrin ... 182
   - c) Codein ... 183
   - d) Proteine ... 185
   - e) Hühnereiweiß-Lysozym ... 187
   - f) Ribonuclease ... 190
   - g) Myoglobin ... 192
   - h) Hämoglobin ... 194

3. Faltmolekülmethode ... 196
   - a) Bullvalen ... 196
   - b) Ecdyson ... 197

4. Bildsuchfunktionen und Vektorkonvergenzmethode ... 198
   - a) Samandaridin ... 199
   - b) Annonitin ... 200
   - c) Rubidiumbenzyl-penicillin ... 200
   - d) Eisen(III)-benzhydroxamat-trihydrat ... 201

5. Direkte Methoden ... 203
   - a) Digitoxigenin ... 203
   - b) Reserpin ... 204

c) Batrachotoxin 205
d) L-5-Carboxy-7-formyl-1,2,5,6-tetrahydro-3H-pyrrolo [1,2a] azepin-3-on................................. 206
e) 6-Hydroxycrinamin 208
f) 4-Methyl-pentaleno [6.6a. 1.2-def] heptalen 210
g) 6.6-Dimethylamino-5-aza-azulen 212

Literaturverzeichnis zu Kapitel VIII 214

Mathematischer Anhang 219

1. Vektoren... 221
1.1. Definition und Veranschaulichung von Vektoren 221
1.2. Skalarprodukt, Vektorprodukt, orthonormierte und schiefwinklige Basis 230
2. Komplexe Zahlen 240
2.1. Definition und Veranschaulichung der komplexen Zahlen 240
2.2. Die Eulersche Formel............................. 244
3. Fourier-Reihen und Fourier-Integrale 254
3.1. Fourier-Reihen 254
3.2. Fourier-Integrale................................. 261

Einleitung

Die Röntgenstrukturanalyse organischer Verbindungen ist auf alle Stoffe anwendbar, die in festem Zustand kristallin vorliegen. Die Struktur des einzelnen Moleküls ermittelt man über die Struktur des gesamten Kristalls, in dem die Moleküle nach bestimmten Symmetriebedingungen geordnet vorliegen (s. Kapitel I).

In allen Kristallen sind bestimmte Baueinheiten periodisch angeordnet. Dieser periodische Aufbau ist die Ursache scharfer Röntgeninterferenzen, die wir zur Strukturbestimmung benutzen und deren theoretische Grundlagen wir in Kapitel II behandeln.

Kapitel III bringt den experimentellen Teil der Strukturanalyse, die verschiedenen Aufnahmeverfahren und die Messung der Intensitäten der Röntgeninterferenzen.

In den Kapiteln V bis VII befassen wir uns mit der Berechnung der Kristallstruktur aus experimentell ermittelten Daten.

Das Schema I zeigt den Gang der Strukturanalyse. Man beginnt mit der Züchtung geeigneter Kristalle, mit der Herstellung der in Kapitel III beschriebenen Aufnahmen und mit der Messung der Intensitäten der Röntgeninterferenzen. Die Sorgfalt bei der Züchtung und bei der Auswahl der Kristalle entscheidet häufig über das Gelingen der Strukturbestimmung und über die Genauigkeit der Ergebnisse. Geeignet sind Kristalle von einigen Zehntelmillimetern Größe, die nicht verzwillingt sind.

Als Strahlungsquellen dienen meist Röntgenröhren mit Cu-Anode ($\lambda_{K\alpha} = 1{,}54$ Å) oder mit Mo-Anode ($\lambda_{K\alpha} = 0{,}71$ Å). Zur Abtrennung der unerwünschten K_β-Strahlung wird Cu-Strahlung mit einem Ni-Blech, Mo-Strahlung mit einem Zr-Blech gefiltert. Auch Kristallmonochromatoren sind in Gebrauch, mit denen man außer der K_β-Strahlung auch den größten Teil des Bremskontinuums abtrennt, was besonders bei Mo-Strahlung vorteilhaft ist.

Zur Herstellung und Auswertung der Aufnahmen benötigen wir Kenntnisse aus Kap. I, II und III. Aus den Aufnahmen bestimmen wir die Gitterkonstanten, die Symmetrie der Intensitäten der Röntgeninterferenzen und die gesetzmäßigen Auslöschungen. In günstigen

Fällen leiten wir daraus bereits die Raumgruppe des Kristalls, in ungünstigen Fällen die Laue-Gruppe ab, aus der wir mit Hilfe des Symmetriezentrumtestes (Kap. V) die Raumgruppe bestimmen oder auf wenige Möglichkeiten eingrenzen.

Aus den Gitterkonstanten berechnen wir das Volumen und mit der experimentell bestimmten Dichte der Substanz die Masse der Elementarzelle. Durch Vergleichen dieser Masse mit der aus dem Molekulargewicht berechneten Masse eines Moleküls erhält man die Zahl der Moleküle, die in einer Elementarzelle liegen. Gelegentlich müssen auch in das Kristallgitter eingebaute Lösungsmittelmoleküle mit berücksichtigt werden (Kristallwasser, Kristallalkohol usw.).

Aus den Intensitäten der Interferenzen, die wir entweder durch Photometrieren der Filmaufnahmen oder durch Diffraktometermessungen mit elektronisch arbeitenden Detektoren bestimmen, berechnen wir mit den in Kap. II angegebenen Polarisations- und Absorptionsfaktoren und mit den in Kap. II und III hergeleiteten Lorentz-Faktoren die Beträge der Strukturamplituden. Diese Strukturamplituden sind die wichtigsten Größen zur Berechnung der Struktur der Elementarzelle. Da sie im allgemeinen komplexe Größen sind, benötigen wir außer den Beträgen auch die Phasenwinkel, bzw. die Verhältnisse zwischen Real- und Imaginärteilen, deren Bestimmung wir in Kap. VI behandeln. Für einige Methoden der Phasenbestimmung ist vorher die Berechnung der Patterson-Funktion (Kap. IV) oder die Normierung der zunächst nur relativ bekannten Beträge der Strukturamplituden (Kap. V) erforderlich.

Nun berechnen wir mit den in Kap. IV angegebenen Fourier-Reihen ein erstes Strukturmodell, das oft nur aus Bruchstücken der Moleküle besteht. Durch wiederholte Verfeinerung der Phasenfaktoren und erneute Fourier-Synthesen wird dieses Modell verbessert, bis die Lagen aller Atome ermittelt sind. Durch die folgende in Kap. VII beschriebene Ausgleichsrechnung (Least squares) werden die Lage- und Schwingungsparameter der Atome weiter verfeinert. Dabei erhält man jedoch wegen der bei dieser Methode notwendigen Näherungen nur dann zufriedenstellende Ergebnisse, wenn sich das Ausgangsmodell nicht zu stark von der richtigen Struktur unterscheidet.

Einleitung 3

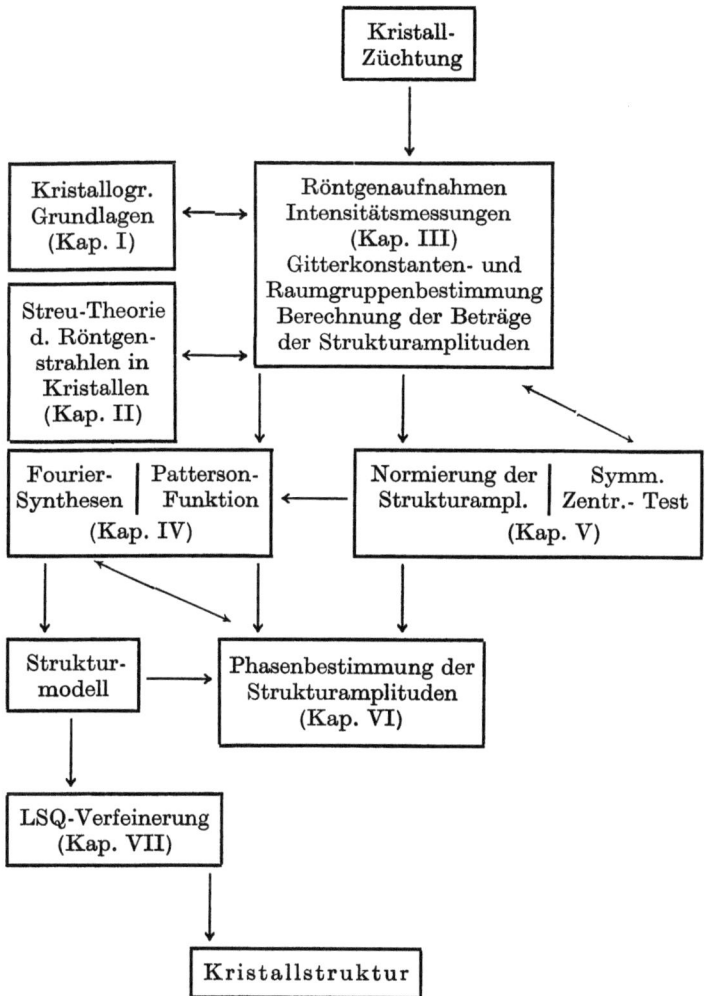

Schema I

4 Einleitung

Die wichtigsten Zeichen und Symbole

a, b, c	Basis-Translationsvektoren im Kristall
α, β, γ	Winkel zwischen den Basis-Translationsvektoren im Kristall
a^*, b^*, c^*	Basisvektoren im reziproken Raum
$\alpha^*, \beta^*, \gamma^*$	Winkel zwischen den Basisvektoren in reziproken Raum
A, B, C	Zeichen für basiszentrierte Gitter
A	Realteil der Strukturamplitude
B	Imaginärteil der Strukturamplitude
B	Temperaturfaktor
C_n	n-zählige Drehachse, Symbol für Kristallklassen nach Schönflies
c	Lichtgeschwindigkeit
D_n	Symbol für Kristallklassen nach Schönflies
d	Zeichen für diagonale Spiegelebene (Schönflies)
d	Zeichen für die Gleitspiegelebene mit diagonalen Translationskomponenten ($1/4$ $1/4$)
d	Netzebenenabstand
d^*	reziproker Netzebenenabstand
E	elektrische Feldstärke
E	normalisierte Strukturamplitude
e	Ladung des Elektrons
F	Zeichen für flächenzentrierte Gitter
F	Strukturamplitude
f	Atomformamplitude
$\Delta f', i\Delta f''$	Veränderung des Real- und Imaginärteiles der Atomformamplitude bei anomaler Streuung
G	Gitterfaktor
H	reziproker Gittervektor (Streuvektor)
H'	Projektion des Streuvektors auf die reziproke Gitterebene, die senkrecht zur Achse liegt, um die der Kristall während der Aufnahme gedreht wird
hkl	Miller'sche Indizes
h	Zeichen für horizontale Spiegelebene (Schönflies)
i	$\sqrt{-1}$
i	Zeichen für Symmetriezentrum (Schönflies)
I	Zeichen für raumzentrierte Gitter
I	Intensität
K	Polarisationsfaktor
L, L'	Lorentzfaktor
m	Masse des Elektrons

M	Temperaturfaktor ($M = B \frac{\sin^2 \vartheta}{\lambda^2}$)
N	Zahl der Atome in der Elementarzelle
N	Zahl der Elementarzellen im Kristall
O	Symbol zur Kristallklassenbezeichnung (Schönflies)
P	Zeichen für primitive Gitter
$P(x)$	Wahrscheinlichkeitsverteilung von x
P	Polarisationsfaktor
$\boldsymbol{r}$	Vektor im Kristallraum
$\boldsymbol{r}_n$	Gittervektor
$\boldsymbol{r}_E$	Vektor innerhalb einer Elementarzelle
$\boldsymbol{r}_A$	Vektor innerhalb eines Atoms
r	Radius des Filmzylinders (bei den Aufnahmeverfahren)
r_B	Blendenradius (bei den Aufnahmeverfahren)
S	Zeichen für Drehinversionsachsen (Schönflies)
$\boldsymbol{s}, \boldsymbol{s}_0$	Einheitsvektoren in Richtung der einfallenden und der gestreuten Strahlung
$\boldsymbol{S}$	dimensionsloser Vektor senkrecht zur reflektierenden Netzebenenschar
S_j, S_{hkl}	Symmetriefaktor
T	Symbol zur Kristallklassenbezeichnung
T	absolute Temperatur
U	unitäre Strukturamplitude
U, V, W	relative Koordinaten im Pattersonraum
u, v, w	Koordinaten im Pattersonraum
v	Zeichen für vertikale Spiegelebene (Schönflies)
v	Volumen der Elementarzelle
W	Energie
xyz	Koordinaten im Kristallraum
x^*, y^*, z^*	Koordinaten im reziproken Raum
XYZ	relative, auf die Gitterkonstanten bezogene Koordinaten im Kristallraum
$XYZ \quad xyz$	Koordinaten zur Beschreibung der Präzessionsbewegung in Kap. III
β_{ij}	Anisotrope Temperaturfaktoren
ϑ	Glanzwinkel
2ϑ	Beugungswinkel
μ	Absorptionskoeffizient
μ	Winkel zwischen der Drehachse und dem einfallenden Röntgenstrahl (Kap. III)
ν	Winkel am Scheitel der Strahlenkegel bei den Aufnahmeverfahren (Kap. III)
ϱ	Dichte, Elektronendichte

ω	Drehwinkel des Kristalls
$\dot\omega$	Winkelgeschwindigkeit der Kristalldrehung
$\omega, 2\vartheta, \varphi, \chi$	Einstellwinkel bei den Diffraktometern
$\Omega, 2\vartheta, \Phi, X$	Bezeichnung der Drehachsen bei den Diffraktometern
φ	Phasenwinkel der Strukturamplitude
Ψ	Wellenfunktion
Ψ	Projektion des Beugungswinkels
$\langle x \rangle$	Zeichen für den Mittelwert von x

konjugiert komplexe Größen und Vektoren oder Längen im reziproken Raum sind mit einem Stern * markiert, mit Ausnahme des häufig gebrauchten Streuvektors **H**.

I. Kristallographische Grundlagen

1. Symmetrieelemente

In jedem Kristall sind Gruppen von Atomen oder von Molekülen periodisch in den drei Richtungen des Raumes geordnet. Wenn wir von einem beliebigen Atom ausgehen, finden wir also im Abstand t, $2t$, $3t$... jeweils identische Atome. Die Vektoren zwischen solchen identischen Atomen nennen wir die *Translationsvektoren*, die Periodizität im räumlichen Aufbau der Kristalle heißt die *Translationssymmetrie*. Zur Bestimmung der Translationsvektoren des Kristalls benötigen wir die drei Basisvektoren a, b und c. Jeder der Translationsvektoren setzt sich aus ganzzahligen Vielfachen dieser Basisvektoren zusammen.

$$t_1 = n_1\,a + n_2\,b + n_3\,c \tag{1.1}$$

Die Basisvektoren spannen im Raum ein Parallelepiped, die *Elementarzelle*, auf. Die Beträge der Vektoren a, b und c (s. Abb. 1) sind die *Gitterkonstanten*. Den Winkel zwischen a und b bezeichnen wir mit γ, den Winkel zwischen b und c mit α und den Winkel zwischen c und a mit β.

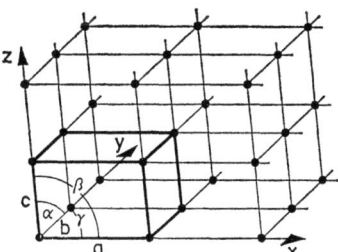

Abb. 1.1 Ausschnitt aus einem Kristall mit den Gitterkonstanten a, b und c. α, β und γ sind die Winkel zwischen den Basis-Translationsvektoren

8 Kristallographische Grundlagen

Im Rahmen dieses Buches genügt es, wenn zur Beschreibung eines Kristalls Größe und Form der Elementarzelle sowie deren Aufbau angegeben werden.

Die folgenden Kapitel zeigen, wie man diesen Kristallaufbau mit Hilfe der Röntgeninterferenzen ermittelt. Zunächst wird behandelt, wie man Form, Größe und Symmetrie der Elementarzelle bestimmt. Dann wird beschrieben, wie man die Struktur jener Baueinheit erhält, in der keine kristallographischen Symmetriebeziehungen vorhanden sind. Diese Baueinheit wird die *asymmetrische Einheit* genannt. Um Verwechslungen zu vermeiden, sei hier bereits erwähnt, daß in der asymmetrischen Einheit durchaus hochsymmetrische Moleküle vorhanden sein können, ohne daß deren Symmetrie auch eine entsprechende Kristallsymmetrie bedingt.

Legen wir den Ausgangspunkt eines Translationsvektors (1.1) in den Eckpunkt einer Elementarzelle, so muß der Endpunkt dieses Vektors auf dem Eckpunkt einer anderen Zelle liegen. Einen beliebigen Vektor r, der von einem Eckpunkt im Kristallraum ausgeht, können wir somit zerlegen in einen Vektor r_n, der bis zum entsprechenden Eckpunkt der $n$ten Zelle reicht, plus einen Vektor r_E innerhalb der $n$ten Zelle. Abb. 1.2 macht diese Verhältnisse deutlich.

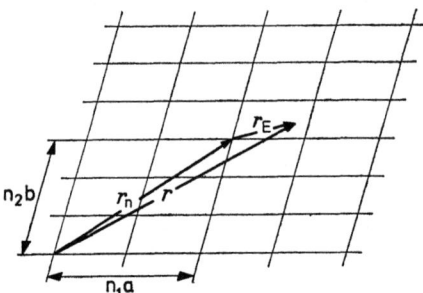

Abb. 1.2 Zerlegung eines Vektors r im Kristallraum in einen Translationsvektor r_n und einen Vektor r_E. r_E liegt innerhalb einer Elementarzelle

Allgemein gilt:
$$r = r_n + r_E$$
wobei der Vektor
$$r_n = n_1 a + n_2 b + n_3 c$$

der Translationsvektor zum Nullpunkt der $n$ten Elementarzelle ist.

Die Translationssymmetrie ist eine charakteristische Eigenschaft aller Kristalle. Wenn keine weiteren Symmetrieelemente vorhanden sind, ist die aus den Basisvektoren aufgespannte Elementarzelle identisch mit der asymmetrischen Einheit.

Die meisten Kristalle enthalten aber noch *weitere Symmetrieelemente*, und damit ist nun die asymmetrische Einheit kleiner als die Elementarzelle. Zulässig sind jedoch nur solche Symmetrieelemente, die durch wiederholte Hintereinanderschaltung der jeweiligen Symmetrieoperationen und der Translationssymmetrieoperation eine endliche Zahl von Atomen erzeugen.

Derartige Symmetrieelemente sind:

n-zählige *Drehachsen* (C_n)
Symmetriezentren (i)
und *Spiegelebenen* (s, h, v, d).

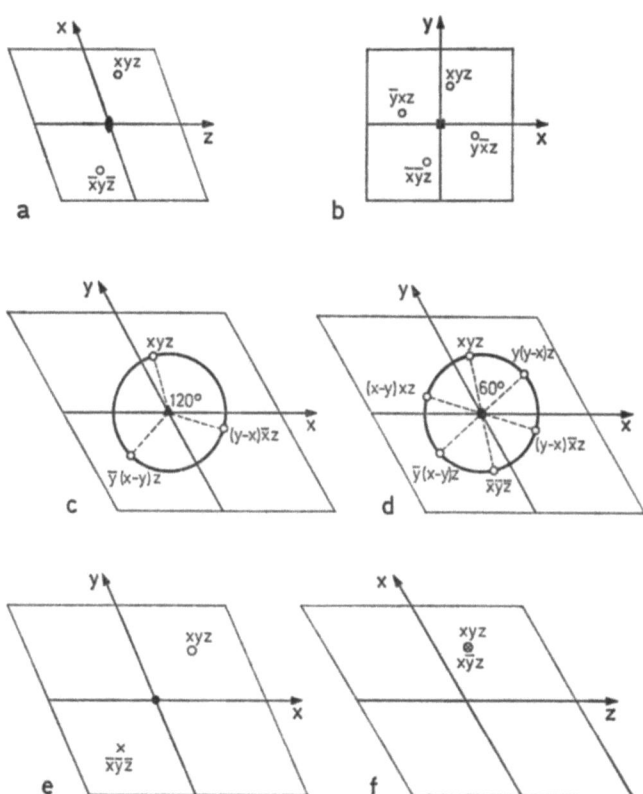

Abb. 1.3 Symmetrieelemente und symmetrieabhängige Punktlagen. a) zweizählige, b) vierzählige, c) dreizählige, d) sechszählige Drehachse, e) Symmetriezentrum, f) Spiegelebene

Eine *Drehachse* C_n verdreht einen Vektor um den Winkel $\frac{360°}{n}$. Nach n-maliger Anwendung der Drehoperation gelangt der Vektor wieder in seine Ausgangslage. Weil durch die wiederholte Anwendung der Drehoperation auf einen Punkt unter Berücksichtigung der Translationssymmetrie nur eine endliche Zahl von Punkten erzeugt werden darf, sind nur Drehachsen mit $n = 1, 2, 3, 4$ oder 6 und den entsprechenden Drehwinkeln 180°, 120°, 90° bzw. 60° zulässig (vgl. Abb. 1.3 a-d).

Eine Spiegelebene überführt die asymmetrische Einheit in ihr Spiegelbild, ein Symmetriezentrum in das inverse Bild.

2. Symmetrieabhängige Punktlagen

Wir legen in den Kristall ein Koordinatensystem (xyz), dessen Achsen parallel zu den Translationsvektoren a, b und c verlaufen, und betrachten als Beispiel die Wirkung einer zweizähligen Achse, die parallel zu y ($||y$) verläuft (vgl. Abb. 3a). Ein Ausgangspunkt xyz gelangt durch die Drehung um 180° nach $\bar{x}y\bar{z}$, und wir erhalten die beiden symmetrieabhängigen Lagen xyz $\bar{x}y\bar{z}$. Wenden wir die Symmetrieoperation auf alle symmetrieabhängigen Lagen an, so bleiben diese unverändert ($xyz \to \bar{x}y\bar{z}$, $\bar{x}y\bar{z} \to xyz$). Liegt beispielsweise in xyz ein N-Atom, so muß in $\bar{x}y\bar{z}$ ebenfalls ein N-Atom liegen, und was hier für ein Atompaar gesagt wurde, gilt, wenn man von den äußeren Begrenzungen absieht, für alle Atome im Kristall.

In der Abb. 1.3 sind die Wirkungen der anderen Symmetrieelemente und die symmetrieabhängigen Punktlagen angegeben.

3. Hintereinanderschaltung von Symmetrieoperationen [1]

Die bisher besprochenen Symmetrieelemente können im Kristall paarweise so zusammenwirken, daß das zweite Symmetrieelement auf das durch die erste Symmetrieoperation erzeugte Bild wirkt: Ein Punkt P, der durch die erste Symmetrieoperation nach P' gelangt, wird dort nicht abgebildet sondern durch die zweite Symmetrieoperation sofort weiter nach P'' gebracht.

Nehmen wir an, eine zweizählige Achse liegt $||$ (parallel) zu x, die zweite $||y$. Wir erhalten die folgenden Symmetrieoperationen

Hintereinanderschaltung von Symmetrieoperationen 11

$$P \qquad [P'] \qquad P''$$
$$xyz \longrightarrow [x\bar{y}\bar{z}] \longrightarrow \bar{x}\bar{y}z$$

Durch Vertauschung der Reihenfolge ergibt sich:

$$xyz \longrightarrow [\bar{x}y\bar{z}] \longrightarrow \bar{x}\bar{y}z$$

Die resultierende Symmetrieoperation $P \to P''$ ist identisch mit der Wirkung einer zweizähligen Achse, die parallel zu z liegt.

Wählen wir ein zweites Beispiel, in dem die Achse parallel zu y und eine Spiegelebene ⊥ (senkrecht zu) y liegt, so erhalten wir:

$$P \qquad P' \qquad P''$$
$$xyz \longrightarrow [\bar{x}y\bar{z}] \longrightarrow \bar{x}\bar{y}\bar{z}$$
$$xyz \longrightarrow [x\bar{y}z] \longrightarrow \bar{x}\bar{y}\bar{z}$$

Die resultierende Symmetrieoperation $xyz \to \bar{x}\bar{y}\bar{z}$ entspricht einem Symmetriezentrum im Nullpunkt des Koordinatensystems.

Bei beiden Beispielen sind die resultierenden Symmetrieoperationen auf Symmetrieelemente zurückzuführen, die wir bereits kennen. Das gleiche Ergebnis erhalten wir (ohne daß es hier bewiesen sei) bei der Kombination weiterer Drehachsen untereinander, bei der Kombination von Spiegelebenen in verschiedenen Lagen und bei der Kombination von Spiegelebenen mit Symmetriezentren.

Neue Symmetrieoperationen erhalten wir lediglich bei der Hintereinanderschaltung von drei-, vier- und sechszähligen Achsen mit dazu senkrecht stehenden Spiegelebenen oder mit Symmetriezentren.

Die Kombination einer vierzähligen Achse mit einem Symmetriezentrum gibt ein neues Symmetrieelement, das wir als *vierzählige Drehin-*

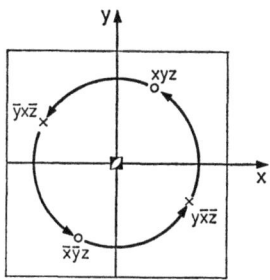

Abb. 1.4 Symmetrieabhängige Punktlagen der vierzähligen Drehinversionsachse

12 Kristallographische Grundlagen

versionsachse (S_4 oder $\bar{4}$) bezeichnen und für das wir nach Abb. 1.4 die Punktlagen

$$xyz \quad \bar{y}xz \quad \bar{x}\bar{y}z \quad y\bar{x}\bar{z}$$

erhalten.

Die aus der Kombination einer vierzähligen Achse mit einer senkrecht dazu stehenden Spiegelebene resultierende Drehspiegelachse ist identisch mit der Drehinversionachse.

Die Kombinationen von Spiegelebene und Symmetriezentrum mit einer drei- und einer sechszähligen Achse ist in Abb. 1.5 gezeichnet. Im oberen Teil der Abbildung ist die einmalige Wirkung der Drehinversion und im unteren Teil die wiederholte Wirkung dargestellt.

Für die beiden Drehinversionsachsen erhalten wir die Punktlagen:

$$xyz, \quad x-y\,x\,\bar{z}, \quad \bar{y}\,x-y\,z, \quad \bar{x}\bar{y}\bar{z}, \quad y-x\,\bar{x}\,z, \quad y\,y-x\,\bar{z}$$

bei einer dreizähligen Drehinversionsachse $\bar{3}$
und

$$x\,y\,z \quad \bar{y}\,x-y\,z, \quad y-x\,\bar{x}\,z$$
$$x\,y\,\bar{z} \quad \bar{y}\,x-y\,\bar{z}, \quad y-x\,\bar{x}\,\bar{z}$$

bei einer sechszähligen Drehinversionsachse $\bar{6}$.

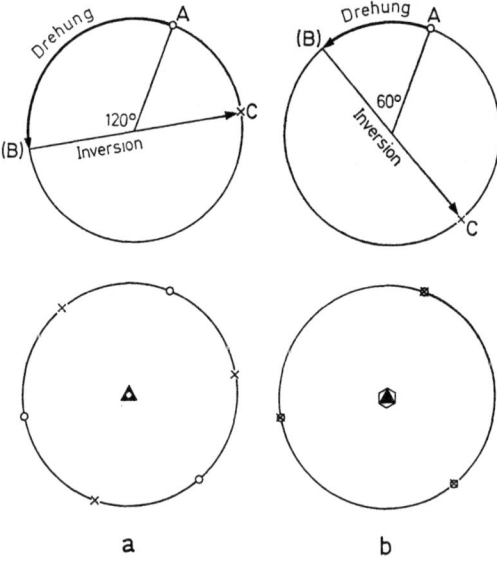

Abb. 1.5 a) dreizählige, b) sechszählige Drehinversionsachse

Wenn wir diese letzten Punkte mit den Punktlagen der dreizähligen Achse vergleichen, sehen wir, daß wir zur sechszähligen Drehinversionsachse auch gelangen, indem wir auf die Punktlagen der dreizähligen Achse

$$x\,y\,z, \quad \bar{y}\,x-y\,z, \quad y-x\,\bar{x}\,z$$

eine Spiegelebene, die senkrecht zu z steht wirken lassen. Wir drücken das so aus:

$$\bar{6} = 3/m$$

Ebenso ergeben sich die symmetrieabhängigen Punktlagen der dreizähligen Drehinversionsachse durch die Einwirkung eines Symmetriezentrums auf die von der dreizähligen Achse erzeugten Punkte.

$$\bar{3} = 3\,i$$

Kombinieren wir nun im nächsten Schritt die Drehachsen mit senkrecht zu diesen stehenden Spiegelebenen; so gelangen wir zu den *Drehspiegelachsen*. Man kann ableiten, daß die vierzählige Drehspiegelachse mit der entsprechenden Drehinversionsachse identisch ist. Ebenso erhalten wir für die drei- und sechszählige Drehspiegelachse keine neuen Symmetrieelemente. Die dreizählige Drehspiegelachse ist identisch mit der sechszähligen Drehinversionsachse, und die sechszählige Drehspiegelachse ist identisch mit der dreizähligen Drehinversionsachse.

Aus Ergebnissen von Hintereinanderschaltungen von Symmetrieelementen bleibt uns zu den bereits bekannten Symmetrieelementen nur die vierzählige Drehinversionsachse hinzuzufügen (S_4 oder $\bar{4}$). Die dreizählige und die sechszählige Drehinversionsachse bezeichnen wir wahlweise mit $\bar{6}$ bzw. $\bar{3}$ oder mit $3/m$ bzw. $3i$ (siehe oben).

Somit können in Kristallen neben der Translation die folgenden Symmetrieelemente vorhanden sein:

Tabelle 1.1

	Bezeichnung nach	
	SCHÖNFLIES	HERMANN u. MAUGUIN
1. Einzählige Achse (keine Symmetrie)	C_1	1
2. zweizählige Achse	C_2	2
3. dreizählige Achse	C_3	3
4. vierzählige Achse	C_4	4
5. sechszählige Achse	C_6	6
6. vierzählige Drehinversionsachse	S_4	$\bar{4}$
7. Spiegelebenen	s, h, v, d	m
8. Symmetriezentrum	i	$\bar{1}$

4. Kristallklassen, Kristallsysteme und Laue-Gruppen

Bisher haben wir die Symmetrieelemente so miteinander kombiniert, daß jedes weitere Symmetrieelement auf das vom vorhergehenden Symmetrieelement erzeugte Bild wirkt.

Nun müssen wir aber auch noch jene Fälle betrachten, bei denen ein Symmetrieelement auf alle von anderen Symmetrieelementen erzeugten Punktlagen einwirkt und aus diesen neue Punktlagen erzeugt. Es gibt dafür 32 Möglichkeiten. Die entsprechenden 32 Gruppen unterschiedlicher Symmetrie sind die *Kristallklassen*. Das Auftreten bestimmter Symmetrieelemente und deren Lage zueinander setzt häufig voraus, daß die Elementarzelle nicht jede beliebige Form annehmen kann. Für die Verhältnisse der Gitterkonstanten und für die Winkel zwischen den Basis-Translationsvektoren sind dann nur bestimmte Werte zulässig.

Nach der Form der Elementarzelle werden die 32 Kristallklassen in *Kristallsysteme* unterteilt.

1. Triklines System   keine Bedingung
2. Monoklines System   nur ein Winkel (α, β oder γ) ist ungleich $90°$
3. Orthorhombisches System $\alpha = \beta = \gamma = 90°$
4. Tetragonales System $\alpha = \beta = \gamma = 90°$ $a = b$
5. Trigonales System   ⎫ $\alpha = \beta = 90°$
6. Hexagonales System ⎭ $\gamma = 120°$ $a = b$
7. Kubisches System $\alpha = \beta = \gamma = 90°$ $a = b = c$

Bei der Einordnung eines Kristalles in eines dieser Systeme muß geprüft werden, ob die geforderte Form der Elementarzelle wirklich durch entsprechende Symmetrieelemente bedingt ist. Manchmal liegen Abweichungen der Gitterkonstanten und Winkel von den geforderten Werten unterhalb der Meßgenauigkeit, ohne daß eine entsprechende Symmetrie vorliegt. Der Kristall muß dann in ein System niederer Symmetrie eingeordnet werden.

5. Nomenklatur der Kristallklassen

Für die Kristallklassen sind zwei Arten der Nomenklatur in Gebrauch, aus denen man auf die Symmetrieelemente und auf deren Anordnung im Raum schließen kann. Sie wurden von SCHÖNFLIES und von HERMANN und MAUGUIN eingeführt.

Nach SCHÖNFLIES bezeichnet man die höchstzählige im Kristall vorhandene Achse, sofern senkrecht dazu keine weitere zweizählige Achse steht, mit C_n (C_1, C_2, C_3, C_4 oder C_6).

Steht senkrecht dazu eine weitere zweizählige Achse, so gelangen wir zu den *Diederklassen*, die mit D_n (D_2, D_3, D_4 oder D_6) bezeichnet werden.

Eine *Spiegelebene* erhält das Symbol s, ein *Symmetriezentrum* das Symbol i.

Wirken Drehachse und Spiegelebene so zusammen, daß die *Spiegelebene senkrecht zur Drehachse* steht, so erhält das Symbol für die Drehachse den Index h (horizontale Spiegelebene).

Liegt die *Spiegelebene parallel zur Drehachse*, so wird der Index v *(vertikale Spiegelebene)* hinzugefügt. Liegt eine *vertikale Spiegelebene diagonal zu zwei weiteren zweizähligen Achsen*, so wird der Index v durch d ersetzt.

Die *vierzählige Drehinversionsachse* erhält die Bezeichnung S_4.

Drei und sechszählige Drehinversionsachsen werden, wie oben beschrieben, durch Zusammenwirken einer dreizähligen Achse mit Symmetriezentrum beziehungsweise horizontaler Spiegelebene beschrieben (C_{3i} und C_{3h}).

Die *Kristallklassen des kubischen Systems* werden mit T (Tetraederklassen) und mit O (Oktaederklassen) bezeichnet.

Nach HERMANN und MAUGUIN stellt man die Drehachse durch eine Ziffer dar, welche die Zähligkeit angibt (1, 2, 3, 4 oder 6).

Drehinversionsachsen erhalten einen Querstrich ($\bar{3}$, $\bar{4}$, oder $\bar{6}$).

Das *Symmetriezentrum* wird durch eine einzählige Drehinversionsachse dargestellt und erhält das Symbol $\bar{1}$.

Spiegelebenen werden mit dem Symbol m bezeichnet. Liegt eine Spiegelebene senkrecht zu einer Drehachse, so wird dies durch einen Bruchstrich angegeben.

Beispielsweise bedeutet $\dfrac{2}{m}$; oder 2/m eine zweizählige Achse in Verbindung mit einer zu dieser senkrecht stehenden Spiegelebene.

Zur Bezeichnung der Kristallklassen des *triklinen und monoklinen Systems* genügt ein Symbol, da hier höchstens eine bevorzugte Richtung vorhanden ist. Im orthorhombischen Kristallsystem brauchen wir drei Symbole. Das erste bezieht sich auf die Richtung der Gitterkonstanten **a**, das zweite auf die Richtung von **b** und dritte auf die Richtung von **c**. Spiegelebenen stehen senkrecht zu den angegebenen Richtungen.

Im *trigonalen System* wird das erste Symbol auf die Richtung der dreizähligen Achse bezogen, das zweite auf eine der dazu senkrecht stehenden gleichwertigen Achsen. Im tetragonalen und hexagonalen System gibt das erste Symbol die Symmetrie längs der höchstzähligen

Achse, das zweite die Symmetrie längs einer dazu senkrecht stehenden Kante a oder b der Elementarzelle an. Das dritte Symbol bezieht sich auf die Richtung der Flächendiagonalen.

Im *kubischen System* stehen drei Symbole für die Symmetrie längs der Kante, der Raumdiagonalen und der Flächendiagonalen der würfelförmigen Elementarzelle in der angegebenen Reihenfolge.

In Tabelle 1.2 sind die 32 Kristallklassen in der Bezeichnung nach SCHÖNFLIES sowie nach HERMANN und MAUGUIN angegeben. Zeile I umfaßt die Kristallklassen, in denen nur eine Drehachse vorliegt. In Zeile II sind diese Drehachsen kombiniert mit senkrecht dazu liegenden Spiegelebenen (Horizontale Spiegelebenen nach der Schönflies-Bezeichnung). In Zeile III finden wir das Symmetriezentrum sowie die drei und vierzählige Drehinversionsachse. In den Kristallklassen der Zeile IV.

Tabelle 1.2. Die 32 Kristallklassen

	1	2	3	4	5	6	7
	triklin	monoklin	trigonal hexagonal	tetragonal	hexagonal	kubisch	
I	C_1 1	C_2 2	C_3 3	C_4 4	C_6 6		
II	C_s m	C_{2h} $\dfrac{2}{m}$	C_{3h} $\dfrac{3}{m}=\bar{6}$	C_{4h} $\dfrac{4}{m}$	C_{6h} $\dfrac{6}{m}$		
III	triklin C_i $\bar{1}$		C_{3i} $\bar{3}$	S_4 $\bar{4}$			
IV		orthorhomb. C_{2v} $mm2$	C_{3v} $3m$	C_{4v} $4mm$	C_{6v} $6mm$		
V		D_2 222	D_3 32	D_4 422	D_6 622	T 23	O 432
VI		D_{2h} $\dfrac{2}{m}\dfrac{2}{m}\dfrac{2}{m}$ (mmm)	D_{3h} $\bar{6}m2$	D_{4h} $\dfrac{4}{m}\dfrac{2}{m}\dfrac{2}{m}$ $\left(\dfrac{4}{m}mm\right)$	D_{6h} $\dfrac{6}{m}\dfrac{2}{m}\dfrac{2}{m}$ $\left(\dfrac{6}{m}mm\right)$	T_h $\dfrac{2}{m}\bar{3}$ $(m3)$	O_h $\dfrac{4}{m}\bar{3}\dfrac{2}{m}$ $m3m$
VII			D_{3d} $\bar{3}m$	S_4d $\bar{4}2m$		T_d $\bar{4}3m$	

wirken Drehachsen mit parallelen (vertikalen) Spiegelebenen zusammen. Zeile V umfaßt die Kristallklassen mit mehreren Drehachsen. In Zeile VI sind die Symmetrieelemente der Zeile V mit Spiegelebenen kombiniert. Zeile VII umfaßt die Kombinationen von Spiegelebenen mit Drehinversionsachsen.

Spalte 1 und 2 enthält die Kristallklassen des triklinen, monoklinen und orthorhombischen Systems, in Spalte 3 und 5 finden wir das trigonale und hexagonale, in Spalte 4 das tetragonale und in Spalte 6 und 7 das kubische Kristallsystem.

In Abb. 1.6 sind sämtliche Kombinationen von Symmetrieelementen, wie sie in den Kristallklassen vorliegen, gezeichnet. Das Zusammenwirken von Symmetrieelementen gibt neue Symmetrieelemente. In der Kristallklasse C_{6v} treten zum Beispiel sechs vertikale Spiegelebenen parallel zu den Kanten und Diagonalen der Elementarzelle auf. Liegen zwei dreizählige Achsen in Richtung der Raumdiagonalen eines Würfels vor, so werden zwei weitere dreizählige Achsen in Richtung der beiden anderen Raumdiagonalen und drei zweizählige Achsen in Richtung der Würfelkanten erzeugt.

Zum Verständnis der Abbildungen denke man sich im Kristall eine Kugel. Die Durchstoßpunkte bzw. Schnittlinien der Symmetrieelemente durch die Kugeloberfläche sind in der Projektion gezeichnet. Die Symmetrieelemente werden dabei in der folgenden Weise dargestellt:

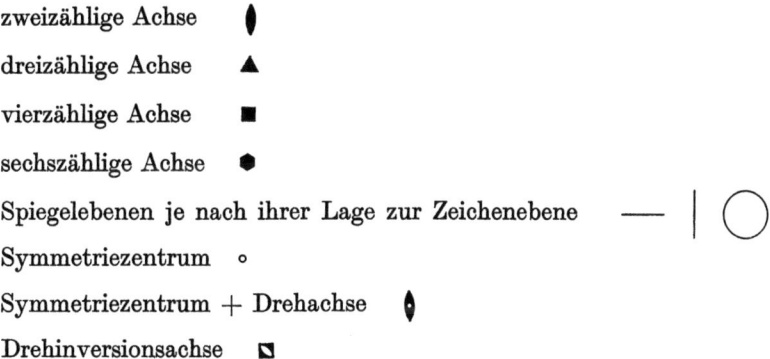

Im Kap. II wird gezeigt, daß bei den Intensitäten der Röntgeninterferenzen zusätzlich zur Symmetrie des Kristalles immer ein Symmetriezentrum auftritt. Es ist deshalb zweckmäßig, Kristallklassen, die nach Hinzufügen eines Symmetriezentrums gleiche Symmetrie aufweisen, zusammenzufassen. Wir erhalten dann elf Gruppen unterschiedlicher Symmetrie, die man als *Laue-Gruppen* bezeichnet. Die Unterteilung der Kristallklassen und deren Einordnung in die Kristallsysteme ist in der Tabelle 1.3 angegeben.

18 Kristallographische Grundlagen

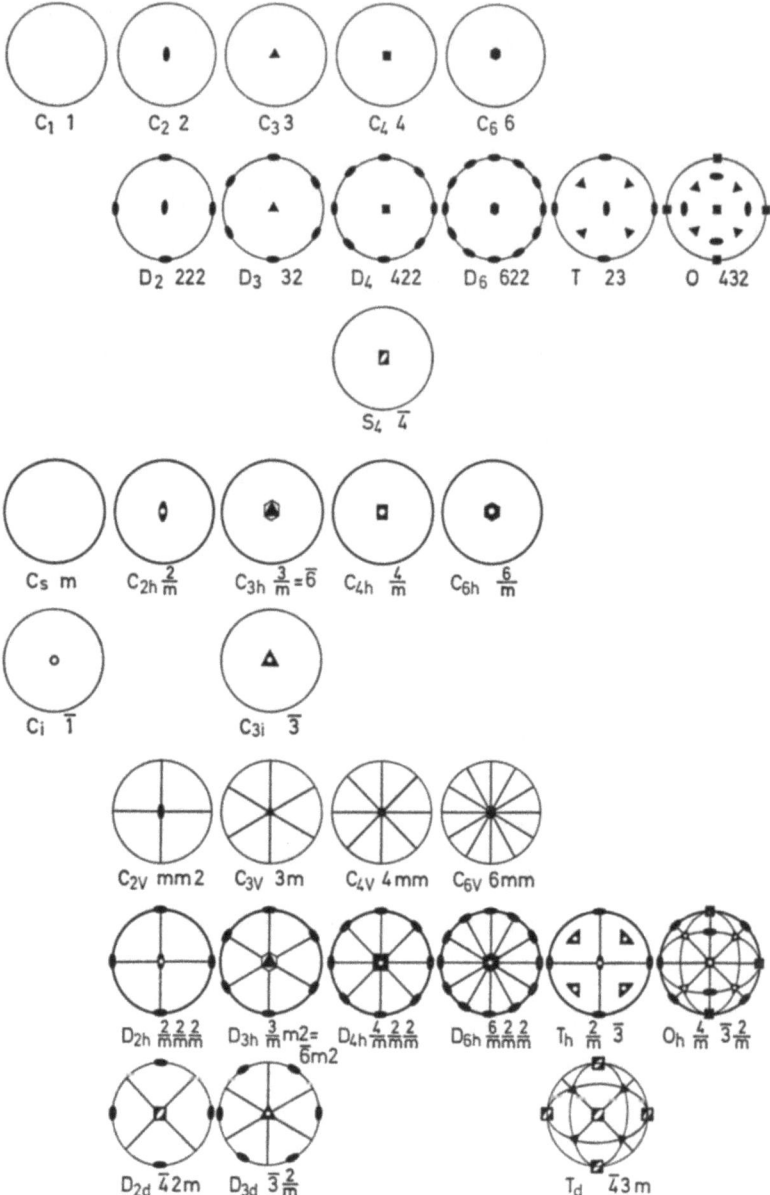

Abb. 1.6 Die 32 Kristallklassen

Die Laue-Gruppe erhält die Bezeichnung der darin enthaltenen höchst symmetrischen Kristallklasse, die in der Tabelle unterstrichen ist.

Tabelle 1.3. Laue-Gruppen

triklin	1, $\bar{1}$
monoklin	2, m, $\underline{2/m}$
orthorhombisch	222, $mm2$, $\underline{mmm}$
tetragonal	4, $\bar{4}$, $\underline{4/m}$; 422, $\bar{4}2m$, $4mm$, $\underline{4/mmm}$
trigonal	3, $\underline{\bar{3}}$; 32, $3m$, $\underline{\bar{3}m}$
hexagonal	6, $\bar{6}$, $\underline{6/m}$; 622, $6mm$, $\bar{6}m2$, $\underline{6/mmm}$
kubisch	23, $\underline{m3}$; 432, $\bar{4}3m$, $\underline{m3m}$,

Kombination der Punktsymmetrieelemente mit der Translationssymmetrie

Die bei den Kristallklassen beschriebenen Drehachsen, Drehinversionsachsen, Spiegelebenen und Symmetriezentren werden *Punktsymmetrieelemente* genannt. Kombiniert man solche Punktsymmetrieelemente mit Translationsvektoren, so erhält man weitere Symmetrieelemente.

Kombination einer Drehachse mit dazu senkrecht stehendem Translationsvektor

Betrachten wir eine Drehachse C_a^1 mit dem Drehwinkel α und einen Translationsvektor t (Abb. 1.7). Durch die Drehachse gelangt der Punkt P_1 nach P_1'. Die Punkte P_1 und P_1' werden durch t nach P_2 und P_2' gebracht. Ein weiterer Punkt π_1 gelangt durch C_a^1 nach π_1', und durch t gelangt das Punktepaar nach π_2 und π_2'. Daraus resultieren weitere Drehachsen C_a^2 und C_β^1. Die Drehachse C_a^2 überführt P_2 in P_2' und π_2 in π_2'. Die Drehachse C_β^1 erzeugt aus P_1' und π_1' P_2 und π_2. Die Lage von C_a^2 erhält man aus C_a^1 durch Verschiebung um t. Um die Lage von C_β^1 möglichst einfach zu bestimmen, legen wir den Punkt P_1 in die Drehachse. Dadurch fallen P_1, P_1' und C_a^1 sowie P_2, P_2' und C_a^2 zusammen (Abb. 1.8).

Um die beiden Punkte P_1 und P_2 ineinander zu überführen, muß C_β auf der Mittelsenkrechten der Strecke $\overline{P_1P_2}$ liegen. Den Abstand r der Achse C_β^1 vom Vektor t erhalten wir, wenn wir π_1 und π_1' so legen, daß der Winkel zwischen t und der Verbindungslinie $\overline{P_1\pi_1}$ $90° + \dfrac{\alpha}{2}$ beträgt. Da die Drehwinkel β für die Überführung $P_1 \to P_2$ und $\pi_1' \to \pi_2$ gleich sind, muß C_β auf dem Schnittpunkt der Geraden $\overline{P_1\pi_1'}$ und $\overline{P_2\pi_2}$ liegen. Aus Abb. 1.8 ergibt sich:

$$\operatorname{tg}\frac{\alpha}{2} = \frac{t}{2r} = \operatorname{tg}\frac{\beta}{2}$$

und

$$r = \frac{t}{2}\operatorname{ctg}\frac{\alpha}{2}$$

20 Kristallographische Grundlagen

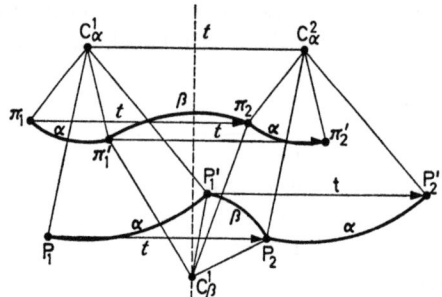

Abb. 1.7 Zwei Drehachsen C_α^1 und C_α^2 im Abstand t erzeugen eine weitere Drehachse C_β

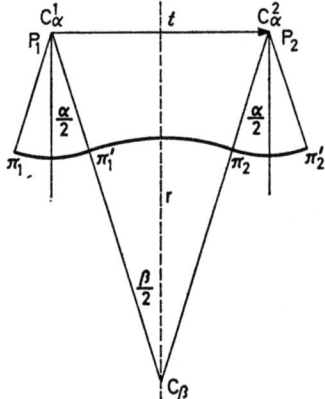

Abb. 1.8 Bestimmung von Lage und Drehwinkel der Drehachse C_β

Der Winkel α ist nicht frei wählbar, da die Gesamtzahl der durch alle Drehachsen und Translationsvektoren erzeugten Punkte nicht im Widerspruch zur Drehoperation C_a stehen darf. Diese Bedingung ist erfüllt, wenn α die Werte 270°, 180°, 120°, 90° oder 60° annimmt.

Wenn C_a eine vierzählige Achse ist ($\alpha = 90°$, 180°, 270°) erhalten wir folgendes Bild:

$\alpha_1 = 90°$, $r = t/2$, $\beta = 90°$ (vierzählige Achse im Abstand $t/2$ vom Vektor t)

$\alpha_2 = 180°$, $r = 0$, $\beta = 180°$ (zweizählige Achse auf dem Vektor t)

$\alpha_3 = 270°$, $r = -t/2$, $\beta = 270°$ (vierzählige Achse im Abstand $t/2$ vom Vektor t)

In der tetragonalen Elementarzelle liegen die vierzähligen Achsen in den Ecken und in der Mitte der Grundfläche, die zweizähligen Achsen auf den Kanten. Durch Kombination der Drehachsen mit senkrecht zu diesen stehenden Translationsvektoren erhalten wir die in Abb. 1.9. ange-

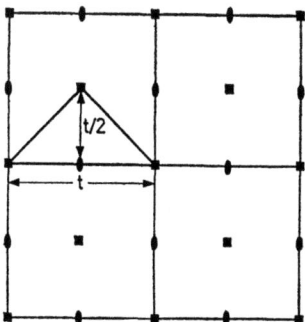

Abb. 1.9 Lagen der zwei- und vierzähligen Drehachsen in der tetragonalen Elementarzelle

gebenen Anordnungen der Symmetrieelemente. Neue Symmetrieelemente die nicht bereits in der Tabelle 1.1 angegeben sind, treten nicht auf.

Das gleiche gilt für die Kombination der Translationsvektoren mit Symmetriezentren und Translationsvektoren mit senkrecht zur Translationsrichtung stehenden Spiegelebenen.

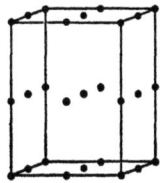

Abb. 1.10 Lagen der Symmetriezentren

Aus einem Symmetriezentrum im Ausgangspunkt des Translationsvektors entstehen weitere Symmetriezentren am Endpunkt und in der Mitte des Vektors (Abb. 1.10). Im Kristallgitter, wo sich die Translationsvektoren aus den Basisvektoren a, b und c zusammensetzen, erhält man aus einem Symmetriezentrum im Eckpunkt einer Elementarzelle weitere Symmetriezentren in den Mittelpunkten der Zellen sowie auf allen Kanten- und Flächenmitten.

22 Kristallographische Grundlagen

Aus einer Spiegelebene senkrecht zu einer Translationsrichtung entsteht eine Schar von Spiegelebenen, die voneinander den Abstand $t/2$ haben (Abb. 1.11).

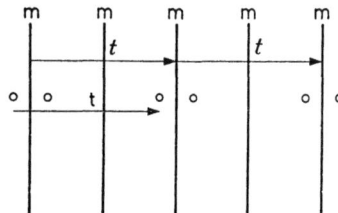

Abb. 1.11 Aus einer Spiegelebene und einem dazu senkrecht stehenden Translationsvektor t entsteht eine Spiegelebenenschar

6. Zusatzsymmetrieelemente und Raumgruppen

Von den Kombinationen von Drehachsen und Spiegelebenen mit der Translationssymmetrie verbleiben noch diejenigen Möglichkeiten, bei denen der Translationsvektor *in Richtung der Drehachse bzw. parallel zur Spiegelebene* steht. Dabei gelangt man zu neuen Symmetrieelementen, zu den *Schraubenachsen und Gleitspiegelebenen*, die man als „Zusatzsymmetrieelemente" bezeichnet.

Wirkt beispielsweise mit einer vierzähligen Achse, die in C-Richtung liegt, ein paralleler Translationsvektor zusammen, so erfolgt für einen Punkt nach der Drehung um 90° um die C-Achse noch eine Verschiebung um τ in Richtung c. Nach Drehung um 180° wird der Punkt um 2τ verschoben abgebildet, bei 270° beträgt die Verschiebung 3τ und bei 360° 4τ. So entsteht eine schraubenförmige Anordnung von Punkten um die c-Achse. Die Translation nach Drehung um 360°, die hier 4τ beträgt, muß gleich einem nach Gl. 1.1 erlaubten Translationsvektor t sein. Da die Translation in Richtung c erfolgt, gilt:

$$\tau = c\,\frac{n}{4}$$

Die resultierenden Symmetrieelemente sind *Schraubenachsen*. Sie erhalten nach HERMANN und MAUGUIN die Symbole

4_1 für $n = 1$
4_2 für $n = 2$
4_3 für $n = 3$

Zusatzsymmetrieelemente und Raumgruppen 23

Bei der 4_3-Achse ist gegenüber der 4_1-Achse die Rechtsschraube durch eine Linksschraube ersetzt. In den Symmetrieoperationen einer 4_2-Achse sind auch die Symmetrieoperationen einer zweizähligen Achse enthalten.

Analog zu den vierzähligen Schraubenachsen erhalten wir auch die zwei-, drei- und sechszähligen Schraubenachsen 2_1, 3_1, 3_2, 6_1, 6_2, 6_3, 6_4 und 6_5. In einer Tabelle sind die symmetrieabhängigen Punktlagen für die Schraubenachsen angegeben.

$2_1 \parallel y$ $XYZ, \bar{X}\tfrac{1}{2}+Y\bar{Z}$

$4_1 \parallel z$ $XYZ, \bar{X}\bar{Y}\tfrac{1}{2}+Z, \bar{Y}X\tfrac{1}{4}+Z, Y\bar{X}\tfrac{3}{4}+Z$

$4_2 \parallel z$ $XYZ, \bar{X}\bar{Y}Z, \bar{Y}X\tfrac{1}{2}+Z, Y\bar{X}\tfrac{1}{2}+Z$

$4_3 \parallel z$ $XYZ, \bar{X}\bar{Y}\tfrac{1}{2}+Z, \bar{Y}X\tfrac{3}{4}+Z, Y\bar{X}\tfrac{1}{4}+Z$

$3_1 \parallel z$ $XYZ, \bar{Y}\,X-Y\,\tfrac{1}{3}+Z, Y-\bar{X}\,X\,\tfrac{2}{3}+Z$

$3_2 \parallel z$ $XYZ, \bar{Y}\,X-Y\,\tfrac{2}{3}+Z, Y-X\,X\,\tfrac{1}{3}+Z$

$6_1 \parallel z$ $XYZ, \bar{Y}\,X-Y\,\tfrac{1}{3}+Z, Y-X\,\bar{X}\,\tfrac{2}{3}+Z, \bar{X}\bar{Y}\,\tfrac{1}{2}+Z,$
     $Y\,Y-X\,\tfrac{5}{6}+Z, X-Y\,X\,\tfrac{1}{6}+Z$

$6_5 \parallel z$ $XYZ, \bar{Y}\,X-Y\,\tfrac{2}{3}+Z, Y-X\,\bar{X}\,\tfrac{1}{3}+Z, \bar{X}\bar{Y}\,\tfrac{1}{2}+Z,$
     $Y\,Y-X\,\tfrac{1}{6}+Z, X-Y, X\,\tfrac{5}{6}+Z$

$6_2 \parallel z$ $XYZ, \bar{Y}\,X-Y\,\tfrac{2}{3}+Z, Y-X\,\bar{X}\,\tfrac{1}{3}+Z, \bar{X}\bar{Y}Z, Y\,Y-X\,\tfrac{2}{3}+Z,$
     $X-Y\,X\,\tfrac{1}{3}+Z$

$6_4 \parallel z$ $XYZ, \bar{Y}X-Y\,\tfrac{1}{3}+Z, Y-X\,\bar{X}\,\tfrac{2}{3}+Z, \bar{X}\bar{Y}Z, Y\,Y-X\,\tfrac{1}{3}+Z,$
     $X-Y\,X\,\tfrac{2}{3}+Z$

$6_3 \parallel z$ $XYZ, \bar{Y}\,X-Y\,Z, Y-X\,\bar{X}Z, \bar{X}\bar{Y}\,\tfrac{1}{2}+Z, Y\,Y-X\,\tfrac{1}{2}+Z,$
     $X-Y\,X\,\tfrac{1}{2}+Z$

X, Y und Z sind relative, auf die Gitterkonstanten bezogene Koordinaten
$$X = \frac{x}{a},\ Y = \frac{y}{b},\ Z = \frac{z}{c}$$

Gleitspiegelebenen entstehen durch Zusammenwirken von Spiegelung und Translation. Steht eine Spiegelebene senkrecht zu y, so können mit ihr Translationsvektoren in Richtung x, in Richtung z oder in Richtung der Diagonalen x, z zusammenwirken. Die Translationsvektoren sind $a/2$, $c/2$ oder $\dfrac{a+c}{2}$. Die resultierenden Gleitspiegelebenen bezeichnet man in der internationalen Schreibweise je nach der Richtung der Translation mit a, c oder n.

Aus einer Spiegelebene senkrecht zu x entstehen Gleitspiegelebenen b, c oder n mit den Translationsvektoren $b/2$, $c/2$ oder $\dfrac{b+c}{2}$. Eine Spiegelebene senkrecht zu z geht über in die Gleitspiegelebenen a, b oder n mit den Translationsvektoren $a/2$, $b/2$ oder $\dfrac{a+b}{2}$.

7. Wahl der Elementarzelle und Bravais-Gitter [2,3]

In allen Kristallen, bei denen die Kanten der Elementarzelle keine rechten Winkel miteinander bilden, unterliegt die Zuordnung der Achsen des Koordinatensystems zum Kristallgitter einer gewissen Willkür. Kanten und Diagonalen der Elementarzelle können hier durch Koordinatentransformation ineinander überführt werden. In Abb. 1.12 sind

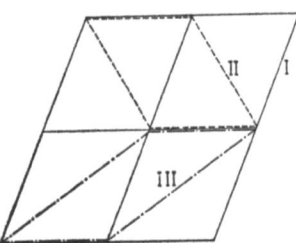

Abb. 1.12 Wahl der Elementarzelle

drei von den vielen Möglichkeiten angegeben, wie man in einer zweidimensionalen Anordnung von Punkten eine Elementarzelle definieren kann. In der Praxis wählt man in der Regel die Elementarzelle so, *daß die Kanten möglichst kurz sind.* Die Richtung der Achsen ergibt ein rechtsdrehendes Koordinatensystem. Die Winkel zwischen den Achsen sollen im Kristallraum, sofern dies möglich ist, größer als 90° sein. In Kristallen organischer Verbindungen wird man bei der Wahl der Achsen auch darauf achten, daß Teile eines Moleküls möglichst nicht in ver- verschiedenen Elementarzellen liegen.

Weiterhin soll die Elementarzelle mit dem kleinsten Volumen gewählt werden. Ausnahmen von dieser Regel läßt man nur dann zu, wenn man die größere Elementarzelle in ein höheres Kristallsystem einordnen kann.

In Abb. 1.13 ist die Grundfläche der kleinsten Zelle (I) gestrichelt gezeichnet. Beim Übergang zur Zelle II, die doppelt so groß ist, gelangt

Wahl der Elementarzelle und Bravais-Gitter 25

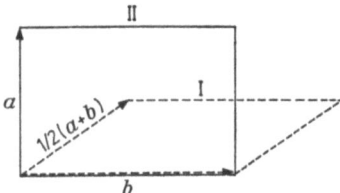

Abb. 1.13 Primitive Zelle mit schiefen Winkeln und zentrierte Zelle mit rechten Winkeln

man zu rechten Winkeln zwischen den Vektoren a und b. Die Flächenmitte der Zelle II ist gleichwertig mit dem Eckpunkt. Wir erhalten eine zusätzliche Translationssymmetrie, die wir durch den Vektor $\frac{a+b}{2}$ angeben. Die gesamte Translationssymmetrie wird beschrieben durch die Vektoren

$$t' = n_1 a + n_2 b + n_3 c + v\frac{a+b}{2}$$

wobei n_1, n_2 und n_3 ganze Zahlen sind und v den Wert eins oder null annimmt.

Da der zusätzliche Translationsvektor vom Eckpunkt einer Elementarzelle zum Mittelpunkt einer Basisfläche führt, nennen wir das Gitter *basiszentriert*.

Führen zusätzliche Translationsvektoren zu den Mittelpunkten aller Begrenzungsflächen der Elementarzelle, so ist das Gitter *flächenzentriert*.

Liegt ein Vektor $\frac{a+b+c}{2}$ zum Mittelpunkt der Elementarzelle vor, so ist der Kristall *raumzentriert*.

Kristalle ohne Zentrierung bezeichnet man als *primitiv*.

In der internationalen Schreibweise werden die Gittertypen durch die Buchstaben
P (primitiv),
A, B, C (basiszentriert)
F (flächenzentriert)
I (raumzentriert)
bezeichnet.

Bei den basiszentrierten Gittern erkennt man aus dem Buchstaben die zentrierte Fläche. A bezieht sich auf die Ebene bc, B auf die Ebene ca und C auf die Ebene ab.

Aufgrund dieser zusätzlichen Translationssymmetrie können wir die sieben Kristallsysteme in die folgenden 14 Gruppen unterteilen, die man als *Bravais-Typen* bezeichnet.

Kristallsystem	Bravais-Gitter			
triklin	P			
monoklin	P	C(A)		
orthorhombisch	P	C(A,B)	I	F
tetragonal	P		I	
trigonal	P	(rhomboedrisch)		
hexagonal	P			
kubisch	P		I	F

Im triklinen System tritt nur der primitive Bravais-Typ auf, da jede zentrierte Zelle durch geeignete Achsen-Transformation in eine primitive Zelle überführt werden kann. Bei der Wahl der Achsen ist man nicht an die Einhaltung bestimmter Winkel gebunden.

Im monoklinen System (die bevorzugte Achse sei y) kann die Fläche ab oder bc zentriert sein. Eine Zentrierung der Fläche ac würde durch die Transformation $a' = \dfrac{a+c}{2}$, $b' = b$ und $c' = c$ in eine primitive Zelle überführt. a', b' und c' sind die Gitterkonstanten der primitiven Zelle. Durch die Transformation bleiben die rechten Winkel zwischen zwei Achsenpaaren $a'b'$ und $b'c'$ erhalten.

Im orthorhombischen System sind alle Zentrierungen möglich. Bei Transformationen in primitive Zellen gehen die rechten Winkel zwischen den Achsen verloren.

Im trigonalen und hexagonalen System sind nur die primitiven Gittertypen vorhanden. Im kubischen Kristallsystem entfallen die basiszentrierten Typen wegen der Gleichwertigkeit aller Begrenzungsflächen der Elementarzelle.

In den flächenzentrierten Gittern sind die Punkte auf den Flächenmitten der Elementarzelle äquivalent zu den Eckpunkten. Als zusätzliche Translationsvektoren erhalten wir $\dfrac{a+b}{2}$, $\dfrac{a+c}{2}$ und $\dfrac{b+c}{2}$. In diesen Gittern können Gleitspiegelebenen mit der Hälfte dieser Vektoren als Translationskomponente vorkommen. Die Translationskomponente ist gleich einem Viertel der Flächendiagonalen. In der internationalen Schreibweise erhalten diese Gleitspiegelebenen das Symbol d. In raumzentrierten tetragonalen Kristallen liegen diese Gleitspiegelebenen senkrecht zu den Diagonalen der quadratischen Grundfläche der Elementarzelle.

Die Zusatzsymmetrieelemente können nun in den einzelnen Kristallklassen an die Stellen der jeweiligen Punktsymmetrieelemente treten.

Dabei ist zu beachten, daß bei der Kombination mehrerer Symmetrieelemente untereinander neue Symmetrieelemente erzeugt werden.

Von der Lage der erzeugenden Symmetrieelemente hängt es ab, welches weitere Symmetrieelement entsteht: Schneiden sich beispielsweise zwei zueinander senkrecht stehende zweizählige Schraubenachsen, so entsteht zusätzlich eine zweizählige Achse, die zu den erzeugenden Schraubenachsen senkrecht steht und in beiden Richtungen um 1/4 der Gitterkonstanten gegen diese verschoben ist.

Haben die erzeugenden Schraubenachsen voneinander den Abstand von einem Viertel der Gitterkonstanten, so entstehen senkrecht dazu neue Schraubenachsen, welche von den beiden erzeugenden Achsen jeweils um 1/4 der Gitterkonstanten entfernt sind.

Aus einer zweizähligen Schraubenachse und einer zweizähligen Achse entsteht eine weitere zweizählige Achse.

Wenn wir in der Kristallklasse 222 die Drehachsen nacheinander durch Schraubenachsen ersetzen, erhalten wir die Gruppen $2\,2\,2_1$, $2_1\,2_1\,2$, und $2_1\,2_1\,2_1$.

Verlangen wir als erzeugende Symmetrieelemente drei zueinander senkrecht stehende Schraubenachsen, die sich in einem Punkt schneiden, so gelangen wir zu einer raumzentrierten Elementarzelle, in der außer den Schraubenachsen auch noch zweizählige Drehachsen vorhanden sind.

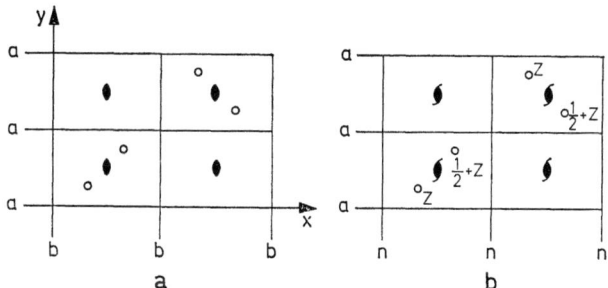

Abb. 1.14 Aus zwei Gleitspiegelebenen entstehen zweizählige Drehachsen oder zweizählige Schraubenachsen

In Abb. 1.14 ist dargestellt, wie aus zwei Gleitspiegelebenen vom Typ a und b zweizählige Achsen und aus Gleitspiegelebenen a und n Schraubenachsen entstehen.

Wenn wir, wie es am Beispiel der Klasse 222 gezeigt wurde, systematisch in allen 32 Kristallachsen die Drehachsen durch Schraubenachsen

Tabelle 1.4. Die Raumgruppen des triklinen, monoklinen und orthorhombischen Kristallsystems

Kristallklasse	Raumgruppen
1	P1, P$\bar{1}$
2	P2, P2_1, C2
m	Pm, Pc, Cm, Cc
$\frac{2}{m}$	P$\frac{2}{m}$, P$\frac{2_1}{m}$, C$\frac{2}{m}$, P$\frac{2}{c}$, P$\frac{2_1}{c}$, C$\frac{2}{c}$
222	P 222, P 222_1, P 2_12_12, P $2_12_12_1$, C 222_1, C 222, F 222, I 222, I $2_12_12_1$
mm2	Pmm2, Pmc2_1, Pcc2, Pma2, Pca2_1, Pnc2, Pmn2_1, Pba2, Pna2_1, Pnn2, Cmm2, Cmc2_1, Ccc2, Anm2, Abm2, Aba2, Fmm2, Fdd2, Imm2, Iba2, Ima2
mmm	Pmmm $\left(\text{P}\frac{2}{m}\frac{2}{m}\frac{2}{m}\right)$, Pnnn $\left(\text{P}\frac{2}{n}\frac{2}{n}\frac{2}{n}\right)$, Pccm $\left(\text{P}\frac{2}{c}\frac{2}{c}\frac{2}{m}\right)$, Pban $\left(\text{P}\frac{2}{b}\frac{2}{a}\frac{2}{n}\right)$, Pmma $\left(\text{P}\frac{2_1}{m}\frac{2}{m}\frac{2}{a}\right)$, Pnna $\left(\text{P}\frac{2}{n}\frac{2_1}{n}\frac{2}{a}\right)$, Pmna $\left(\text{P}\frac{2}{m}\frac{2}{n}\frac{2}{a}\right)$, Pcca $\left(\text{P}\frac{2_1}{c}\frac{2}{c}\frac{2}{a}\right)$, Pbam $\left(\text{P}\frac{2_1}{b}\frac{2_1}{a}\frac{2}{m}\right)$, Pccn $\left(\text{P}\frac{2_1}{c}\frac{2_1}{a}\frac{2}{n}\right)$, Pbcm $\left(\text{P}\frac{2}{b}\frac{2_1}{c}\frac{2_1}{m}\right)$, Pnnm $\left(\text{P}\frac{2_1}{n}\frac{2_1}{n}\frac{2}{m}\right)$, Pmmn $\left(\text{P}\frac{2}{m}\frac{2_1}{m}\frac{2}{n}\right)$, Pbcn $\left(\text{P}\frac{2_1}{b}\frac{2}{c}\frac{2_1}{n}\right)$, Pbca $\left(\text{P}\frac{2_1}{b}\frac{2_1}{c}\frac{2_1}{a}\right)$, Pnma $\left(\text{P}\frac{2_1}{n}\frac{2_1}{m}\frac{2_1}{a}\right)$, Cmcm $\left(\text{C}\frac{2}{m}\frac{2}{c}\frac{2_1}{m}\right)$, Cmca $\left(\text{C}\frac{2}{m}\frac{2}{c}\frac{2_1}{a}\right)$, Cmmm $\left(\text{C}\frac{2}{m}\frac{2}{m}\frac{2}{m}\right)$, Cccm $\left(\text{C}\frac{2}{c}\frac{2}{c}\frac{2}{m}\right)$, Cmma $\left(\text{C}\frac{2}{m}\frac{2}{m}\frac{2}{a}\right)$, Ccca $\left(\text{C}\frac{2}{c}\frac{2}{c}\frac{2}{a}\right)$, Fmmm $\left(\text{F}\frac{2}{m}\frac{2}{m}\frac{2}{m}\right)$, Fddd $\left(\text{F}\frac{2}{d}\frac{2}{d}\frac{2}{d}\right)$, Immm $\left(\text{I}\frac{2}{m}\frac{2}{m}\frac{2}{m}\right)$, Ibam $\left(\text{I}\frac{2}{b}\frac{2}{a}\frac{2}{m}\right)$, Ibca $\left(\text{I}\frac{2}{b}\frac{2}{c}\frac{2}{a}\right)$, Imma $\left(\text{I}\frac{2}{m}\frac{2}{m}\frac{2}{a}\right)$.

und die Spiegelebenen durch Gleitspiegelebenen ersetzen, gelangen wir unter Berücksichtigung der verschieden möglichen Bravais-Typen zu den *230 Raumgruppen*. In der internationalen Schreibweise ist die Reihenfolge der Symbole die gleiche wie bei den Kristallklassen. Die Symbole für die Punktsymmetrieelemente werden durch diejenigen der Zusatzsymmetrieelemente ersetzt. Der Bravais-Typ wird durch einen der Buchstaben P, A, B, C, I oder F gekennzeichnet, etwa so: $P2$, $C2_1$, $I222$, $Fddd$ usw.

Nach SCHÖNFLIES werden die Raumgruppen einer Kristallklasse fortlaufend numeriert, z.B.: C_2^1, C_2^2, C_2^3 usw.

In Tabelle 1.4 sind die Raumgruppen des triklinen, monoklinen und orthorhombischen Systems angegeben. Eine ausführliche Darstellung mit der Angabe der Lagen der Symmetrieelemente und den Punktgruppen enthalten die International Tables for X-Ray-Crystallography Vol. 1 [4].

Die experimentelle Bestimmung der Raumgruppe eines Kristalles gelingt aus den Röntgenaufnahmen. Wir kommen erst nach der Behandlung der Streutheorie und der Aufnahmeverfahren darauf zurück.

II. Beugung von Röntgenstrahlen in Kristallen [5]

1. Die kinematische Theorie

Wenn Röntgenstrahlen auf Materie treffen, werden sie an den Elektronen der Substanz gestreut. Handelt es sich bei der Substanz um einen Kristall, so resultieren aus der dreidimensional periodischen Anordnung seiner Atome scharfe Interferenzmaxima. Sie lassen sich allerdings nur dann beobachten, wenn sich der Kristall in bestimmten Lagen zur Richtung des auf ihn treffenden Röntgenstrahles befindet.

Wir setzen voraus, daß die Wechselwirkung der gebeugten Strahlen mit dem einfallenden Strahl und der Energieverlust, den die Strahlen infolge der Streuung erleiden, klein sind. Wir wollen ferner nicht berücksichtigen, daß die gebeugten Strahlen auf ihrem Weg durch den Kristall Anlaß zu sekundären Beugungserscheinungen geben. Auf diesen Voraussetzungen beruht die sog. kinematische Theorie. Sie ist für die Vorgänge in sehr kleinen Kristallen (10^{-4} cm) hinreichend genau.

Die meisten Kristalle bestehen wegen der großen Zahl von Fehlstellen [6] aus kleinen, ideal gebauten Bereichen, die nach P. P. EWALD *Mosaikblöckchen* genannt werden. Man spricht von der Mosaikstruktur der Kristalle. In diesen kleinen Bereichen ist der Streuvorgang ideal. Im günstigsten Fall, wenn die Mosaikblöckchen so klein sind, daß die kinematische Theorie ohne weitere Korrekturen mit einer Genauigkeit von $\sim 1\%$ gültig ist, bezeichnen wir den Kristall als „idealen Mosaikkristall". Tatsächlich aber wenden wir die kinematische Theorie aber auch dann bei Kristallen organischer Verbindungen an, wenn diese idealen Voraussetzungen nicht erfüllt sind. Der Grund liegt einfach darin, daß mit dieser Theorie die Intensitäten der Röntgeninterferenzen am bequemsten ausgewertet werden können. Gelegentlich erforderliche Korrekturen werden meist auf wenige intensitätsstarke Interferenzen beschränkt und sind im ersten Stadium der Strukturbestimmung bedeutungslos.

Herleitung der Streutheorie für einen kleinen kohärent streuenden Kristall.
Da die Röntgenstrahlen an den Elektronen gestreut werden, hängt die Intensität der gestreuten Strahlung (W) von der jeweiligen Elek-

tronendichte im Kristall und damit von der Anordnung der Atome im Kristall ab. Diese Anordnung der Atome, die wir *Kristallstruktur* nennen, wird durch die in Gl. 1.1 angegebene Translationssymmetrie und durch den Aufbau der Elementarzelle bestimmt. Den periodischen Aufbau berücksichtigen wir in der Intensitätsformel durch einen Faktor G, den wir *Gitterfaktor* nennen, und die Atomverteilung in der Elementarzelle durch das Quadrat der Strukturamplitude F

$$W \sim G|F|^2 \qquad (2.1)$$

F ist eine Funktion der Streubeiträge der einzelnen Atome und wegen der beim Streuvorgang auftretenden Phasenbeziehungen auch eine Funktion von den Lagen dieser Atome in der Elementarzelle. Die Strukturamplitude ist deshalb eine wichtige Größe zur Bestimmung der Atomlagen.

Der Gitterfaktor G steht für den Zusammenhang der Basis-Translationsvektoren im Kristall mit den Kristallstellungen und Beugungswinkeln, unter denen wir die Interferenzen beobachten.

Die Ableitung der Formeln zur Bestimmung der Gitterkonstanten und zur Berechnung des Betrages der Strukturamplituden aus den Röntgeninterferenzen ist das Ziel der folgenden Rechnungen.

Die Aufenthaltswahrscheinlichkeit der Elektronen in einem bestimmten Volumenelement dv des Kristalls läßt sich als mittlere Elektronendichte ϱ angeben. Sie ist proportional dem Betragsquadrat der Wellenfunktion ψ am Ort des Volumenelementes

$$\varrho = |\psi|^2 \qquad (2.1a)$$

ϱ ist die mittlere Elektronendichte.

Nennen wir die Amplitude der einfallenden Welle E_0, so ist die Amplitude der gestreuten Welle im Abstand R vom Volumenelement dv gegeben durch [7,8]

$$dE = E_0 \frac{1}{R} \frac{e^2}{mc^2} K|\psi|^2 dv \qquad (2.2)$$

$\frac{e^2}{mc^2}$ ist der klassische Elektronenradius. Der Faktor K berücksichtigt den Einfluß der Polarisation. Da die von den einzelnen Volumenelementen gestreuten Strahlungsanteile unterschiedliche Wege zurücklegen, ergeben sich Phasendifferenzen, die wir bei der Addition der Anteile berücksichtigen müssen. Wir betrachten hierzu zunächst zwei Volumenelemente dv_1 und dv_2 (Abb. 2.1). Ihren Abstand geben wir durch den Vektor r von dv_1 nach dv_2 an. Die Lage von dv_1 wählen wir zum Nullpunkt des Koordinatensystems, in dem wir den Vorgang beschreiben. Beide Volumenelemente werden von einer Röntgenwelle getroffen. Die Richtung des einfallenden Strahles stellen wir durch den Einheitsvektor s_0, die Richtung des gestreuten

Strahles durch den Einheitsvektor s dar. s_0 und s schließen den Winkel 2ϑ ein. Der Weg der im Volumenelement dv_2 gestreuten Strahlung zwischen den Ebenen A_1A_2 und B_1B_2 (Abb. 2.1) ist gegeben durch die Projektion von r auf s_0 ($\overline{A_2B_2} = r \cdot s_0$). Der Weg der in dv_1 gestreuten Strahlung ist gleich der Projektion von r auf s ($\overline{A_1B_1} = r \cdot s$).

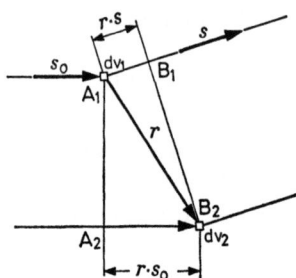

Abb. 2.1 Berechnung der Wegdifferenz der in den Volumenelementen dv_1 und dv_2 gestreuten Strahlung

Die Wegdifferenz ist

$$\Delta t = r \cdot (s - s_0) = r \cdot S \tag{2.3}$$

Der Vektor

$$S = s - s_0$$

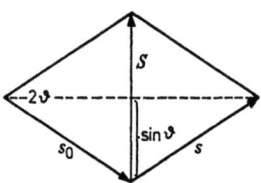

Abb. 2.2 Bestimmung des Beugungswinkels aus der Richtung der einfallenden und der gestreuten Strahlung

steht senkrecht auf der Winkelhalbierenden zwischen s_0 und s. Der Betrag dieses Vektors ist nach Abb. 2.2 gleich $2\sin\vartheta$. Die Phasendifferenz erhalten wir aus der Wegdifferenz Δt durch Multiplikation mit $\dfrac{2\pi}{\lambda}$. Für das Volumenelement dv_2 erhalten wir den Phasenfaktor

$$e^{2\pi i \frac{S \cdot r}{\lambda}}$$

Der Beitrag dE_2 des Volumenelementes dv_2 zur Amplitude der gestreuten Welle ist gleich dem Streuvermögen des Volumenelementes mal dem Phasenfaktor

$$dE_2 = E_{el}\varrho(r)e^{\frac{2\pi i}{\lambda}\boldsymbol{S}\cdot\boldsymbol{r}}dv_2 \qquad (2.4)$$

wobei wir unter E_{el} die Größe

$$\frac{e^2}{mc^2}E_0\frac{1}{R}\cdot K$$

verstehen. Es ist vorteilhaft, den Faktor $1/\lambda$ und den Vektor $\boldsymbol{S}$ zu einem Vektor $\boldsymbol{H}$ zusammenzufassen. Diesen Vektor, der die Dimension einer reziproken Länge hat, nennt man den *Streuvektor* oder auch *reziproken Gittervektor* des jeweiligen Reflexes. Er steht wie $\boldsymbol{S}$ senkrecht auf der Winkelhalbierenden zwischen einfallendem und gebeugtem Strahl. Sein Betrag ist

$$|\boldsymbol{H}| = \frac{2\sin\vartheta}{\lambda} \qquad (2.5)$$

Um zur Amplitude E der vom gesamten Kristall gestreuten Strahlung zu gelangen, integrieren wir Gl. 2.4 über das Volumen des Kristalles.

$$\begin{aligned}E &= E_{el}\cdot\int^{\text{Kristall}}\varrho(r)\,e^{2\pi i\,\boldsymbol{H}\cdot\boldsymbol{r}}\,dv\\ &= \frac{e^2}{mc^2}E_0\frac{1}{R}K\cdot\int^{\text{Kristall}}\varrho(r)\,e^{2\pi i\,\boldsymbol{H}\cdot\boldsymbol{r}}\,dv \end{aligned} \qquad (2.6)$$

Die Gleichung 2.6 wird auch aus der wellenmechanischen Berechnung der Wechselwirkung zwischen den Elektronen und elektromagnetischer Strahlung erhalten, wobei man wieder die Gültigkeit der kinematischen Theorie voraussetzt und annimmt, daß die Ionisierungsenergien der Elektronen wesentlich kleiner sind als die Energie der Röntgenstrahlung. Wenn die letzte Bedingung nicht erfüllt ist, sind Korrekturen erforderlich.

Die Elektronendichtefunktion $\varrho(\boldsymbol{r})$ ist im Kristall eine dreidimensional periodische Funktion. Sie hat am Endpunkt des Vektors $\boldsymbol{r}$ den gleichen Wert wie an den Endpunkten aller Vektoren $\boldsymbol{r}+\boldsymbol{r}_n$ mit $\boldsymbol{r}_n = n_1\boldsymbol{a} + n_2\boldsymbol{b} + n_3\boldsymbol{c}$. $\boldsymbol{a}$, $\boldsymbol{b}$ und $\boldsymbol{c}$ sind die in Kap. I erwähnten Basis-Translationsvektoren oder Gitterkonstanten.

Wegen dieser Periodizität ist es sinnvoll, das Integral in 2.6, das sich über den gesamten Kristall erstreckt, durch eine Summe von Integralen über eine Elementarzelle zu ersetzen.

Wir zerlegen den Vektor $\boldsymbol{r}$ in einen Vektor $\boldsymbol{r}_n$ zum Nullpunkt der Elementarzelle, in welcher der Endpunkt von $\boldsymbol{r}$ liegt und in einen Vektor $\boldsymbol{r}_E$ innerhalb der Elementarzelle.

34   Beugung von Röntgenstrahlen in Kristallen

$$r = r_n + r_E \quad (\text{Abb. 1.2})$$

Gl. 2.6 geht dann über in

$$E = E_{el} \int\limits^{\text{Kristall}} \varrho(\mathrm{E})\, e^{2\pi i\, H\cdot(r_n + r_E)}\, dv = E_{el} \sum_{n=1}^{N} e^{2\pi i\, H\cdot r_n} \int\limits^{\text{El. Zelle}} \varrho(r_E)\, e^{2\pi i\, H\cdot r_E} dv \quad (2.7)$$

Die Summation erstreckt sich über alle Elementarzellen des Kristalls.
Das Integral über die Elementarzelle

$$F = \int\limits^{\text{El. Zelle}} \varrho(r_E)\, e^{2\pi i\, H\cdot r_E}\, dv \quad (2.8)$$

bezeichnen wir als *Strukturamplitude*. Sie ist der Amplitude der von einer Elementarzelle gestreuten Strahlung proportional und hängt von der Elektronenverteilung innerhalb der Elementarzelle und damit von der Anordnung der Atome ab. Zerlegen wir r_E weiter in einen Vektor r_j zum Schwerpunkt des $j$ten Atoms, in dessen Bereich der Endpunkt von r_E liegt, und einen Vektor r_A innerhalb des Atoms, so können wir Gl. 2.7 in eine Summe von Integralen über die einzelnen Atome zerlegen.

$$F = \int\limits^{\text{El. Zelle}} \varrho(r)\, e^{2\pi i\, H\cdot(r_j + r_A)}\, dv$$

$$= \sum_{j=1}^{N} f_j e^{2\pi i\, H\cdot r_j} \quad (2.9)$$

Die Größe

$$f = \int\limits^{\text{Atom}} \varrho(r_A)\, e^{2\pi i\, H\cdot r_A}\, dv \quad (2.10)$$

bezeichnet man als *Atomformamplitude*.

Die Intensität der gestreuten Strahlung ist gleich dem Betragsquadrat der Amplitude E. Durch Quadrieren von 2.7 und Einsetzen von 2.8 für das Integral über die Elementarzelle ergibt sich:

$$W = |E|^2 = E_{el}^2 |F|^2 G \quad (2.11)$$

Damit ist Gl. 2.1 bestätigt.

Die Größe G

$$G = |\sum^N e^{2\pi i\, H\cdot r_n}|^2 = |\sum^N e^{2\pi i\, H\cdot(n_1 a + n_2 b + n_3 c)}|^2 \quad (2.12)$$

nennen wir den *Gitterfaktor* oder auch die *Laue'sche Interferenzfunktion*.

Wir betrachten nun einen Kristall von der Form eines Parallelepipedes mit N_1 Elementarzellen in Richtung der Gitterkonstanten a, N_2 Elementarzellen in Richtung von b und N_3 Elementarzellen in Richtung von c. Die Größen n_1, n_2 und n_3 in Gl. 2.11 können alle ganzen Zahlen zwischen Null und $N_1 - 1$, $N_2 - 1$ bzw. $N_3 - 1$ sein.

Die *Gesamtzahl der Elementarzellen* in diesem Kristall ist nun gleich dem Produkt

$$N = N_1 N_2 N_3$$

Die Summe über alle N Elementarzellen in 2.12 schreiben wir in der folgenden Form:

$$G = \left| \sum_{n_1=0}^{N_1-1} \sum_{n_2=0}^{N_2-1} \sum_{n_3=0}^{N_3-1} e^{2\pi i n_1 \boldsymbol{H} \cdot \boldsymbol{a}} e^{2\pi i n_2 \boldsymbol{H} \cdot \boldsymbol{b}} e^{2\pi i n_3 \boldsymbol{H} \cdot \boldsymbol{c}} \right|^2$$

$$= \left| \sum_{n_1=0}^{N_1-1} e^{2\pi i n_1 \boldsymbol{H} \cdot \boldsymbol{a}} \right|^2 \left| \sum_{n_2=0}^{N_2-1} e^{2\pi i n_2 \boldsymbol{H} \cdot \boldsymbol{c}} \right|^2 \left| \sum_{n_3=0}^{N_3-1} e^{2\pi i n_3 \boldsymbol{H} \cdot \boldsymbol{b}} \right|^2 \quad (2.13)$$

Die drei Faktoren sind geometrische Reihen, die wir mit Hilfe der Summenformel berechnen. Für den ersten Faktor, den wir mit Z_1 bezeichnen, erhalten wir:

$$Z_1 = \left| \sum_{n_1=0}^{N_1-1} e^{2\pi i n_1 \boldsymbol{H} \cdot \boldsymbol{a}} \right|^2 = \left| \frac{e^{2\pi i N_1 \boldsymbol{H} \cdot \boldsymbol{a}} - 1}{e^{2\pi i \boldsymbol{H} \cdot \boldsymbol{a}} - 1} \right|^2$$

Mit Hilfe der Euler'schen Beziehung

$$e^{ix} = \cos x + i \sin x$$

und

$$|e^{ix} - 1|^2 = (\cos x - 1)^2 + \sin^2 x = 2 - 2\cos x = 4\sin^2 \frac{x}{2}$$

ergibt sich folgender Ausdruck:

$$Z_1 = \left| \frac{\sin^2 N_1 \pi \boldsymbol{H} \cdot \boldsymbol{a}}{\sin^2 \pi \boldsymbol{H} \cdot \boldsymbol{a}} \right|^2$$

Nach der gleichen Umwandlung der beiden anderen Faktoren schreiben wir den gesamten Gitterfaktor in folgender Form:

$$G = \frac{\sin^2 N_1 \pi \boldsymbol{H} \cdot \boldsymbol{a}}{\sin^2 \pi \boldsymbol{H} \cdot \boldsymbol{a}} \frac{\sin^2 N_2 \pi \boldsymbol{H} \cdot \boldsymbol{b}}{\sin^2 \pi \boldsymbol{H} \cdot \boldsymbol{b}} \frac{\sin^2 N_3 \pi \boldsymbol{H} \cdot \boldsymbol{c}}{\sin^2 \pi \boldsymbol{H} \cdot \boldsymbol{c}} \quad (2.14)$$

G ist bei vorgegebenen Gitterkonstanten eine dreidimensional periodische Funktion des Streuvektors $\boldsymbol{H}$. Das Nullpunktsmaximum und die eweiteren durch die Periodizität bedingten gleichwertigen Hauptmaxima der Funktion

$$\frac{\sin^2 N_1 \pi x}{\sin^2 \pi x}$$

haben die Höhe N_1^2. Daneben liegen Nullstellen bei

$$x = \pm \frac{1}{N_1}, \frac{2}{N_1}, \frac{3}{N_1} \cdots$$

und weitere Nebenmaxima bei

$$x \approx \frac{3}{2N_1}, \frac{5}{2N_1} \ldots$$

Die Höhe der Nebenmaxima liegt in der Größenordnung

$$\frac{4}{9} N_1^2, \frac{4}{25} N_1^2, \frac{4}{49} N_1^2 \ldots$$

Die kohärent streuenden Bereiche der zur Strukturbestimmung verwendeten Kristalle sind etwa 10^{-4} cm groß. Die Zahlen der Elementarzellen längs der Kanten eines derartigen Bereiches (N_1, N_2 und N_3) liegen bei Gitterkonstanten von ~ 10 Å in der Größenordnung von 10^3. Die Nebenmaxima der Interferenzfunktion liegen deshalb sehr dicht beisammen und klingen bereits in unmittelbarer Nähe der Hauptmaxima sehr schnell ab. Weiter entfernte Nebenmaxima können deshalb vernachlässigt werden. Wir brauchen die Funktion G tatsächlich nur in kleinen Bereichen im reziproken Raum, die in der Nähe der Hauptmaxima liegen, betrachten. Die Lage der Hauptmaxima erhalten wir, wenn wir für die skalaren Produkte im Argument der Funktion G ganze Zahlen einsetzen.

Wir setzen:

$$\boldsymbol{H} \cdot \boldsymbol{a} = h, \quad \boldsymbol{H} \cdot \boldsymbol{b} = k \quad \text{und} \quad \boldsymbol{H} \cdot \boldsymbol{c} = l \quad (h, k, l = 1, 2, 3 \ldots)$$

Für jedes hkl-Tripel resultiert ein Hauptmaximum, dessen Höhe gleich $N_1^2 N_2^2 N_3^2$, also gleich N^2, dem Quadrat der Zahl der Elementarzellen im Kristall, ist.

2. Reziprokes Gitter und Bragg'sche Gleichung

Die räumliche Lage der Basisvektoren $\boldsymbol{a}$, $\boldsymbol{b}$ und $\boldsymbol{c}$ hängt von der Orientierung des Kristalles ab. Die Lage des Streuvektors $\boldsymbol{H}$ haben wir bisher aus der Richtung des einfallenden Strahles und des gestreuten Strahles bestimmt, wobei nach Abb. 2.1 und Gl. 2.5 $\boldsymbol{H}$ senkrecht zur Winkelhalbierenden zwischen einfallendem und gestreutem Strahl steht

$$\boldsymbol{H} = \frac{1}{\lambda} (\boldsymbol{s} - \boldsymbol{s}_0)$$

Nach Gl. 2.14 erhalten wir für G nur dann große Werte, wenn die Vektoren $\boldsymbol{a}$, $\boldsymbol{b}$ und $\boldsymbol{c}$ in bestimmten Richtungen zu $\boldsymbol{H}$ liegen. Die Berechnung dieser Lagen teilen wir in zwei Schritte auf.

Im ersten Schritt berechnen wir aus einem hkl-Tripel bei vorgegebener Kristallstellung mit Hilfe von Gl. 2.14 die Lage des Streuvektors H für das Maximum von G, ohne die Richtung der Röntgenstrahlen zu berücksichtigen. Die Lage des Streuvektors ist dann fest mit der Kristallorientierung verknüpft. Bei einer Drehung des Kristalles wird im reziproken Raum der Vektor H gedreht. Im zweiten Schritt bringen wir H durch Veränderung der Kristallstellung in diejenige Lage zum einfallenden Röntgenstrahl, die wir bei der Herleitung der Interferenzfunktion forderten.

Bei der Darstellung eines Gittervektors im Kristallraum haben wir drei Basisvektoren a, b und c eingeführt. Auf ähnliche Weise setzen wir nun die reziproken Gittervektoren aus drei Basisvektoren a^*, b^* und c^* im reziproken Raum zusammen.

$$H = ha^* + kb^* + lc^* \tag{2.15}$$

Die Basisvektoren a^*, b^* und c^* wählen wir so, daß wir Gl. 14 möglichst einfach auswerten können.

Wir setzen:

$$\begin{aligned} H \cdot a &= ha^* \cdot a + kb^* \cdot a + lc^* \cdot a = h \\ H \cdot b &= ha^* \cdot b + kb^* \cdot b + lc^* \cdot b = k \\ H \cdot c &= ha^* \cdot c + kb^* \cdot c + lc^* \cdot c = l \end{aligned} \tag{2.16}$$

Daraus resultiert:

$$\begin{aligned} a \cdot a^* &= b \cdot b^* = c \cdot c^* = 1 \\ a \cdot b^* &= b \cdot a^* = b \cdot c^* = c \cdot b^* = c \cdot a^* = a \cdot c^* = 0 \end{aligned} \tag{2.16a}$$

Die Lagen der Basisvektoren a^*, b^*, c^* im reziproken Raum sind durch die Lagen der Basis-Translationsvektoren a, b, c im Kristallraum eindeutig bestimmt. Aus 2.16a folgt, daß a^* senkrecht steht zu b und c, daß b^* senkrecht zu c und a und daß c^* senkrecht zu a und b steht. Zur Berechnung der Beträge von a^*, b^* und c^* benutzen wir das Volumen der Elementarzelle, welches wir durch das Produkt darstellen.

$$v = a \cdot (b \times c) = b \cdot (c \times a) = c(a \times b)$$

Mit Hilfe von 2.16a berechnen wir:

$$\begin{aligned} 1 &= a \cdot \frac{(b \times c)}{v} = b \cdot \frac{(c \times a)}{v} = c \cdot \frac{(a \times b)}{v} \\ &= a \cdot a^* = b \cdot b^* = c \cdot c^* \end{aligned}$$

38 Beugung von Röntgenstrahlen in Kristallen

woraus direkt folgt:

$$a^* = \frac{b \times c}{v}, \; b^* = \frac{c \times a}{v}, \; c^* = \frac{a \times b}{v} \qquad (2.17)$$

Jedem Interferenzmaximum ist ein hkl-Tripel und im reziproken Raum ein bestimmter Vektor H (hkl) zugeordnet. Die Gesamtheit der Endpunkte aller Vektoren H ergibt eine unendlich ausgedehnte gitterförmige Anordnung von Punkten, die man als reziprokes Gitter bezeichnet. Jedem Punkt in diesem reziproken Gitter entspricht ein Interferenzmaximum.

Aus den Beugungswinkeln und Kristallstellungen, unter denen man die Interferenzen beobachtet, kann man Beträge und Richtungen der Vektoren H und die Lagen der reziproken Gitterpunkte bestimmen. Das reziproke Gitter ist deshalb ein wertvolles Hilfsmittel für die Auswertung der Röntgenaufnahmen.

Die Vektoren H, die man auch reziproke Gittervektoren oder Streuvektoren nennt, lassen sich auf folgende Weise anschaulich deuten: Wir legen in einem xyz-Koordinatensystem, dessen Achsen mit den Basis-Translationsvektoren a, b, c zusammenfallen, eine Fläche fest, die gegeben ist durch die Gleichung

$$\frac{h}{a} x + \frac{k}{b} y + \frac{l}{c} z = 1 \qquad (2.18)$$

Diese Fläche schneidet die Achsen des Koordinatensystems in den Punkten A, B und C. Die Achsenabschnitte sind a/h, b/k und c/l. (Abb. 2.3) Das Lot d vom Nullpunkt des Koordinatensystems auf die Fläche

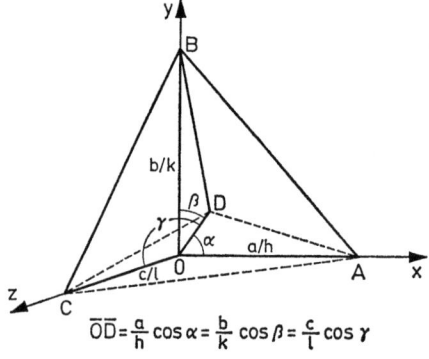

Abb. 2.3 Berechnung des Netzebenenabstandes d aus den Gitterkonstanten a, b, c und den Indizes hkl

schließt mit der x-Achse den Winkel α, mit der y-Achse den Winkel β und mit der z-Achse den Winkel γ ein. Aus Abb. 2.3 erhalten wir die Beziehungen

$$\overline{OD} = d = \frac{a}{h}\cos\alpha = \frac{b}{k}\cos\beta = \frac{c}{l}\cos\gamma \qquad (2.19)$$

Wir betrachten zur Vereinfachung den Sonderfall rechter Winkel zwischen den Achsen, wobei zwischen den Winkeln die Beziehung gilt:

$$\cos^2\alpha + \cos^2\beta + \cos^2\gamma = 1 \qquad (2.20)$$

und wobei die Basis-Vektoren im reziproken Gitter gegeben sind durch: $a^* = 1/a$, $b^* = 1/b$, $c^* = 1/c$.

Durch Zusammenfassen von 2.19 und 2.20 erhalten wir die Gleichung zur Berechnung von d.

$$\frac{h^2}{a^2} + \frac{h^2}{b^2} + \frac{l^2}{c^2} = \frac{1}{d^2} \qquad (2.21)$$

Zum Vergleich bilden wir nun die Gleichung einer Ebene im reziproken Raum, die durch den Nullpunkt des reziproken Gitters geht und die senkrecht zum Streuvektor H liegt. Zur Darstellung benutzen wir ein x^*, y^*, z^*-Koordinatensystem, dessen Achsen in Richtung der Basisvektoren a^*, b^*, c^* liegen. Die Gleichung der oben genannten Ebene erhalten wir, indem wir das skalare Produkt aus dem Streuvektor H und einen allgemeinen Vektor $X^* = x^* + y^* + z^*$ gleich Null setzen. Mit $H = ha^* + kb^* + lc^*$ ergibt sich:

$$H \cdot X^* = (ha^* + kb^* + lc^*) \cdot (x^* + y^* + z^*) = 0 \qquad (2.22)$$

Für den Sonderfall rechter Winkel zwischen x^*, y^* und z^* werden die skalaren Produkte $a^* \cdot y$, $a^* \cdot z$, $b^* \cdot x$, $b^* \cdot z$, $c^* \cdot x$ und $c^* \cdot y$ Null, da sie aus Vektoren gebildet werden, die aufeinander senkrecht stehen. Aus 2.22 ergibt sich die Gleichung der genannten Ebene.

$$ha^*x^* + kb^*y^* + lc^*z^* = 0 \qquad (2.23)$$

Ersetzen wir hierin die reziproken Basisvektoren durch die Translationsvektoren im Kristallraum, so erhalten wir:

$$\frac{h}{a}x^* + \frac{k}{b}y^* + \frac{l}{c}z^* = 0 \qquad (2.24)$$

Da hier die Achsen xyz und $x^*y^*z^*$ paarweise parallel verlaufen, und da sich die Gleichungen 2.18 und 2.24 nur durch das konstante Glied auf der rechten Seite unterscheiden, müssen die beiden Ebenen parallel zueinander liegen. In Abb. 2.4 ist dargestellt, daß die in Abb. 2.3 gezeichnete Ebene mit den Achsenabschnitten $\frac{a}{h}$, $\frac{b}{k}$ und $\frac{c}{l}$ charakteristisch ist für eine *Netzebenenserie im Kristallraum*, wobei die Abstände der einzelnen Ebenen gleich d sind. Aus Gl. 2.18 und 2.24 schließen wir nun, daß der Vektor H senkrecht zu einer Netzebenenserie im Kristall steht, und aus Gl. 2.21 folgern wir, da h/a, k/b und l/c die Komponenten von H längs der Achsen sind, daß der Betrag des Streuvektors gleich dem reziproken Abstand der Netzebenen ist.

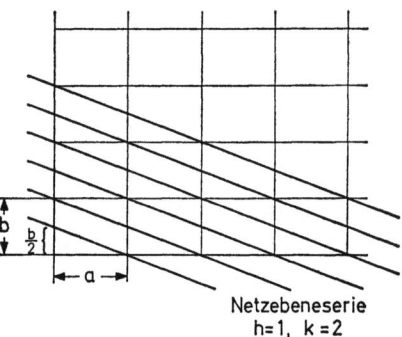

Abb. 2.4 Lage einer Netzebenenserie im Kristall

Da nach Abb. 2.2 der Vektor S und damit auch H senkrecht zur Winkelhalbierenden zwischen der Richtung des einfallenden und der Richtung des gebeugten Strahles liegen, kann der Streuvorgang auch als Reflexion an der Netzebenenserie, die senkrecht zu H steht, aufgefaßt werden. Den Winkel ϑ, den die Netzebenenserie mit dem einfallenden Strahl im Reflexmaximum bildet, bezeichnet man als Glanzwinkel (Abb. 2.5). Zur Berechnung dieses Winkels benutzen wir die Bragg'sche Gleichung, die wir aus Gl. 2.5 und 2.21 erhalten.

$$|H| = \frac{1}{d} = 2\frac{\sin\vartheta}{\lambda}, \sin\vartheta = \frac{\lambda}{2d} \qquad (2.25)$$

Zur graphischen Darstellung der Zusammenhänge zwischen dem Streuvektor H, der Lage der Netzebenen sowie den Richtungen von einfallendem und gestreutem Strahl benutzen wir ein Verfahren, welches EWALD eingeführt hat (Abb. 2.6).

Wir denken uns im reziproken Raum eine Kugel mit dem Radius $\frac{1}{\lambda}$ aufgespannt. In diese Kugel legen wir eine Gerade EMO, die durch den Mittelpunkt M geht und die parallel zum einfallenden Röntgenstrahl

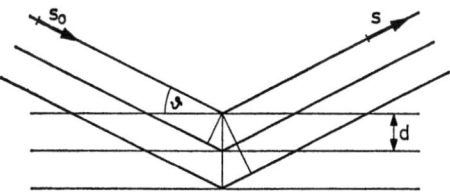

Abb. 2.5 Deutung der Entstehung der Interferenzen durch Reflexion an einer Netzebenenserie (Bragg'sche Gleichung)

verläuft. Im Mittelpunkt M tragen wir den Beugungswinkel 2ϑ an und zeichnen die Richtung des gebeugten Strahles MP ein.

Nach der Abb. folgt aus dem Dreieck EOP, daß

$$\sin \vartheta = \frac{\overline{OP}}{\frac{2}{\lambda}}$$

ist. Die Strecke $\overline{OP}$ ist nach Gl. 2.25 gleich dem Streuvektor $\boldsymbol{H}$. In M ist die Lage der reflektierenden Netzebenenserie eingezeichnet.

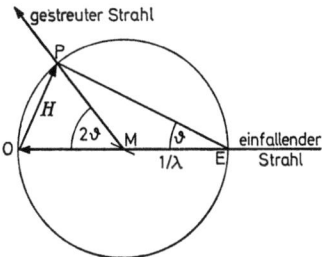

Abb. 2.6 Bestimmung des reziproken Gittervektors aus dem Beugungswinkel (Konstruktion nach EWALD)

3. Der Einfluß der Kristallstruktur auf die Röntgeninterferenzen

Nach Gl. 2.11 ist die Leistung der von einem Kristall gestreuten Strahlung proportional dem Gitterfaktor G und dem Betragsquadrat der Strukturamplitude ($|F|^2$).

$$W = E_{el}{}^2 G |F|^2 \tag{2.26}$$

Durch die *Strukturamplituden*

$$F = \sum_{j}^{N} f_j\, e^{2\pi i\, \mathbf{H} \cdot \mathbf{r}_j}$$

$$f_j = \int^{\text{Atom}} \varrho_j(r)\, e^{2\pi i\, \mathbf{H} \cdot \mathbf{r}}\, dv \tag{2.27}$$

werden die Lageparameter der Atome und die Elektronendichteverteilungen innerhalb der Atome berücksichtigt.

Die Strukturamplituden sind im allgemeinen komplexe Größen

$$F_H = |F_H| e^{i \varphi_H}$$

die wir durch Betrag und Phasenfaktor angeben. Da W in Gl. 2.11 proportional $|F|^2$ ist, erhalten wir aus den Intensitäten der Röntgeninterferenzen zunächst nur die Beträge.

Die Methoden zur Bestimmung der für die Strukturanalyse ebenfalls wichtigen Phasenfaktoren behandeln wir in Kap. VI.

Die Atomformamplituden f sind abhängig von der Elektronenverteilung in den Atomen, die gleich dem Betragsquadrat der Wellenfunktion ist [9].

$$\varrho = |\psi|^2 = \psi^* \psi$$

Bei kugelsymmetrischer Ladungsverteilung ist f lediglich eine Funktion des Betrages des Streuvektors $\mathbf{H}$ und damit von $\sin\vartheta/\lambda$. Die Berechnung der Formamplituden gelingt mit Hilfe der Quantenmechanik für leichte Atome nach der Hartree-Fock-Methode, für schwere Atome nach statistischen Methoden. Der Wert der Formamplitude ist für $\sin\vartheta/\lambda = 0$ gleich der Elektronenzahl im jeweiligen Atom bzw. Ion und klingt mit steigendem $\sin\vartheta/\lambda$ ab. Die Ergebnisse der quantenmechanischen Berechnungen liegen tabelliert vor [10]. Bei diesen Werten ist jedoch nicht berücksichtigt, daß die Atome wegen der Wärmebewegung nicht

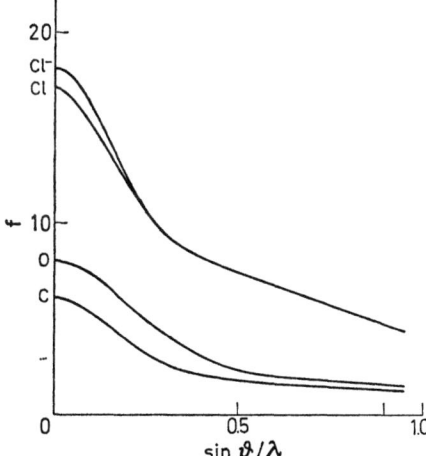

Abb. 2.7 Atomformamplituden von Cl^-, Cl, 0 und C

fest auf ihren Plätzen im Gitter sitzen. Den Einfluß dieses Effektes auf die Intensitäten der Röntgeninterferenzen behandeln wir am Schluß dieses Kapitels.

In Abb. 2.7 ist der Verlauf von f für einige Atome angegeben.

4. Das integrale Reflexionsvermögen [11]

Die Intensitätsverteilung, wie sie in Gleichung 2.11 als Funktion von H angegeben ist, eignet sich noch nicht zur Auswertung der Intensitäten der Röntgeninterferenzen und zur Berechnung der Strukturamplituden.

Die durch den Gitterfaktor beschriebene Funktion gilt nur für kleine, ideal gebaute Kristalle. In der Praxis hat man jedoch stets Kristalle mit Versetzungen, welche eine Winkeldivergenz der Streuvektoren bedingen. Auch im einfallenden Röntgenstrahl finden wir immer eine Winkeldivergenz, die erheblich größer ist als die durch die Funktion G bestimmte Halbwertsbreite der Reflexe. Trotz der so bedingten „Verschmierung" der Interferenzmaxima kann man die Strukturamplituden aus den Intensitäten der Röntgeninterferenzen bestimmen, wenn man an Stelle der in 2.11 angegebenen Funktion deren Integral über einen um den reziproken Gitterpunkt gelegenen Bereich auswertet. Experimentell gelangt man zu diesem Integral, indem man den Kristall mit einer bestimmten Winkelgeschwindigkeit $\dot\omega$ durch die Reflexionsstellung dreht und die Energie der gesamten gestreuten Strahlung mißt.

In Gl. 2.11 und 2.24 ist W die Leistung pro Fläche der gestreuten Strahlung im Abstand R vom Kristall. Dieser Abstand soll groß sein im Vergleich zu den Kristallabmessungen. Die Fläche des zur Intensitätsmessung verwendeten Detektors soll ausreichen, die gesamte zu einem hkl-Tripel gehörende gestreute Strahlung zu erfassen.

Die Energie dE der bei der Kristalldrehung während der Zeit dt auf ein Flächenelement dF des Detektors fallenden Strahlung ist gegeben durch

$$dE = W \cdot dF \cdot dt = \frac{1}{\dot\omega} W\, dF d\omega \qquad (2.28)$$

Die Energie E der gesamten Strahlung erhalten wir durch Integration von 2.28 über den gesamten Flächenbereich des Detektors und über den gesamten Winkelbereich, über den der Kristall gedreht wird.

$$E = \frac{1}{\dot\omega} \int W dF d\omega \qquad (2.29)$$

Diese durch das Experiment vorgegebene Integration übertragen wir nun anhand von Abb. 2.6 und 2.8 in eine Integration im reziproken Raum. EMO ist die Richtung des Primärstrahles, MP ist die Richtung des gestreuten Strahles, P ist ein reziproker Gitterpunkt. MO und MP schließen den Beugungswinkel 2ϑ ein. Der Detektor befindet sich im Abstand $R = \overline{MD}$ vom Kristall. Um den Punkt M spannen wir die Ewald-Kugel auf, der wir den Radius $1/\lambda$ zuordnen. Der Punkt P liegt auf der Kugeloberfläche, der Kristall befindet sich in maximaler Reflexionsstellung. $\overline{OP}$ ist der Streuvektor $\mathbf{H}$.

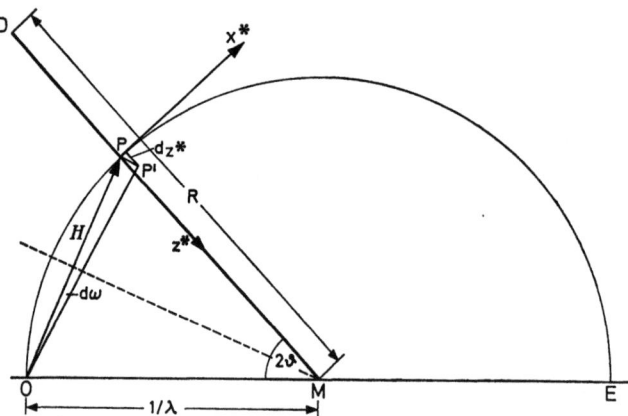

Abb. 2.8 Berechnung des integralen Reflexionsvermögens und des Lorentz-Faktors

Zur Transformation der Integrationsvariablen ω und F legen wir in den reziproken Raum ein $x^*y^*z^*$-Koordinatensystem, dessen Nullpunkt im Punkt P liegt. Die x^* und die y^*-Achse liegen tangential zur Kugeloberfläche, wobei in Abb. 2.8. x^* in der Zeichenebene liegt und y^* senkrecht zu dieser steht. Senkrecht zu x^* und y^* steht z^* und hat die Richtung PM.

Das Flächenelement dF des Detektors steht senkrecht zu MD und ist proportional dem Flächenelement dx^*dy^*. Der Proportionalitätsfaktor ergibt sich aus dem Verhältnis der Abstände $\overline{MD}/\overline{MP}$

$$dF = \left(\frac{\overline{MD}}{\overline{MP}}\right)^2 dx^*dy^*$$

$$= \frac{R^2}{\frac{1}{\lambda^2}} dx^*dy^* = \lambda^2 R^2 dx^*dy^*$$

Bei der Drehung des Kristalles um den Winkel $d\omega$ wird auch der Streuvektor $\boldsymbol{H}$ um $d\omega$ gedreht. Der Punkt P wandert nach P' und entfernt sich um dz^* von der Kugeloberfläche. Zwischen der Bewegungsrichtung PP' und der z^*-Achse liegt der Winkel ϑ. Mit $\overline{PP'} = |\boldsymbol{H}| \cdot d\omega$, $|\boldsymbol{H}| = \dfrac{2\sin\vartheta}{\lambda}$ und $dz^* = \overline{PP'} \cos\vartheta$ berechnen wir die Beziehung zwischen $d\omega$ und dz^*.

$$dz^* = \frac{2\sin\vartheta}{\lambda} \cos\vartheta \, d\omega$$

$$d\omega = \frac{\lambda}{\sin 2\vartheta} dz^*$$

Durch Einsetzen von dF und $d\omega$ in Gl. 2.29 erhalten wir E als Integral im reziproken Raum.

$$E\dot\omega = \frac{\lambda^3}{\sin 2\vartheta} \int W dx^*dy^* \, dz^* = \frac{\lambda^3}{\sin 2\vartheta} \int W dv^* \tag{2.30}$$

Ein beliebiger Vektor $\boldsymbol{H}$ im reziproken Raum kann dargestellt durch

$$\boldsymbol{H} = \boldsymbol{H}_0 + \varDelta \boldsymbol{H}, \text{ mit } \varDelta \boldsymbol{H} = x^* + y^* x^* + y^* + z^* + z^*$$

wobei $\boldsymbol{H}_0$ der Vektor vom Nullpunkt des reziproken Gitters zu dem dem Endpunkt von $\boldsymbol{H}$ nächstgelegenen reziproken Gitterpunkt ist. $\boldsymbol{H}_0$ wird bestimmt durch

$$\boldsymbol{H}_0 = h\boldsymbol{a}^* + k\boldsymbol{b}^* + l\boldsymbol{c}^*$$

Der Gitterfaktor ist eine dreidimensional periodische Funktion von $\boldsymbol{H}$. Sein Wert bleibt unverändert, wenn wir zu $\boldsymbol{H}$ einen Vektor $\boldsymbol{H}_0$ für ein beliebiges hkl-Tripel addieren oder subtrahieren, oder wenn wir H durch ΔH ersetzen. Aus Gl. 2.14 erhalten wir:

$$G = \frac{\sin^2 N_1\pi\Delta H \cdot a}{\sin^2 \pi\Delta H \cdot a} \frac{\sin^2 N_2\pi\Delta H \cdot b}{\sin^2 \pi\Delta H \cdot b} \frac{\sin^2 N_3\pi\Delta H \cdot c}{\sin^2 \pi\Delta H \cdot c} \quad (2.31)$$

Da wir G nur für kleine Werte von ΔH zu berücksichtigen brauchen, ersetzen wir im Nenner die Sinus-Funktion durch das Argument. Gl. 2.30 geht dann durch Einsetzen von 2.26 und 2.31 über in

$$E = \frac{C}{\dot\omega}(E_{el})^2 |F|^2 \int_{-\infty}^{+\infty} \frac{\sin^2 N_1\pi\Delta H \cdot a}{\sin^2 \pi\Delta H \cdot a} \frac{\sin^2 N_2\pi\Delta H \cdot b}{\sin^2 \pi\Delta H \cdot b} \frac{\sin^2 N_3\pi\Delta H \cdot c}{\sin^2 \pi\Delta H \cdot c} dv^*$$

$$C = \frac{R^2 \lambda^3}{\sin 2\vartheta} \quad (2.32)$$

Da der Integrand sehr schnell abklingt, und weil im Nenner nun keine periodische Funktion mehr steht, können wir die Integration über den gesamten reziproken Raum vornehmen.

Zur Auswertung des Integrals in Gl. 2.32 stellen wir das Volumenelement dv^* so dar, daß drei voneinander unabhängige Integrale entstehen. Wir schreiben ΔH als Funktion der Basisvektoren im reziproken Raum

$$\Delta H = ua^* + vb^* + wc^*$$

und geben dv^* in Form des Spatproduktes aus den drei Vektoren $a^* du$, $b^* dv$ und $c^* dw$ an.

$$dv^* = (a^* \times b^*) \cdot c^* \, du \, dv \, dw \quad (2.33)$$

Mit den in 2.16a angegebenen Beziehungen unter den Basisvektoren im Kristallraum und im reziproken Raum ergeben sich die skalaren Produkte im Integranden von Gl. 2.32

$$\Delta H \cdot a = a^* \cdot au = u$$
$$\Delta H \cdot b = b^* \cdot bv = v$$
$$\Delta H \cdot c = c^* \cdot cw = w$$

und das gesamte Integral geht über in

$$(a^* \times b^*) \cdot c^* \int_{-\infty}^{+\infty} \frac{\sin^2 N_1\pi u}{\pi^2 u^2} du \int_{-\infty}^{+\infty} \frac{\sin^2 N_2\pi v}{\pi^2 v^2} dv \int \frac{\sin^2 N_3\pi w}{\pi^2 w^2} dw \quad (2.34)$$

Das Spatprodukt aus den Basisvektoren a^*, b^*, c^* ist gleich $1/v$, dem reziproken Volumen der Elementarzelle. Die drei Integrale ergeben die Werte N_1, N_2 und N_3. Das Produkt $N_1N_2N_3$ ist gleich N, der Zahl der Elementarzellen im Kristall.

Damit erhalten wir die *Energie der gesamten bei der Kristalldrehung gestreuten Strahlung:*

$$E = \frac{1}{\dot{\omega}} (E_{el})^2 |F|^2 \frac{N}{V} R^2 \frac{\lambda^3}{\sin 2\vartheta} \qquad (2.35)$$

Wenn $\varDelta V$ das Volumen eines kleinen Blöckchens ist, das wir aus dem gesamten Mosaikkristall herausgreifen, so ist die Zahl N der darin enthaltenen Elementarzellen gleich $\frac{\varDelta V}{v}$.

E_{el} hatten wir in Gl. 2.4 als Abkürzung für den Faktor

$$E_{el} = \frac{1}{R} \frac{e^2}{mc^2} E_0 \cdot K$$

benutzt. Setzen wir diesen in Gl. 2.35 ein, und berücksichtigen, daß $E_0^2 = I_0$ die Intensität des einfallenden Strahles ist, so erhalten wir den Ausdruck

$$\frac{E\dot{\omega}}{I_0} = \left(\frac{e^2}{mc^2}\right)^2 \frac{\lambda^3}{\sin 2\vartheta} |F|^2 K^2 \frac{\varDelta V}{v^2} \qquad (2.36)$$

den wir als *integrales Reflexionsvermögen* bezeichnen und den wir zur Berechnung der Beträge der Strukturamplituden aus den experimentellen Meßdaten benutzen.

K^2 ist der *Polarisationsfaktor*, Er hat den Wert 1, wenn die Polarisationsrichtung des einfallenden Strahles senkrecht zur Ebene liegt, die aus den Fortpflanzungsrichtungen des einfallenden und des gestreuten Strahles gebildet wird. K^2 ist gleich $\cos^2 2\vartheta$, wenn die Polarisationsrichtung in dieser Ebene liegt. Wenn der einfallende Strahl nicht vorpolarisiert ist, haben beide Komponenten die gleiche Intensität und wir rechnen mit dem Mittelwert des Polarisationsfaktors.

$$\overline{K^2} = P = \frac{1}{2} (1 + \cos^2 2\vartheta) \qquad (2.37)$$

Den Faktor $\frac{\lambda^3}{\sin 2\vartheta}$ bezeichnet man als Lorentz-Faktor. Gelegentlich wird nur der winkelabhängige Teil $1/\sin 2\vartheta$ als Lorentz-Faktor angegeben. Das integrale Reflexionsvermögen schreiben wir nun abgekürzt in der Form

$$\frac{I}{I_0} = \frac{E\dot{\omega}}{I_0} = C \cdot P \cdot L \cdot |F|^2 \varDelta V \qquad (2.38)$$

wobei in C alle streuwinkel-unabhängigen Größen zusammengefaßt sind.

$$C = \left(\frac{e^2}{mc^2}\right)^2 \frac{1}{v^2}$$

Bei dieser Herleitung haben wir angenommen, daß die Achse, um die der Kristall durch die Reflexionsstellung gedreht wird, senkrecht zum einfallenden und senkrecht zum gestreuten Strahl steht (in Abb. 2.8 senkrecht zur Zeichenebene). Nur unter dieser Bedingung erhalten wir den oben angegebenen einfachen Ausdruck für den Lorentz-Faktor. Da jedoch die Stellung der Drehachse vom Aufnahmeverfahren abhängt, kann der Lorentz-Faktor auch andere Formen annehmen, auf die wir im nächsten Kapitel bei der Behandlung der Aufnahmeverfahren zurückkommen.

5. Einfluß der Absorption

Wir sind davon ausgegangen, daß der Röntgenstrahl beim Durchgang durch einen Kristall nicht geschwächt wird. Dies ist für kurzwellige Röntgenstrahlung hinreichend erfüllt, wenn der Kristall klein ist, und nur aus leichten Elementen besteht. Enthält der Kristall auch schwere Atome, muß man berücksichtigen, daß die in den einzelnen Bereichen gestreute Strahlung wegen des unterschiedlichen Weges, den sie im Kristall zurücklegt, verschieden stark geschwächt wird.

Für die Schwächung gilt das Absorptionsgesetz

$$I = I_0 e^{-\mu t} \tag{2.39}$$

wobei t für jedes Volumenelement die Summe der Wege von Primärstrahl und gestreutem Strahl im Kristall ist.

In Tabelle 2.1 sind die linearen Absorptionskoeffizienten für einige Substanzen angegeben (Samandarin und Halogenide). Auf die Behandlung der Theorie der photoelektrischen Absorption soll hier verzichtet werden. Werte für die Massenschwächungskoeffizienten μ_m der Elemente liegen tabelliert vor [12, 13]. Aus ihnen erhalten wir die linearen Absorptionskoeffizienten mittels der folgenden Beziehung:

$$\frac{\mu}{\varrho} = \sum_i (\mu_m)_i \chi_i \tag{2.40}$$

μ ist der lineare Absorptionskoeffizient der Verbindung, ϱ ist ihre Dichte, $(\mu_m)_i$ ist der Massenschwächungskoeffizient des $i$ten Elementes und χ_i der

Massenanteil des $i$ten Elementes in der Verbindung. Die Summation erstreckt sich über alle in der Verbindung vorkommenden Elemente.

Um die Absorption zu berücksichtigen, müssen wir für jedes Volumenelement dv in Gl. 2.36 den Weg des Primärstrahles τ_1 und des gestreuten Strahles τ_2 durch den Kristall bestimmen. Damit berechnen wir den Schwächungsfaktor $e^{-\mu(T_1+T_2)}$ und integrieren über alle Volumenelemente des Kristalles

$$A = \int\limits^{\text{Kristall}} e^{-\mu(T_1+T_2)} \, dv \qquad (2.41)$$

Das Integral A wird als *Absorptionsfaktor* bezeichnet und an Stelle von ΔV in Gl. 2.36 eingesetzt. Wir erhalten dann für das integrale Reflexionsvermögen unter Berücksichtigung der Absorption die Beziehung

$$\frac{E\dot{\omega}}{I_0} = \left(\frac{e^2}{mc^2}\right)^2 P |F|^2 \frac{1}{v^2} \frac{\lambda^3}{\sin 2\vartheta} \cdot A \qquad (2.42)$$

Tabelle 2.1. Lineare Absorptionskoeffizienten des Samandarins und seiner Halogenide. Die Werte wurden aus den Massenschwächungskoeffizienten berechnet. (Int. Tables for X-ray Crystallography Vol. III)

	Linearer Absorptionskoeffizient μ	
	$CuK\alpha-$	$MoK\alpha$-Strahlung
Samandarin	5,54 cm^{-1}	0,80 cm^{-1}
Samandarinhydrochlorid	19,3 cm^{-1}	2,24 cm^{-1}
Samandarinhydrobromid	24,6 cm^{-1}	17,1 cm^{-1}
Samandarinhydrojodid	90,0 cm^{-1}	11,4 cm^{-1}

Für planparallele Kristallplatten kann das Integral in 2.41 geschlossen berechnet werden.

Im Falle symmetrischer Reflexion an der Oberfläche einer derartigen Platte der Dicke t erhalten wir

$$A = \frac{1}{\mu}\left(1 - e^{-\frac{2\mu t}{\sin \vartheta}}\right) \qquad (2.43)$$

und im Falle der symmetrischen Durchstrahlung gilt

$$A = \frac{t}{\cos\vartheta} e^{-\frac{\mu t}{\cos\vartheta}} \qquad (2.44)$$

Für kleine Kriställchen [14-16], wie sie in der Regel zur Strukturbestimmung benutzt werden, geschieht die Integration von 2.41 numerisch. Für prismenförmige Kristalle liegen zur Auswertung mit Rechen-

50 Beugung von Röntgenstrahlen in Kristallen

automaten Programme vor. Für zylinder- und kugelförmige Kristalle sind die Absorptionsfaktoren in Abhängigkeit von $\mu \cdot r$ in Tabellen [17] angegeben. In der Praxis kann man die Form eines vorliegenden Kristalles oft hinreichend genau durch einen dieser Körper beschreiben.

6. Einfluß der Temperatur auf die Intensität der Röntgeninterferenzen [18]

Die bisher hergeleiteten Formeln gelten unter der idealen Voraussetzung, daß die Kristalle aus Atomen aufgebaut sind, die fest auf ihren Plätzen verharren. Wir müssen uns deshalb nun mit dem Einfluß der Wärmebewegung der Atome auf die Streuung der Röntgenstrahlen befassen.

Die Gitterschwingungen bewirken eine Schwächung der Intensitäten, besonders bei Interferenzen mit großem Glanzwinkel, und bedingen die thermisch diffuse Streustrahlung. Mit ihr können wir uns im Rahmen dieser knappen Darstellung nicht befassen, obgleich sie gelegentlich sogar zur Bestimmung der Orientierung ebener Moleküle in organischen Kristallen herangezogen wurde [19]. Wir müssen uns auch bei der Herleitung der folgenden Formeln mit einer stark vereinfachten Darstellung begnügen.

Nach Gl. 2.8 und 2.9 ist die Amplitude der gestreuten Welle gegeben durch

$$E = E_{el} \sum_{m=1}^{N} f_m e^{2\pi i \boldsymbol{H} \cdot \boldsymbol{r}_m} \qquad (2.45)$$

wobei die Summation über alle N-Atome des Kristalles zu erstrecken ist. $\boldsymbol{r}_m$ ist der Vektor zum Mittelpunkt des $m$ten Atoms. Wenn die Atome schwingen, sind sie im Mittel um die Vektoren $\boldsymbol{u}_m$ aus der Ruhelage verschoben. Wir ersetzen deshalb in Gl. 2.45 $\boldsymbol{r}_m$ durch $\boldsymbol{r}_m + \boldsymbol{u}_m$.

$$E = E_{el} \sum_{m=1}^{N} f_m e^{2\pi i \boldsymbol{H} \cdot (\boldsymbol{r}_m + \boldsymbol{u}_m)} \qquad (2.46)$$

Die Intensität ist gleich dem Betragsquadrat der Amplitude

$$W = EE^* = E^2_{el} \sum_{m}^{N} \sum_{m'}^{N} f_m f_{m'} \, e^{2\pi i \boldsymbol{H} \cdot (\boldsymbol{r}_m - \boldsymbol{r}_{m'})} \, e^{2\pi i \boldsymbol{H} \cdot (\boldsymbol{u}_m - \boldsymbol{u}_{m'})} \qquad (2.47)$$

Einfluß der Temperatur auf die Intensität der Röntgeninterferenzen 51

Für den Exponenten $2\pi \mathbf{H} \cdot (\mathbf{u}_m - \mathbf{u}_{m'})$ führen wir die Abkürzung p ein, entwickeln die Exponentialfunktion e^{ip} in eine Taylor-Reihe und bilden den Mittelwert

$$\overline{e^{ip}} = 1 + \overline{ip} - \frac{\overline{p^2}}{2!} - i\frac{\overline{p^3}}{3!} + \frac{\overline{p^4}}{4!} + \cdots$$

Zur Vereinfachung nehmen wir nun an, daß die Schwingungen der Atome untereinander nicht gekoppelt sind, daß also kein Zusammenhang zwischen der Auslenkung des $m$ten Atoms $\mathbf{u}_m$ und zwischen der Auslenkung $\mathbf{u}_{m'}$ besteht.

Die ungeraden Potenzen von p fallen weg, da p gleich häufig positiv und negativ ist.

Die verbleibende Reihe der geraden Potenzen ersetzen wir mit hinreichender Genauigkeit durch

$$\overline{e^{-\frac{1}{2}p^2}} \approx 1 + \frac{\overline{p^2}}{2} - \frac{\overline{p^4}}{4!} + - \cdots \qquad (2.48\text{a})$$

wobei $\overline{p^2} = 4\pi^2 |\mathbf{H}|^2 \overline{(u_{ms} - u_{m's})^2}$ ist. $\qquad (2.48\text{b})$

Der Index s gibt an, daß die Komponente von $\mathbf{u}$ in Richtung $\mathbf{H}$ einzusetzen ist, da das skalare Produkt $\mathbf{H} \cdot \mathbf{u}$ gleich $|\mathbf{H}| u_s$ ist.

Die Mittelung über das Quadrat in 2.48 führen wir gliedweise durch

$$\overline{(u_{ms} - u_{m's})^2} = \overline{u_{ms}^2} + \overline{u_{m's}^2} - \overline{2 u_{ms} u_{m's}} \qquad (2.49)$$

Bei nicht gekoppelten Schwingungen wird $\overline{u_{ms} u_{m's}}$ gleich Null, wenn $m \neq m'$ ist, und wir erhalten den Mittelwert

$$\overline{u_{ms}^2} = \overline{u_{m's}^2} = \overline{u_s^2}$$

Für $m = m'$ ist $u_{ms} - u_{m's} = 0$, $r_m - r_{m'} = 0$, und die Exponentialfunktion in 2.47 hat für diese Glieder den Wert eins.

Wir berechnen nun für die Glieder $m \neq 0$ die Exponentialfunktion

$$\overline{e^{ip}} = e^{-4\pi^2 \overline{u_s^2} |\mathbf{H}|^2} = e^{-2M} \qquad (2.49\text{a})$$

$$M = 2\pi^2 \overline{u_s^2} |\mathbf{H}|^2 \qquad (2.49\text{b})$$

Mit $|\mathbf{H}| = \dfrac{2 \sin \vartheta}{\lambda}$ ergibt sich für den Exponenten M der Ausdruck

$$M = 8\pi^2 \overline{u_s^2} \frac{\sin^2 \vartheta}{\lambda^2} \qquad (2.49\text{c})$$

52 Beugung von Röntgenstrahlen in Kristallen

Durch Einsetzen von 2.49 und 2.49a in 2.47 erhalten wir:

$$W = E_{el}^2 \left[\sum_m f_m^2 + e^{-2M} \sum_{\substack{m\,m' \\ m \neq m'}}^{N\,N} f_m f_{m'}\, e^{2\pi i H(r_m - r_{m'})} \right]$$

Durch einfache Umformung ergibt sich

$$W = E_{el}^2 \left[e^{-2M} \sum_{m\,m'}^{N\,N} f_m f_{m'}\, e^{2\pi i H(r_m - r_{m'})} + \sum f_m^2 (1 - e^{-2M}) \right] \quad (2.50)$$

Der zweite Term in Gl. 2.50 ergibt einen mit $\sin\vartheta/\lambda$ steigenden Streuuntergrund, der mit wachsender Schwingungsamplitude zunimmt. Da die Interferenzen durch diesen Term nicht beeinflußt werden, brauchen wir ihn hier nicht zu berücksichtigen. Der erste Term ist bis auf den Faktor

$$e^{-2M} = e^{-2B \frac{\sin^2 \vartheta}{\lambda^2}} \quad (2.51)$$

den man den *Debye-Waller-Faktor* nennt,
identisch mit der Intensität der von nicht schwingenden Atomen gestreuten Strahlung. Durch die Gitterschwingungen werden die Intensitäten um diesen Faktor geschwächt.

Die Größe B im Exponenten ist proportional dem Quadrat der Schwingungsamplituden der Atome. Wenn die Atome in der asymetrischen Einheit mit unterschiedlichen Amplituden schwingen, müssen ihnen auch verschiedene B-Werte zugeordnet werden.

Für die Strukturamplitude erhält man unter Berücksichtigung der Gitterschwingungen die Formel

$$F = \sum_j f_j e^{-B_j \frac{\sin^2 \vartheta}{\lambda^2}} e^{2\pi i H \cdot r_j} \quad (2.52)$$

die besagt, daß für schwingende Atome die Atomformamplituden f_j durch

$$f_j^T = f_j\, e^{-B_j \frac{\sin^2 \vartheta}{\lambda^2}} \quad (2.53)$$

ersetzt werden. Im Rahmen der hier behandelten Näherungen bleiben die Formeln für die Intensitäten der Röntgeninterferenzen sonst unverändert. Bei Kristallen organischer Verbindungen mit mittelgroßen Elementarzellen (20 Å) liegen die B-Werte etwa zwischen 2 bis 4 Å^2.

7. Anisotrope Temperaturfaktoren

Bei der Ableitung des Temperatureinflusses auf die Intensitäten der Röntgeninterferenzen haben wir angenommen, daß die Gitterschwingungen isotrop sind. Das heißt, daß die Beträge der Schwingungsamplituden in allen Richtungen gleich wären. Sind die Schwingungsamplituden richtungsabhängig, so ist es üblich, zu ihrer Darstellung ein Ellipsoid zu wählen. Die drei Hauptachsen dieses Ellipsoids stehen zueinander senkrecht, liegen aber nur in Ausnahmefällen parallel zu den Kristallachsen.

Die unterschiedlichen Schwingungsamplituden in den Richtungen des Kristallraumes bewirken eine unterschiedliche Schwächung der Reflexe in Abhängigkeit von der Richtung der Streuvektoren $\boldsymbol{H}$. Gl. 2.49b bleibt zwar weiterhin gültig, doch müssen wir $\boldsymbol{H}$ in drei Komponenten $\boldsymbol{H}_1 + \boldsymbol{H}_2 + \boldsymbol{H}_3$ zerlegen und jeder Komponente einen eigenen B-Wert (B_1, B_2, B_3) zuordnen. Für den Exponenten M in Gl. 2.49b erhalten wir

$$M = \overline{(H_1 B_1)^2} + \overline{(H_2 B_2)^2} + \overline{(H_3 B_3)^2} \tag{2.54}$$

Transformieren wir diesen Ausdruck auf die gebräuchliche Komponentendarstellung von $\boldsymbol{H}$ mit Hilfe der Basisvektoren $\boldsymbol{a}^*$, $\boldsymbol{b}^*$ und $\boldsymbol{c}^*$, so ergibt sich:

$$\begin{aligned} M = \;&\beta_{11}(ha^*)^2 + \beta_{22}(kb^*)^2 + \beta_{33}(lc^*)^2 \\ &+ 2[\beta_{12}hka^*b^* + \beta_{23}klb^*c^* + \beta_{13}hla^*c^*] \end{aligned} \tag{2.55}$$

Setzen wir $\beta_{11}a^{*2} = b_{11}$, $\beta_{22}b^{*2} = b_{22}$, $\beta_{33}c^{*2} = b_{33}$, $2\beta_{12}a^*b^* = b_{12}$, $2\beta_{23}b^*c^* = b_{23}$ und $2\beta_{13}a^*c^* = b_{13}$, so erhalten wir

$$M = b_{11}h^2 + b_{22}k^2 + b_{33}l^2 + b_{12}hk + b_{23}kl + b_{13}hk \tag{2.55a}$$

β_{ij} bzw. b_{ij} sind die Komponenten der anisotropen Temperaturfaktoren.

Häufig gelingt es, im letzten Stadium der Strukturverfeinerung die anisotropen Temperaturfaktoren für die einzelnen Atome der asymmetrischen Einheit zu bestimmen. Aus ihnen kann man die Lagen der Hauptachsen der Schwingungsellipsoide und die Amplituden in den verschiedenen Richtungen berechnen. Hierzu sei auf die Originalliteratur verwiesen [22].

8. Die Symmetrie des reziproken Gitters [29-33]

Die Symmetrie der Kristalle bewirkt, daß auch unter den Intensitäten der Röntgeninterferenzen Symmetriebeziehungen bestehen, da die Lageparameter der Atome einerseits durch die Symmetrieelemente verknüpft sind und andererseits über die Strukturamplitude in die Intensitätsformel eingehen. Da uns die Symmetrie der Röntgeninterferenzen experimentell zugänglich ist, benutzen wir sie zur Bestimmung der Kristallsymmetrie. Deshalb wird in diesem Abschnitt der Einfluß der in Kap. I behandelten Symmetrieelemente auf die Intensitäten der Interferenzen abgeleitet. Gleichzeitig erhalten wir dabei auch die Symmetrie der Strukturamplituden, die wir zur Berechnung der Elektronendichte (Kap. IV) benötigen.

Zur Darstellung der Symmetrie der Röntgeninterferenzen benutzen wir das reziproke Gitter und tragen in die Gitterpunkte die Strukturamplituden und deren Beträge ein.

Die Symmetrie der Beträge ist gleich der Symmetrie der Intensitäten, da diese ja den Betragsquadraten der Strukturamplituden proportional sind.

Die Lagen der reziproken Gitterpunkte werden bestimmt durch die Basisvektoren a^*, b^*, c^* und durch die Indizes hkl, wobei a^*, b^* und c^* von den Vektoren a, b und c im Kristall abhängt. Auf Grund der Bedingung, daß zu jeweils zwei Basis-Translationsvektoren im Kristallraum ein Vektor im reziproken Raum senkrecht steht, ergibt sich, daß rechte Winkel zwischen den Translationsrichtungen im Kristall auch im reziproken Raum als rechte Winkel erscheinen. Hinsichtlich der Lage der Achsen in den sieben Kristallsystemen gilt deshalb für den reziproken Raum das Gleiche wie für den Kristallraum.

Zur Bestimmung der Symmetrie der Strukturamplituden gehen wir aus von der Beziehung (2.9, 2.27)

$$F_H = \sum_j^N f_j e^{2\pi i H \cdot r_j} \tag{2.56}$$

setzen die aus den Symmetrieoperationen bestimmten Werte für r_j ein und untersuchen, welche Beziehungen wir unter den Strukturamplituden für verschiedene Streuvektoren H erhalten.

Zur einfacheren Handhabung zerlegen wir in Gl. 2.56 die Vektoren r_j in die Komponenten längs der Basisvektoren a, b, c und H in die Komponenten längs der Basisvektoren a^*, b^*, und c^*.

$$\begin{aligned} r_j &= X_j a + Y_j b + Z_j c \\ H &= h a^* + k b^* + l c^* \end{aligned} \tag{2.57}$$

Das skalare Produkt im Exponenten von Gl. 2.56 geht über in

$$H \cdot r_j = h X_j + k Y_j + l Z_j \tag{2.58}$$

da die skalaren Produkte $a \cdot a^* = b \cdot b^* = c \cdot c^* = 1$ sind.

X_j, Y_j und Z_j sind die relativen auf die Gitterkonstanten bezogenen Koordinaten der Atomlagen in der Elementarzelle. Wenn man nur Atome innerhalb einer Zelle betrachtet, liegen X, Y und Z zwischen null und eins. Durch Addition oder Subtraktion von eins gelangt man zu jeweils gleichen Atomen in einer benachbarten Zelle. So ist beispielsweise die Lage $-X$ identisch mit $1-X$, und es ist gleichgültig, welchen dieser Werte man bei der Berechnung der Strukturamplituden verwendet. Der Exponent in der komplexen Expontialfunktion ändert sich dabei lediglich um ein ganzzahliges Vielfaches von 2π wobei das Ergebnis wegen der Periodizität der Funktion unverändert bleibt.

Aus Gl. 2.56 und 2.58 erhalten wir zur Berechnung der Strukturamplituden die Formel

$$F_{hkl} = \sum_j^N f_j \, e^{2\pi i \, (hX_j + kY_j + lZ_j)} \qquad (2.59)$$

Um den Einfluß der Symmetrie der Atomlagen $X_j Y_j Z_j$ auf die Strukturamplituden darzustellen, spalten wir die Summation, die sich in Gl. 2.46 über alle N-Atome in der Elementarzelle erstreckt, auf in die Summation über die asymmetrische Einheit und in die Summation über die symmetrieabhängigen Atomlagen

Wir schreiben für F:

$$F_{hkl} = \sum_{j=1}^{N/n} f_j S_{hkl} = \sum_{j=1}^{N/n} f_j (e^{2\pi i \, (hX_j + kY_j + lZ_j)} + \ldots) \qquad (2.60)$$

wobei im Klammerausdruck, der mit S_{hkl} abgekürzt ist, alle Terme einzusetzen sind, die sich durch Anwendung der n-Symmetrieoperationen auf die Punktlagen $X_j Y_j Z_j$ ergeben. N/n ist die Zahl der Atome in der asymetrischen Einheit. S_{hkl} ist der Symmetriefaktor der die gleichen Symmetrien aufweist wie die Strukturamplitude, die im folgenden für die wichtigsten Symmetrieelemente hergeleitet werden.

a) Symmetriezentrum

Die Raumgruppen $P1$ und $P\bar{1}$

In der Raumgruppe $P1$ sind außer der Translationssymmetrie keine Symmetrieelemente vorhanden. Die Strukturamplitude ist wie bei allen nicht zentrosymmetrischen Kristallen komplex. Der Symmetriefaktor ist gegeben durch

$$S_{hkl} = e^{2\pi i (hX_j + kY_j + lZ_j)} \qquad (2.61)$$

Der Vorzeichenwechsel von h, k und l ist gleich einer Vertauschung von i durch $-i$, wobei S in den konjugiert komplexen Wert S^* übergeht. Obwohl keinerlei Symmetriebeziehungen unter den Lageparametern $X_j Y_j Z_j$ vorhanden sind, besteht unter den zueinander zentrosymmetrisch liegenden Strukturamplituden die Beziehung

$$F_{hkl} = F^*_{\bar{h}\bar{k}\bar{l}}, \quad |F_{hkl}| = |F_{\bar{h}\bar{k}\bar{l}}| \tag{2.62}$$

Real- und Imaginärteil von F haben unterschiedliche Symmetrie. Mit $F = A + iB$ gilt:

$$A_{hkl} + iB_{hkl} = A_{\bar{h}\bar{k}\bar{l}} - iB_{\bar{h}\bar{k}\bar{l}} \tag{2.62a}$$

Diese Symmetriebeziehung tritt bei allen nicht zentrosymmetrischen Kristallen zusätzlich auf. Sie wird als *Friedel'sche Regel* bezeichnet. Bei den aus den Intensitäten der Röntgeninterferenzen berechneten Beträgen der Strukturamplituden beobachten wir immer ein Symmetriezentrum.

Liegt im Kristall bereits ein Symmetriezentrum vor ($P\bar{1}$), so sind die Strukturamplituden reell. Die symmetrieabhängigen Lagen sind XYZ, $\bar{X}\bar{Y}\bar{Z}$. Der Symmetriefaktor ist gegeben durch:

$$\begin{aligned}S_{hkl} &= \varepsilon (e^{2\pi i(hX_j + kY_j + lZ_j)} + e^{-2\pi i(hX_j + kY_j + lZ_j)}) \\ &= \varepsilon 2\cos 2\pi(hX_j + kY_j + lZ_j)\end{aligned} \tag{2.63}$$

Bei Vorzeichenwechsel von h, k und l bleiben S und F unverändert. Die Symmetrie im reziproken Gitter ist gegeben durch

$$F_{hkl} = F_{\bar{h}\bar{k}\bar{l}} \tag{2.64}$$

Die Beträge von F zeigen die gleiche Symmetrie wie bei der Raumgruppe P1. In Gl. 2.63 wurde zusätzlich der Faktor ε eingeführt, der gleich eins ist, wenn sich die Atome paarweise auf allgemeinen Punktlagen XYZ und $\overline{XYZ}$ befinden. Liegt aber ein Atom in einem Symmetriezentrum (000, 1/2 00 ... 1/2 1/2 0 .... 1/2 1/2 1/2), so wird dieses durch die Symmetrieoperation in sich selbst überführt. Der Symmetriefaktor hat in diesem Fall den Wert ± 1. Gl. 2.63 bleibt aber auch für diesen Sonderfall der speziellen Punktlagen gültig, wenn wir für die jeweiligen Atome den Faktor $\varepsilon = 1/2$ setzen. Das gleiche gilt auch bei den anderen Raumgruppen mit Punktsymmetrieelementen und Atomen in speziellen Lagen, auch wenn es bei den folgenden Betrachtungen nicht besonders erwähnt wird.

b) Drehachsen und Spiegelebenen

Die Raumgruppen $P2$, Pm und $P2/m$

An diesen Beispielen soll untersucht werden, wie sich Drehachsen und Spiegelebenen im Kristallraum auf die Symmetrie des reziproken Gitters auswirken.

Die Punktlagen sind:

$$\begin{array}{ll} \text{für } P2 \ (\|y) & XYZ\ \bar{X}Y\bar{Z} \\ \text{für } Pm \ (\bot y) & XYZ\ X\bar{Y}Z \\ \text{für } P2/m & XYZ\ \bar{X}Y\bar{Z}\ X\bar{Y}Z\ \bar{X}\bar{Y}\bar{Z} \end{array}$$

Der Symmetriefaktor in der Raumgruppe $P2$

$$S_{hkl} = e^{2\pi i(hX_j + kY_j + lZ_j)} + e^{2\pi i(-hX_j + kY_j - lZ_j)}$$
$$= e^{2\pi i kY_j} \cdot 2\cos 2\pi(hX_j + lZ_j) \quad (2.65)$$

ändert seinen Wert nicht, wenn h und l das Vorzeichen wechseln. Zusammen mit der Friedel'schen Regel erhalten wir folgende Symmetrie der Strukturamplituden

$$F_{hkl} = F_{\bar{h}k\bar{l}} = F^*_{\bar{h}\bar{k}l} = F^*_{h\bar{k}\bar{l}}$$
$$\text{und } F_{\bar{h}kl} = F_{hk\bar{l}} = F^*_{h\bar{k}\bar{l}} = F^*_{\bar{h}\bar{k}l} \quad (2.66)$$

F_{hkl} und $F_{\bar{h}kl}$ sind voneinander unabhängig. Die zweizählige Achse, die im Kristallraum parallel zu y liegt, erzeugt im reziproken Raum eine zweizählige Achse in Richtung y^*.

Der Symmetriefaktor für die Raumgruppe Pm

$$S_{hkl} = e^{2\pi i(hX_j + kY_j + lZ_j)} + e^{2\pi i(hX_j - kY_j + lZ_j)}$$
$$= e^{2\pi i(hX_j + lZ_j)}\ 2\cos 2\pi kY_j \quad (2.67)$$

bleibt unverändert, wenn k das Vorzeichen wechselt. Die Symmetrie der Strukturamplituden ist unter Berücksichtigung der Friedel'schen Regel gegeben durch

$$F_{hkl} = F_{h\bar{k}l} = F^*_{\bar{h}\bar{k}\bar{l}} = F^*_{\bar{h}k\bar{l}}$$
$$F_{\bar{h}kl} = F_{\bar{h}\bar{k}l} = F^*_{h\bar{k}\bar{l}} = F^*_{hk\bar{l}} \quad (2.68)$$

Die Spiegelebene $\bot y$ im Kristallraum ergibt eine Spiegelebene $\bot y^*$ im reziproken Raum.

Beugung von Röntgenstrahlen in Kristallen

Für die Raumgruppe $P2/m$ erhalten wir den Symmetriefaktor

$$S_{hkl} = 4\cos 2\pi ky_j \; \cos 2\pi(hX_j + lZ_j) \qquad (2.69)$$

der unverändert bleibt, wenn entweder k oder h und l das Vorzeichen wechseln. Wir erhalten die folgende Symmetrie:

$$F_{hkl} = F_{\bar{h}k\bar{l}} = F_{h\bar{k}l} = F_{\bar{h}\bar{k}\bar{l}}$$
$$F_{\bar{h}kl} = F_{hk\bar{l}} = F_{\bar{h}\bar{k}l} = F_{h\bar{k}\bar{l}} \qquad (2.70)$$

Die Symmetrie der Beträge der Strukturamplituden ist bei allen drei Raumgruppen die gleiche wie die der F-Werte in der zentrosymmetrischen Raumgruppe $P2/m$. Allein aus der Symmetrie der Intensitäten der Röntgeninterferenzen, die proportional $|F|^2$ sind, kann man deshalb zwischen den drei Raumgruppen, welche durch Hinzufügen eines Symmetriezentrums ineinander übergehen, nicht unterscheiden.

c) Drehachsen und Drehinversionsachsen

Die Raumgruppen $P4$ und $P\bar{4}$

An diesen beiden Raumgruppen soll dargestellt werden, welche Unterschiede sich in der Symmetrie der Strukturamplituden ergeben, wenn im Kristallraum Dreh- oder Drehinversionsachsen vorhanden sind.

Die symmetrieabhängigen Punktlagen sind:

$$\text{für } P4: XYZ \quad \bar{Y}XZ \quad \bar{X}\bar{Y}Z \quad Y\bar{X}Z$$
$$\text{für } P\bar{4}: XYZ \quad \bar{Y}X\bar{Z} \quad \bar{X}\bar{Y}Z \quad Y\bar{X}\bar{Z}$$

Für $P4$ erhalten wir den Symmetriefaktor

$$S_{hkl} = 2e^{2\pi i l Z_j}\left(\cos 2\pi(hX_j + kY_j) + \cos 2\pi(hY_j - kX_j)\right) \qquad (2.71)$$

woraus folgt, daß die Symmetrie vorliegt:

$$F_{hkl} = F_{\bar{h}\bar{k}l} = F_{\bar{k}hl} = F_{k\bar{h}l} = F^{*}{}_{hk\bar{l}} = F^{*}{}_{\bar{h}\bar{k}\bar{l}} = F^{*}{}_{k\bar{h}\bar{l}} = F^{*}{}_{\bar{k}h\bar{l}}$$
$$F_{\bar{h}kl} = F_{h\bar{k}l} = F_{khl} = F_{\bar{k}\bar{h}l} = F^{*}{}_{h\bar{k}\bar{l}} = F^{*}{}_{\bar{h}k\bar{l}} = F^{*}{}_{\bar{k}\bar{h}\bar{l}} = F^{*}{}_{kh\bar{l}}$$

$$(2.72)$$

Sowohl die Realteile als auch die Imaginärteile der Strukturamplituden haben die Symmetrie einer vierzähligen Achse.

Für die Drehinversionsachse gilt:

$$S_{hkl} = 2e^{2\pi i l Z_j} \cos 2\pi(hX_j + kY_j) + e^{-2\pi i l Z_j} \cos 2\pi(hY_j - kX_j)$$
(2.73)

Daraus folgt, daß der Symmetriefaktor bei Ersatz von h und k durch $-h$ und $-k$ gleich bleibt, während S bei Ersatz von h durch $-k$ und von k durch h in den konjugiert komplexen Wert übergeht.

$$F_{hkl} = F_{\bar{h}\bar{k}l} = F^*_{\bar{k}hl} = F^*_{kh\bar{l}} = F^*_{\bar{h}\bar{k}\bar{l}} = F^*_{hk\bar{l}} = F_{k\bar{h}\bar{l}} = F_{\bar{k}h\bar{l}}$$
$$F_{\bar{h}kl} = F_{h\bar{k}l} = F^*_{khl} = F^*_{\bar{k}\bar{h}l} = F^*_{h\bar{k}\bar{l}} = F^*_{\bar{h}k\bar{l}} = F_{\bar{k}\bar{h}\bar{l}} = F_{kh\bar{l}}$$
(2.74)

Die Realteile haben in beiden Fällen die gleiche Symmetrie, die Symmetrie der Imaginärteile ist in der Raumgruppe 4 und $\bar{4}$ verschieden.

Die Symmetrie von $|F|$ ist bei der Drehachse und der Drehinversionsachse die gleiche, weshalb man aus der Symmetrie der Intensitäten nicht zwischen den beiden Raumgruppen unterscheiden kann. Da beide Raumgruppen durch Hinzufügen eines Symmetriezentrums in die Gruppe $4/m$ übergehen, kann man die Identität der Symmetrie von $|F|$ auch mit Hilfe der Friedel'schen Regel nachweisen.

d) Schraubenachsen und Gleitspiegelebenen

Die Raumgruppen $P2_1$, Pc und $P2_1/c$

An Hand dieser drei Raumgruppen behandeln wir den Einfluß der Zusatzsymmeetrielemente auf die Symmetrie des reziproken Gitters. Die allgemeinen Punktlagen der drei Raumgruppen sind:

$$\text{für } P2_1: \quad XYZ \quad \bar{X}\left(\frac{1}{2}+Y\right)Z$$

$$\text{für } Pc: \quad XYZ \quad XY\left(\frac{1}{2}+Z\right)$$

$$\text{für } P2_1/c: \quad XYZ \quad \overline{XYZ} \quad X\left(\frac{1}{2}-Y\right)\left(\frac{1}{2}+Z\right)$$

$$\bar{X}\left(\frac{1}{2}+Y\right)\left(\frac{1}{2}-Z\right)$$

60 Beugung von Röntgenstrahlen in Kristallen

Bei der Raumgruppe $P2_1/c$ werden durch das Zusammenwirken von Schraubenachse und Gleitspiegelebene Symmetriezentren erzeugt, welche im Abstand $Z = \pm 1/4$ von der Schraubenachse und im Abstand $Y = \pm 1/4$ von der Gleitspiegelebene liegen. Die Elementarzelle wird so gewählt, daß der Nullpunkt in einem dieser Symmetriezentren liegt.

Aus der allgemeinen Punktlage der Raumgruppe $P2_1$ berechnen wir den Symmetriefaktor

$$S_{hkl} = e^{2\pi i\,(hX_j + kY_j + lZ_j)} + e^{2\pi i k} e^{2\pi i\,(-hX_j + kY_j - lZ_j)}$$

$$S_{hkl} = 2e^{2\pi i kY_j} \cos 2\pi (hX_j + lZ_j) \quad \text{für } k = 2n \tag{2.75}$$

$$S_{hkl} = 2i e^{2\pi i kY_j} \sin 2\pi (hX_j + lZ_j) \quad \text{für } k = 2n+1$$

Die Symmetrie der Strukturamplitude mit geradem k ist die Gleiche wie bei der Raumgruppe $P2$

$$F_{hkl} = F_{\bar{h}k\bar{l}} = F^*_{\bar{h}\bar{k}\bar{l}} = F^*_{h\bar{k}l} \quad (k = 2n) \tag{2.76}$$

Bei ungeradem k steht im Symmetriefaktor die Größe $\sin 2\pi (hX + lZ)$, die bei Vorzeichenwechsel von h und l das Vorzeichen ändert. Wir erhalten deshalb die Symmetrie

$$F_{hkl} = -F_{\bar{h}k\bar{l}} = F^*_{\bar{h}\bar{k}\bar{l}} = -F^*_{h\bar{k}l} \quad (k = 2n+1) \tag{2.77}$$

Für die Beträge von F erhalten wir im reziproken Gitter in beiden Fällen die Symmetrie einer zweizähligen Achse. Aufgrund der Symmetrie sind Drehachse und Schraubenachsen nicht zu unterscheiden.

Bei den Strukturamplituden mit ungeradem k liegen jedoch Wertepaare mit unterschiedlichen Vorzeichen vor.

Eine weitere Besonderheit beobachten wir bei den Reflexen mit ungeradem k, deren reziproke Gitterpunkte auf der y^*-Achse liegen. Für diese Reflexe ($h = 0$, $l = 0$) ist der Symmetriefaktor und deshalb auch die Strukturamplitude null. Wir beobachten eine gesetzmäßige Auslöschung unter den $0k0$-Reflexen. Da sich die Auslöschung auf Reflexe erstreckt, deren reziproke Gitterpunkte auf einer Geraden liegen, sprechen wir von einem *serialen Auslöschungsgesetz*.

Derartige seriale Auslöschungsgesetze sind charakteristisch für das Vorliegen von Schraubenachsen im Kristallraum. Man benutzt sie zur Unterscheidung von den Drehachsen. In der folgenden Tabelle sind die Auslöschungsgesetze für die Schraubenachsen angegeben.

Tabelle 2.2

2_1-Achse in Richtung y	F_{0k0} ist nur $\neq 0$ für $k = 2n$
3_1- und 3_2-Achse in Richtung z	F_{00l} ist nur $\neq 0$ für $l = 3n$
4_1- und 4_3-Achse in Richtung z	F_{00l} ist nur $\neq 0$ für $l = 4n$
4_2-Achse in Richtung z	F_{00l} ist nur $\neq 0$ für $l = 2n$
6_1- und 6_5-Achse in Richtung z	F_{00l} ist nur $\neq 0$ für $l = 6n$
6_2- und 6_4-Achse in Richtung z	F_{00l} ist nur $\neq 0$ für $l = 3n$
6_3-Achse in Richtung z	F_{00l} ist nur $\neq 0$ für $l = 3n$

Der Symmetriefaktor der Raumgruppe Pc ist gegeben durch

$$S = e^{2\pi i\,(hX_j + kY_j + lZ_j)} + e^{2\pi i\,\frac{l}{2}} e^{2\pi i\,(hX_j - kY_j + lZ_j)}$$

$$= 2 e^{2\pi i\,(hX_j + lZ_j)} \cos 2\pi k Y_j \quad \text{für } l = 2n \tag{2.78}$$

$$= 2i e^{2\pi i\,(hX_j + lZ_j)} \sin 2\pi k Y \quad \text{für } l = 2n + 1$$

Da $\cos 2\pi kY$ symmetrisch und $\sin 2\pi kY$ antisymmetrisch ist, haben die Strukturamplituden die folgende Symmetrie:

$$F_{hkl} = F_{h\bar{k}l} = F^*_{\bar{h}\bar{k}\bar{l}} = F^*_{\bar{h}k\bar{l}} \quad \text{für } k = 2n \tag{2.79}$$

$$F_{hkl} = -F_{h\bar{k}l} = F^*_{\bar{h}\bar{k}\bar{l}} = -F^*_{\bar{h}k\bar{l}} \quad \text{für } k = 2n + 1$$

Die Beträge der Strukturamplituden haben die gleiche Symmetrie wie in der Raumgruppe Pm. Es liegt im reziproken Gitter eine Spiegelebene senkrecht zu y^*. Die F-Werte der Reflexe mit ungeradem l ändern bei der Spiegelung von k nach $-k$ das Vorzeichen.

Ähnlich wie bei den Schraubenachsen ergeben sich Auslöschungen, die hier innerhalb der $h0l$-Ebene ($k=0$) liegen. Für diese Reflexe ist F nur dann ungleich null, wenn l eine gerade Zahl ist. Da sich die Auslöschungen über eine Ebene des reziproken Gitters erstrecken, sprechen wir von einem *zonalen Auslöschungsgesetz*. Die Ebene liegt parallel zur Spiegelebenenschar im Kristallraum. Die Auslöschungsbedingung ist abhängig vom Translationsvektor der Gleitspiegelebenen. Im *vorliegenden Fall der Gleitspiegelebene c* fehlen für $k=0$ die Reflexe $l=2n+1$ (Gl. 2.78). Bei einer Gleitspiegelebene a sind die Reflexe $h=2n+1$ und bei einer Gleitspiegelebene b die Reflexe $k=2n+1$ ausgelöscht. Bei Gleitspiegelebenen vom Typ n werden je nach deren Lage die Reflexe $h+k=2n+1$, $k+l=2n+1$ oder $h+l=2n+1$ nicht beobachtet. Die Translationsvektoren der Gleitspiegelebenen sind in diesen Fällen $\dfrac{a+b}{2}$, $\dfrac{b+c}{2}$ oder $\dfrac{a+c}{2}$.

In der Raumgruppe $P2_1/c$ ergibt sich wegen der 2_1-Achse eine seriale Auslöschung, die bewirkt, daß die $0k0$-Reflexe nur bei geradem k vorhanden sind. Wegen der Gleitspiegelebene gibt es ferner eine zonale Auslöschung, weshalb von den $h0l$-Reflexen nur diejenigen mit geradem l beobachtet werden. Die Symmetrie der Beträge der Strukturamplituden ist die Gleiche wie in der Raumgruppe $P2/m$.

Gleitspiegelebene und Schraubenachse erzeugen zusammen ein Symmetriezentrum. Da die beiden Zusatzsymmetrieelemente aus den gesetzmäßigen Auslöschungen eindeutig erkannt werden, ist auch der Nachweis des Symmetriezentrums und damit die Raumgruppenbestimmung eindeutig.

9. Basiszentrierte, Raumzentrierte und Flächenzentrierte Gitter — Integrale Auslöschungsgesetze

Wie in Kap. I behandelt wurde, benutzt man zentrierte Elementarzellen immer dann, wenn wegen der Lage der Gitterkonstanten zu den Symmetrieelementen der Kristall in ein System mit höherer Symmetrie eingeordnet werden kann. Das Volumen einer basis- oder raumzentrierten Zelle ist doppelt so groß und das einer flächenzentrierten Zelle ist viermal so groß wie das Volumen der entsprechenden kleinsten primitiven Zelle. In Abb. 2.9a ist eine flächenzentrierte Zelle ABCD mit den Gitterkonstanten a, b und die kleinste primitivste Zelle AEDF mit den Gitterkonstanten a' und b' gezeichnet.

Abb. 2.9b zeigt einen Ausschnitt des reziproken Gitters. Aus den Gitterkonstanten a, b erhält man die reziproken Basisvektoren a^* b^*. Die Gitterkonstanten a' b' ergeben $a^{*\prime}$, $b^{*\prime}$.

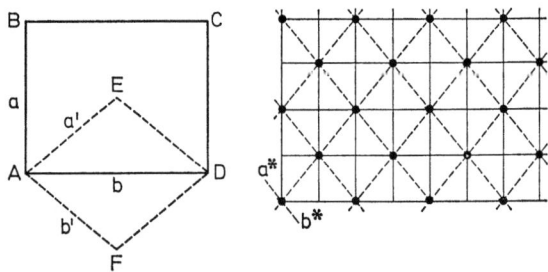

Abb. 2.9 a) Basiszentrierte Elementarzelle im Kristallraum
b) Integrales Auslöschungsgesetz im reziproken Raum

Auf den Kreuzungspunkten der durchgezogenen Linien liegen die Gitterpunkte, die der zentrierten *ab*-Zelle entsprechen. Auf den Kreuzungspunkten der gestrichelten Linien liegen die reziproken Gitterpunkte, wenn man von der Zelle *a' b'* ausgeht. Im zweiten Fall ist die Zahl der Kreuzungspunkte nur halb so groß wie im ersten. Legt man nun der Indizierung der Reflexe die zentrierte Zelle zugrunde, so ist leicht einzusehn, daß jeder zweite Reflex, für den kein gemeinsamer reziproker Gitterpunkt vorhanden ist, nicht beobachtet wird. Diese Auslöschungen erstrecken sich über das gesamte reziproke Gitter und wir sprechen von *integralen Auslöschungsgesetzen*.

Wir betrachten als erstes Beispiel ein *basiszentriertes* Gitter vom Typ C. Die Zentrierung erzeugt die Punktlagen XYZ, $X+1/2\ Y+1/2\ Z$. Der Symmetriefaktor ist gegeben durch

$$S_{hkl} = e^{2\pi i\ (hX_j + kY_j + lZ_j)} + e^{2\pi i \frac{h+k}{2}} e^{2\pi i\ (hX_j + kY_j + lZ_j)}$$

$$= e^{2\pi i\ (hX_j + kY_j + lZ_j)} \left(1 + e^{2\pi i \frac{h+k}{2}}\right) \qquad (2.80)$$

für $h+k = 2n+1$ wird F gleich null. Es werden nur Reflexe beobachtet für die $h+k$ eine gerade Zahl ist.

Im *raumzentrierten* Gitter sind die Punktlagen $XYZ\ X+1/2\ Y+1/2\ Z+1/2$. Der Symmetriefaktor ist gegeben durch

$$S_{hkl} = e^{2\pi i\ (hX_j + kY_j + lZ_j)} \left[1 + e^{2\pi i \left(\frac{h+k+l}{2}\right)}\right] \qquad (2.81)$$

Hier werden alle Reflexe mit ungeradem $h+k+l$ ausgelöscht. Die Punktlagen des flächenzentrierten Gitters sind XYZ, $X+1/2\ Y+1/2\ Z$, $X\ Y+1/2\ Z+1/2$, $X+1/2\ Y\ Z+1/2$.

Damit berechnet man den Symmetriefaktor

$$S_{hkl} = e^{2\pi i\ (hX + kY + lZ)} \left(1 + e^{2\pi i \frac{h+k}{2}} + e^{2\pi i \frac{k+l}{2}} + e^{2\pi i \frac{h+l}{2}}\right) \qquad (2.82)$$

Wenn $h+k$ und $k+l$ eine gerade Zahl ist, ist auch $h+l$ gerade. In diesem Fall, der eintritt, wenn alle Indizes entweder gerade oder ungerade sind, ist der Ausdruck in der eckigen Klammer von 2.82 gleich vier. Ist diese Bedingung nicht erfüllt, so sind jeweils zwei der Terme gleich $+1$ und zwei gleich -1, und die Strukturamplitude ist null. Bei der Streuung von Röntgenstrahlen an flächenzentrierten Gittern treten deshalb nur Reflexe mit ungemischten Indizes auf.

Zusammenfassung der wichtigsten Ergebnisse des letzten Abschnittes

Die Symmetrie der Beträge der Strukturamplituden ist gleich der Symmetrie der Kristallklasse, wenn man zu den vorhandenen Symmetrieelementen ein Symmetriezentrum hinzufügt. Dabei erhält man, wie in Kap. 1 behandelt wurde, die Symmetrie der Laue-Gruppe.

Daraus folgt, daß aus der Symmetrie der Intensitäten der Röntgeninterferenzen nur die Laue-Gruppe bestimmt werden kann.

Mit Hilfe der gesetzmäßigen Auslöschungen unterscheiden wir Zusatzsymmetrieelemente von Punktsymmetrieelementen.

Aus serialen Auslöschungen schließen wir auf Schraubenachsen, aus zonalen Auslöschungen auf Gleitspiegelebenen.

Aufschluß über den Bravais-Typ erhalten wir aus integralen Auslöschungen.

III. Die wichtigsten Aufnahmeverfahren

Wir haben gesehen, daß Röntgeninterferenzen beobachtet werden, wenn man einen Kristall im monochromatischen Röntgenstrahl dreht. Die Beugungswinkel und Kristallstellungen, unter denen Reflexe auftreten, werden bestimmt durch
die Wellenlänge der einfallenden Strahlung,
die Gitterkonstanten des Kristalles und
die Indizes hkl, welche die Lage der Streuvektoren und der reflektierenden Netzebenenserien bestimmen.
Um die Zuordnung der Indizes und die Bestimmung der Gitterkonstanten einfach zu gestalten, gibt es mehrere Aufnahmeverfahren.

Wir unterscheiden zwischen den *photographischen Verfahren*, bei denen wir photographische Filme als Detektoren verwenden, und den *Diffraktometerverfahren* mit elektronisch arbeitenden Detektoren. Letztere werden vorwiegend zur Messung der Intensitäten benutzt, mit deren Hilfe man den Aufbau der Elementarzelle bestimmt.

Von den *photographischen Verfahren* wollen wir

das Drehkristallverfahren,
das Weißenberg-Verfahren,
die Präzessionsmethode und
das de Jong-Bouman-Verfahren

behandeln. Von den Diffraktometern wollen wir die beiden gebräuchlichsten Typen, das Weißenberg-Diffraktometer und das Vierkreisdiffraktometer, beschreiben.

Wir erinnern uns an die Definition des reziproken Gitters aus dem letzten Kapitel und fassen die wichtigsten Ergebnisse noch einmal zusammen: Dem Kristallgitter mit dem Basis-Translationsvektoren a, b und c ist ein reziprokes Gitter mit den Basisvektoren a^*, b^* und c^* zugeordnet. Zwischen den genannten Vektoren bestehen die Beziehungen:

$$a \cdot a^* = b \cdot b^* = c \cdot c^* = 1$$
$$a \cdot b^* = b \cdot a^* = a \cdot c^* = c \cdot a^* = b \cdot c^* = c \cdot b^* = 0 \qquad (3.1)$$

Röntgeninterferenzen treten immer dann auf, wenn die durch die Bragg'-sche Gleichung vorgegebene Bedingung erfüllt ist, was bedeutet, daß der Endpunkt eines Streuvektors $H = h\boldsymbol{a}^* + k\boldsymbol{b}^* + l\boldsymbol{c}^*$ auf der Ewald-Kugel liegt.

Die Ewald-Kugel liegt im reziproken Raum. Ihr Radius ist $1/\lambda$. Die Richtungen des Primärstrahles und des gebeugten Strahles werden vom Mittelpunkt aus angetragen. Der Nullpunkt des reziproken Gitters liegt am Durchstoßpunkt der Primärstrahlrichtung durch die Kugeloberfläche. Bei der Drehung des Kristalles wird auch das reziproke Gitter gedreht. Die reziproken Gitterpunkte wandern durch die Oberfläche der Kugel, wobei gebeugte Strahlung auftritt, die auf einen Film oder in einen elektronisch arbeitenden Detektor gelangt. Die Art der Kristalldrehung und die Stellung des Detektors hängen von den Aufnahmeverfahren ab, die im folgenden beschrieben werden.

Bei nahezu allen Verfahren wird ein Kriställchen mit einem Durchmesser von etwa 0,1 bis 0,5 mm auf einen Goniometerkopf (Abb. 3.1) justiert. Dieser besteht aus einem Paar kreuzförmig angeordneter Parallelschlitten und einem Paar kreuzförmig angeordneter Kreisschlitten. Der Goniometerkopf wird auf das jeweilige Gerät aufgeschraubt. Die Parallelschlitten gestatten eine Parallelverschiebung des Kristalles, die erforderlich ist, um ihn in den Röntgenstrahl und in die Drehachse des Gerätes zu bringen. Die Kreisschlitten ermöglichen eine Winkeljustierung.

1. Das Drehkristallverfahren [34]

Die Drehkristallkamera umschließt eine Drehachse, auf die der Goniometerkopf aufgeschraubt wird. Um die Drehachse liegt zylinderförmig ein Filmhalter. Der Kristall befindet sich in der Mitte des Filmzylinders (Abb. 3.2). Der Röntgenstrahl fällt senkrecht zur Drehachse auf den Kristall, der so justiert wird, daß ein Gittervektor (Gl. 1.2)

$$\boldsymbol{r}_n = n_1 \boldsymbol{a} + n_2 \boldsymbol{b} + n_3 \boldsymbol{c} \quad (n_1, n_2 \text{ und } n_3 \text{ sind ganze Zahlen}) \quad (3.2)$$

in Richtung der Drehachse des Goniometers zeigt. Senkrecht zu dieser Richtung stehen Ebenen des reziproken Gitters. Innerhalb einer Ebene ist die Projektion der Streuvektoren aller Reflexe auf die Drehachse des Goniometers gleich. Das skalare Produkt der reziproken Gittervektoren H mit dem Vektor $\boldsymbol{r}_n$, um die der Kristall justiert ist, ist für alle Reflexe

Das Drehkristallverfahren 67

Abb. 3.1 Goniometerkopf, Fa. Stoe & Cie Darmstadt

einer derartigen reziproken Gitterebene konstant. Aus dieser Bedingung erhalten wir die Gleichung der reziproken Gitterebene (Schichtlinienbeziehung).

$$\boldsymbol{H} \cdot \boldsymbol{r}_n = (h\boldsymbol{a^*} + k\boldsymbol{b^*} + l\boldsymbol{c^*}) \cdot (n_1\boldsymbol{a} + n_2\boldsymbol{b} + n_3\boldsymbol{c}) \qquad (3.3)$$
$$= hn_1 + kn_2 + ln_3 = \text{konst.} = n$$

Wurde der Kristall um die c-Achse justiert ($\boldsymbol{r}_n = \boldsymbol{c}$, $n_1 = 0$, $n_2 = 0$, $n_3 = 1$), so erhalten wir die Schichtlinienbeziehung

$$\boldsymbol{H} \cdot \boldsymbol{r}_n = l = n$$

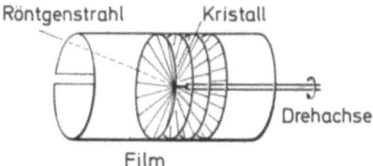

Abb. 3.2 Das Drehkristallverfahren

68 Die wichtigsten Aufnahmeverfahren

Senkrecht zur Drehachse stehen hier die reziproken Gitterebenen hk0, hk1, hk2 usw., die sich bei der Kristalldrehung in sich selbst drehen. Man legt die Drehachse meistens in die Richtung einer Kante oder einer Diagonalen der Elementarzelle.

Die Geometrie der Drehaufnahme erklären wir uns an Hand von Abb. 3.3. Die Richtung des Primärstrahles trifft im Punkt 0 auf die Kugel-

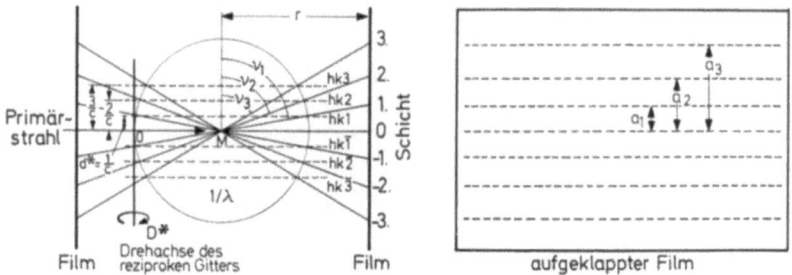

Abb. 3.3 Bestimmung der Gitterkonstanten aus einer Drehaufnahme

oberfläche. Wir finden dort den Nullpunkt des reziproken Gitters. Senkrecht zur Primärstrahlrichtung steht die Drehachse D^*, um die das reziproke Gitter gedreht wird. Senkrecht auf D^* stehen die reziproken Gitterebenen hk0, hk1, hk2 usw. Da die Schnittlinien dieser Ebenen mit der Kugel Kreise sind, liegen die zu einer Schicht gehörenden bei der Kristalldrehung gebeugten Strahlen auf einem Kegelmantel mit dem Scheitel im Punkt M. Im Abstand r vom Punkt M befindet sich der zylinderförmig um den Kristall gelegte Film. Die Schnittlinien der Kegel mit dem Film sind wiederum Kreise, die von der Äquator-Schnittlinie den Abstand a haben. Dieser Abstand hängt vom Radius r des Filmzylinders und vom jeweiligen Winkel v_n am Scheitel des Kegels ab. Für die $n$te Schichtlinie erhalten wir:

$$a_n = r \operatorname{ctg} v_n \tag{3.4}$$

Nach dem Aufklappen des Filmes erscheinen die Reflexe einer reziproken Gitterschicht auf einer Geraden (Schichtlinie Abb. 3.3). Aus den Abständen a_n die beim Aufklappen unverändert bleiben, berechnen wir die Abstände der Schichten im reziproken Gitter.

Nach Abb. 3 erhalten wir die Formeln:

$$nd^* = \frac{1}{\lambda} \cos v_n = \frac{1}{\lambda} \frac{\operatorname{ctg} v_n}{\sqrt{1 + \operatorname{ctg}^2 v_n}}$$

$$= \frac{1}{\lambda} \frac{a_n}{r} \frac{1}{\sqrt{1 + \frac{a^2}{r^2}}} \tag{3.5}$$

Das Drehkristallverfahren 69

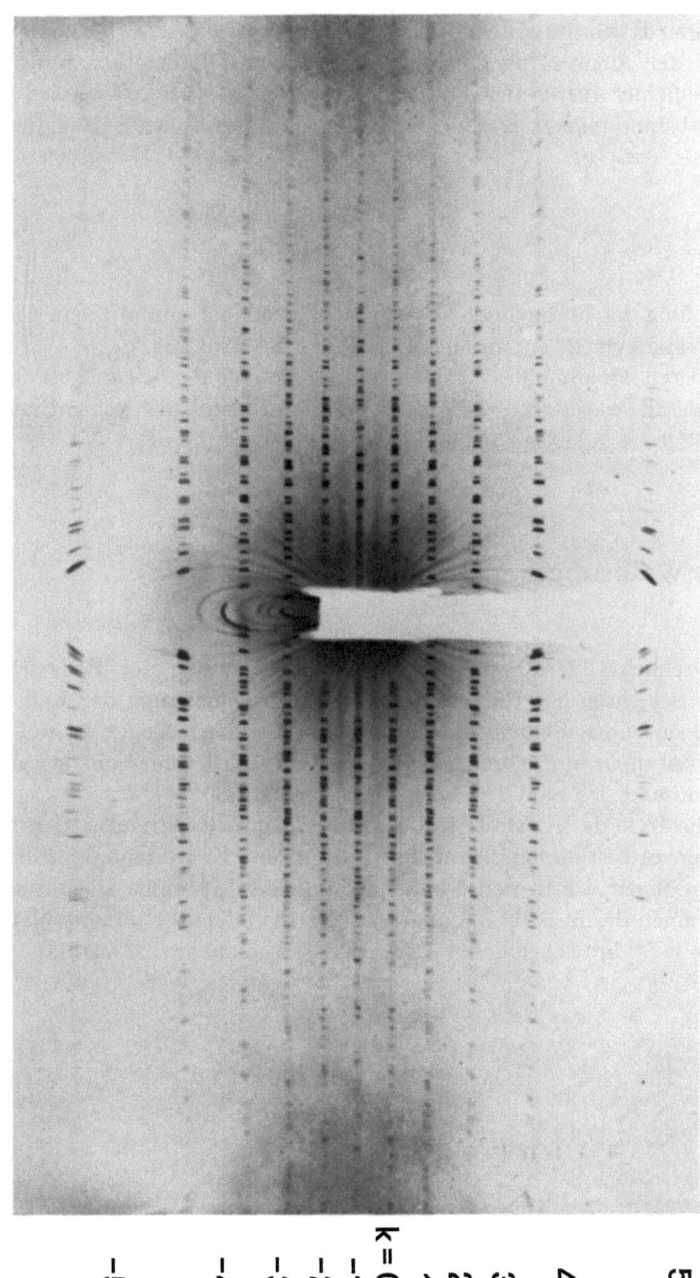

Abb. 3.4 Drehaufnahme des Cyclo-Neosamandions

Wird der Kristall um die c-Achse gedreht, so ist $d^* = l/c$, und man erhält bei der Auswertung der Aufnahme direkt die Gitterkonstante c. Bei allgemeiner Justierung um den Vektor $\boldsymbol{r}_n = n_1\boldsymbol{a} + n_2\boldsymbol{b} + n_3\boldsymbol{c}$ ist der Schichtabstand im reziproken Gitter gleich dem reziproken Betrag dieses Vektors.

$$d^* = \frac{1}{|n_1\boldsymbol{a} + n_2\boldsymbol{b} + n_3\boldsymbol{c}|} \qquad (3.6)$$

Der Umfang des Filmzylinders ist 180 mm, so daß 1 mm auf dem Film einem Winkel von $2°$ entspricht. Der Radius ist 28,6 mm.

Eine Drehaufnahme des Cyclo-Neosamandions finden wir in Abb. 3.4. Der Kristall wurde um $\boldsymbol{b}$ gedreht. Man erkennt die Schichtlinien $-5 \leqslant k \leqslant 5$.

2. Das Weißenberg-Verfahren

Beim Drehkristallverfahren gelingt eine Auftrennung der Reflexe in einzelne Schichten des reziproken Gitters. Die Indizierung der Reflexe auf den einzelnen Schichtlinien ist jedoch bei Kristallen mit großen Gitterkonstanten nur selten möglich, da die Punkte sehr dicht beisammenliegen und sich zum Teil auch überlagern.

Um die Lage des Kristalls und des reziproken Gitters im Interferenzmaximum zu bestimmen, benutzen wir die zweite Koordinate des Films. Zunächst fügen wir in den Strahlengang eine ringförmige Blende ein, die nur einen der in Abb. 3.3 angedeuteten Strahlenkegel hindurchläßt. Die Blende ist in Richtung der Drehachse verschiebbar (Abb. 3.5).

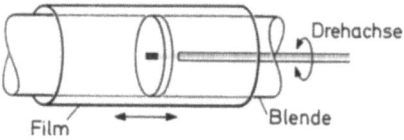

Abb. 3.5 Das Weißenberg-Verfahren

Während sich der Kristall dreht, bewegt sich der Film in Pfeilrichtung parallel zur Drehachse des Goniometers. Wenn ein Filmrand über der Blendenöffnung liegt, werden die Drehrichtung des Kristalls und die

Richtung des Filmtransportes umgekehrt, wobei die Netzebenen immer wieder durch die Reflexionsstellung gedreht werden und die reflektierten Strahlen immer auf die gleichen Punkte des Filmes treffen. Der Vorgang wird so lange wiederholt, bis der Film genügend belichtet ist. Für eine Aufnahme werden mehrere Stunden benötigt.

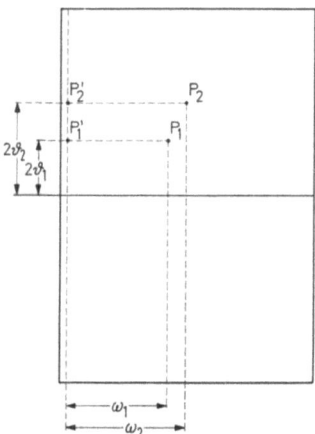

Abb. 3.6 Auswertung der Weißenbergaufnahme

Wir betrachten einen Punkt P_1 auf der aufgeklappten Aufnahme (Abb. 3.6) und nehmen zunächst an, daß eine Äquatoraufnahme (0. Schicht des reziproken Gitters) vorliegt, bei welcher die Projektion des Winkels 2ϑ längs der Drehachse gleich dem Winkel selbst ist. Aus der y-Koordinate des Filmes bestimmen wir den Winkel 2ϑ und tragen ihn in Abb. 3.7 ein. Die Strecke $\overline{OP_1}$ ist gleich dem Streuvektor. Nun legen wir auf dem Film willkürlich einen für alle Reflexe gleichen Nullpunkt in der x-Richtung fest und bestimmen von da aus die Filmverschiebung x und den Kristallwinkel ω. Das Geschwindigkeitsverhältnis der Kristalldrehung $\frac{d\omega}{dt}$ zur Filmbewegung $\frac{dx}{dt}$ ist bei den handelsüblichen Geräten $\frac{2°}{mm}$, so daß 1 mm auf dem Film einer Kristalldrehung von 2° entspricht.

Damit der Punkt P_1' auf dem Film nach P_1 gelangt, muß der Film um $x\,[mm]$ verschoben werden. Gleichzeitig werden der Kristall und das reziproke Gitter um den Winkel ω_1 gedreht. Drehen wir nun den Vektor $\boldsymbol{H}=\overline{OP_1}$ in der Abb. 3.7 um den Winkel ω_1 zurück, so erhalten wir die Lage des Streuvektors $\overline{OP_1'}$ in der Kristallstellung $\omega=0$, die der Filmstellung $x=0$ entspricht. Wenden wir dieses Verfahren, das in Abb. 3.6

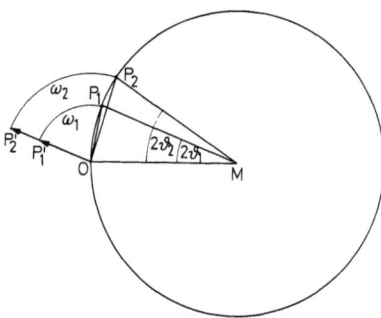

Abb. 3.7 Bestimmung einer reziproken Gitterschicht aus der Weißenberg-Aufnahme

und 3.7 für die Punkte P_1 und P_2 angegeben ist, auf alle *Schwärzungspunkte* der Aufnahme an, so erhalten wir eine *netzförmige Anordnung von Punkten*, die den reziproken Gitterpunkten zuzuordnen sind. Nehmen wir wieder an, daß der Kristall um die z-Achse, die parallel zur Gitterkonstanten c liegt, gedreht wurde, so erhalten wir in der 0. Schicht die reziproken Gitterpunkte $hk0$, aus deren Lage wir die Richtungen der reziproken Achsen x^* und y^*, die Indizes h, k und die reziproken Basisvektoren $\boldsymbol{a}^*$ und $\boldsymbol{b}^*$ bestimmen (Abb. 3.8). Übertragen wir die Intensitäten von der Aufnahme auf die reziproken Gitterpunkte in Abb. 3.8, so können wir auch die Symmetrieelemente erkennen und die Laue-Gruppe bestimmen.

Bei den Weißenberg-Äquatoraufnahmen werden reziproke Gitterpunkte, die auf Geraden liegen, welche durch den Nullpunkt des rezi-

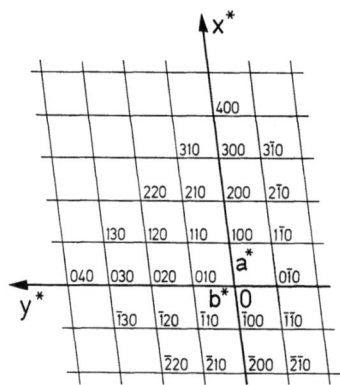

Abb. 3.8 Ausschnitt aus dem reziproken Gitter

proken Gitters gehen, auch auf dem Film *als Geraden* abgebildet. Nach Abb. 3.9 ist $\alpha + \vartheta = 90°$ und $\alpha = \omega_0 - \omega$. Es besteht deshalb eine lineare Beziehung zwischen ω und 2ϑ, der x- und y-Koordinate auf dem Film für alle reziproken Gitterpunkte, die auf der Geraden OQ liegen und für die der Winkel ω_0 gleich ist. Der Neigungswinkel der Geraden auf dem Film beträgt bei dem oben angegebenen Geschwindigkeitsverhältnis von Kristalldrehung zu Filmverschiebung und bei einem Filmzylinderumfang von 180 mm 63,5° (Abb. 3.10). Alle Reflexe auf der x^* und y^*-Achse ($h00$ und $0k0$) sowie auf den Diagonalen ($hh0$ und $\bar{h}h0$) liegen auf der Aufnahme auf Geraden und sind auch ohne Umzeichnen zu erkennen.

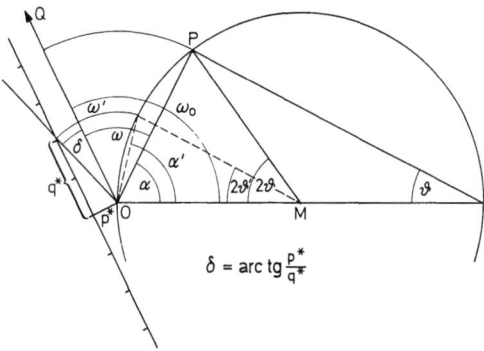

Abb. 3.9 Bestimmung der Kristalldrehwinkel für reziproke Gitterpunkte auf Geraden, die sich nicht mit der Drehachse des reziproken Gitters schneiden

Für Punkte auf Geraden im reziproken Raum, deren kürzester Abstand von der Drehachse gleich p^* ist, erhalten wir nach Abb. 3.9 die folgende Beziehung zwischen α' und ω:

$$\alpha' = \omega_0 - \omega' + \delta \qquad (3.7)$$
$$= \omega_0 - \omega' + \operatorname{arctg}\frac{p^*}{q^*}$$

Nur für großes q^* ist ω' linear abhängig von $2\vartheta'$. Die auf derartigen Geraden liegenden reziproken Gitterpunkte erscheinen auf der Aufnahme auf Kurven, wie sie in Abb. 3.10 einer Äquatoraufnahme des Cyclo-Neosamandions, angedeutet sind.

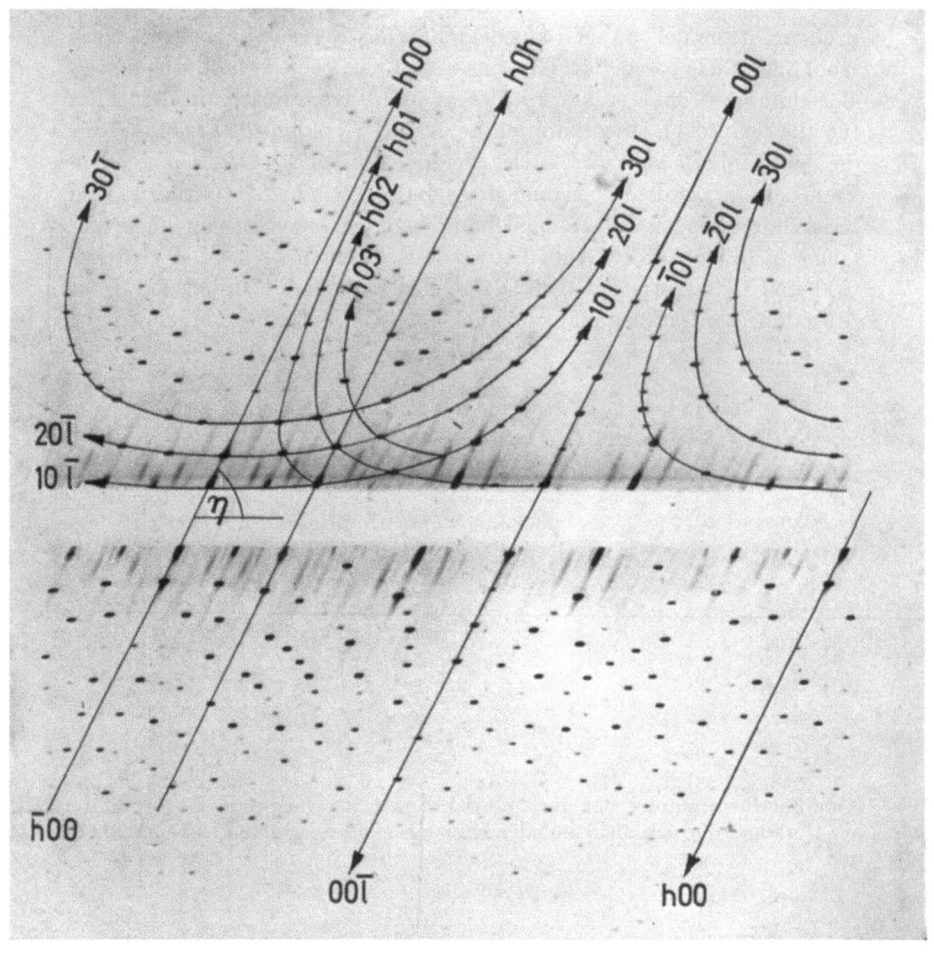

Abb. 3.10 Weißenberg-Aufnahme des Cyclo-Neosamandions, 0. Schicht

Die Weißenberg-Aufnahmen höherer Schichten (Normalstrahl-, Äqui-Inklinations- und Flat-Cone-Verfahren)

Bei dem oben beschriebenen Verfahren steht die Drehachse des Goniometers senkrecht zum einfallenden Röntgenstrahl. Benutzen wir diese Anordnung auch zur Aufnahme höherer Schichten, so wird die Blende um Δ verschoben (Abb. 3.11). Der Radius des Schnittkreises der höheren Schicht mit der Ewald-Kugel ist $\frac{1}{\lambda}\sin\nu_n$. Der Durchstoßpunkt der Dreh-

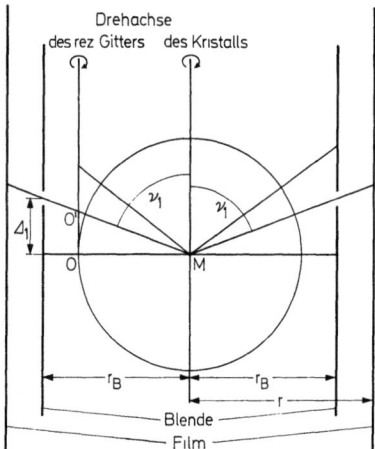

Abb. 3.11 Bestimmung der Blendenverschiebung beim Normalstrahlverfahren

achse des reziproken Gitters durch die Schicht liegt außerhalb der Kugel. Bei der Drehung bleiben alle reziproken Gitterpunkte, deren Abstand von der Drehachse kleiner ist als $\frac{1}{\lambda}(1-\sin\nu_n)$ immer außerhalb der Kugel, und da diese Punkte nicht durch die Kugeloberfläche treten, werden diese Reflexe nicht beobachtet. Wir erhalten einen toten Bereich des

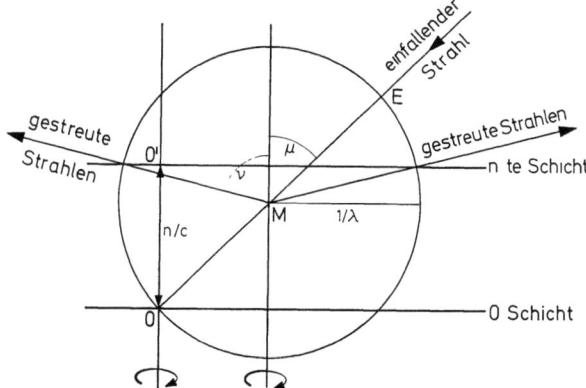

Abb. 3.12 Weißenberg-Aufnahme bei schiefer Einstrahlung. μ ist der Winkel zwischen der Drehachse und dem einfallenden Strahl, ν ist der Winkel am Scheitelpunkt des Kegelmantels, auf dem die reflektierten Strahlen der $n$ten Schicht liegen

76 Die wichtigsten Aufnahmeverfahren

reziproken Gitters, welcher nicht erfaßt wird. Für Punkte auf reziproken Gittergeraden ist die lineare Abhängigkeit zwischen ω und der Projektion ψ des Beugungswinkels 2ϑ auf die Äquatorebene nur selten vorhanden.

Die Oberfläche der Ewald-Kugel ist gegen die Bewegungsrichtung der reziproken Gitterpunkte der höheren Schichten so stark geneigt, daß die Reflexe verbreitert werden, und man kann deshalb nach diesem Verfahren nur eine geringe Zahl von Schichten aufnehmen.

Die Aufnahmetechnik wird hinsichtlich der geschilderten Mängel verbessert, wenn man den Winkel zwischen der Drehachse der Kamera gegen den Primärstrahl, der bei dem bisher geschilderten Verfahren 90° beträgt, verändert. In Abb. 3.12 ist wieder EMO die Richtung des Primärstrahles. Die Drehachse des Kristalls und die Drehachse des reziproken Gitters liegen in der Zeichenebene. μ ist der Winkel zwischen Drehachse und einfallendem Strahl, v_n der halbe Winkel am Scheitel des Strahlenkegels der $n$ten Schicht.

Für die Aufnahme höherer Schichten sind drei Verfahren in Gebrauch, die sich durch den Einstrahlwinkel μ unterscheiden.

1. das erwähnte Normalstrahlverfahren ($\mu = 90°$)
2. das Äqui-Inklinationsverfahren ($\mu = v_n$)
3. das Flat-Cone-Verfahren, bei dem man den Winkel μ so wählt, daß die höhere Schicht in der Äquatorebene der Ewald-Kugel liegt ($v_n = 90°$).

Bei dem am häufigsten angewandten Äqui-Inklinationsverfahren (Abb. 3.13) liegt der Durchstoßpunkt der Drehachse des reziproken

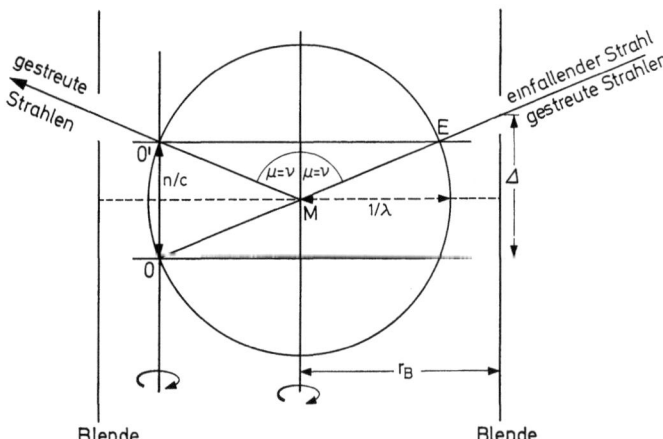

Abb. 3.13 Einstrahlwinkel und Blendenverschiebung beim Äqui-Inklinationsverfahren

Gitters durch die aufzunehmende Schicht auf der Ewald-Kugel, und reziproke Gitterpunkte auf Geraden, die durch diesen Punkt gehen, ergeben auf der Aufnahme Schwärzungspunkte, die ebenfalls auf Geraden liegen.

Bei allen Kristallen, bei denen die Drehachse parallel einer reziproken Achse verläuft, liegt der Nullpunkt auch bei den höheren Schichten

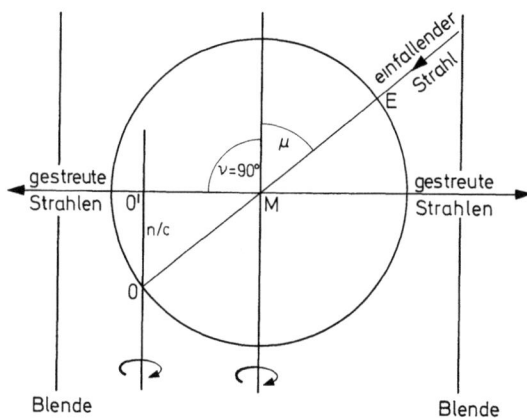

Abb. 3.14 Das Flat-Cone-Verfahren

auf der Lagekugel. Mit Ausnahme der Verzerrung um den Faktor $\sin \mu$ gilt alles, was bei der Äquatoraufnahme mit normaler Einstrahlung gesagt wurde.

Den Einstrahlwinkel μ und die Blendenverschiebung Δ erhalten wir aus Abb. 3.13

$$\cos \mu = \frac{n}{2c} : \frac{1}{\lambda} = \frac{n\lambda}{2c} \qquad (3.8)$$

$$\Delta = r_B \operatorname{ctg} \mu \qquad r_B = \text{Blendenradius}$$

Beim Flat-Cone-Verfahren ist $\nu_n = 90°$ und die Blendenverschiebung $\Delta = 0$. Bei der Drehung um die c-Achse des Kristalles erhalten wir für den Einstrahlwinkel μ nach Abb. 3.14 die Beziehung

$$\cos \mu = \frac{n\lambda}{c} \qquad (3.9)$$

Wie beim Normalstrahlverfahren tritt auch hier ein toter Bereich um den Nullpunkt der Schicht auf. Geraden im reziproken Gitter werden nur selten als Geraden auf der Aufnahme abgebildet.

Der Lorentz-Faktor für das Weißenberg-Verfahren

Bei der Herleitung der Formel für das integrale Reflexionsvermögen in Kap. II wurde die durch das Experiment bedingte Integration über den Drehwinkel des Kristalls in eine Integration über die Intensitätsverteilung um den reziproken Gitterpunkt transfomiert. Dabei wurde berechnet, wie sich die Entfernung des reziproken Gitterpunktes von der Ewald-Kugel ändert, wenn der Kristall um den Winkel $d\omega$ gedreht wird. Als Lorentz-Faktor hatten wir die Größe

$$L = \lambda^2 \frac{d\omega}{dz^*}$$

angegeben, wobei L proportional dem Verhältnis der Winkelgeschwindigkeit der Kristalldrehung zur z^*-Komponente der Wanderungsgeschwindigkeit des reziproken Gitterpunktes ist.

$$L = \lambda^2 \frac{d\omega/dt}{dz^*/dt} \qquad (3.10)$$

z^* steht senkrecht zur Oberfläche der Ewald-Kugel. Für den Fall, daß die Drehachse des Goniometers senkrecht zum Primärstrahl und senkrecht zum Streuvektor steht, hatten wir für L die Funktion $L = \dfrac{\lambda^3}{\sin 2\vartheta}$ berechnet. Die Drehachse des Kristalles liegt unter dieser Bedingung parallel zur reflektierenden Netzebenenserie. Einfallender Strahl, reflektierter Strahl und Streuvektor sind in einer Ebene, die senkrecht zur Goniometerachse liegt.

Gelegentlich wird nur der winkelabhängige Anteil von L als Lorentz-Faktor angegeben. In diesem Falle erhalten wir:

$$L' = \frac{L}{\lambda^3} = \frac{1}{\lambda} \frac{d\omega}{dz^*} = \frac{1}{\sin 2\vartheta} \qquad (3.10\,\text{a})$$

Beim Weißenberg-Verfahren ist die angegebene Bedingung nur für die Äquatoraufnahmen erfüllt ($\mu = \nu = 90°$). Bei der Aufnahme höherer Schichten ändert sich der Lorentz-Faktor wegen der veränderten μ- und ν-Werte.

In Abb. 3.15 ist die Strahlengeometrie für eine höhere Schicht bei beliebiger Einstrahlung in zwei zueinander senkrecht stehenden Projektionen angegeben.

H' ist die Projektion des Streuvektors $\boldsymbol{H}$ in Richtung der Drehachse auf die Äquatorebene. Wenn der Schichtabstand im reziproken Gitter gleich n/c ist, erhalten wir für H' die Beziehung:

$$|H|^2 = |H'|^2 + \left(\frac{n}{c}\right)^2 \qquad (3.11)$$

ψ ist die Projektion des Beugungswinkels 2ϑ auf die Äquatorebene. Bei der Drehung des reziproken Gitters um $d\omega$ wandert der Punkt P von der Kugel-

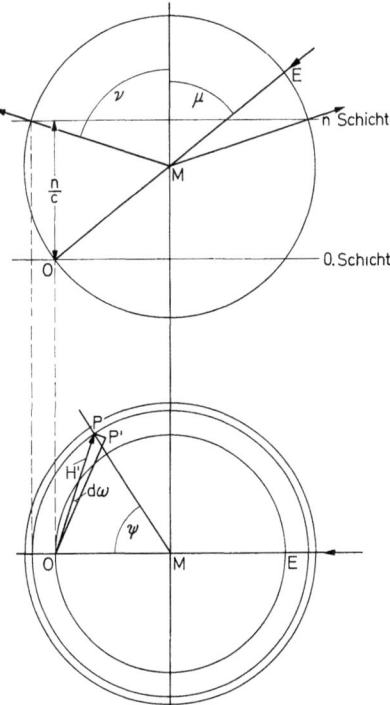

Abb. 3.15 Herleitung des Lorentz-Faktors für beliebige Einstrahlwinkel

oberfläche weg nach P' (Abb. 3.16). Der Abstand Δ vom Schnittkreis beträgt

$$\Delta = |H'| d\omega \cos \alpha \tag{3.12}$$

Die Kugeloberfläche ist im Punkt P um den Winkel $90° - \nu$ gegen die Normale zur Zeichenebene in Abb. 3.16 geneigt. Der Abstand dz^* des Punktes P' von der Kugeloberfläche beträgt deshalb

$$dz^* = \Delta \sin \nu = |H'| \cos \alpha \sin \nu \, d\omega \tag{3.13}$$

Aus dem Dreieck POC folgt:

$$\cos \alpha = \frac{\overline{OC}}{|H'|} = \frac{\frac{1}{\lambda} \sin \mu \sin \psi}{|H'|} \tag{3.14}$$

Durch Einsetzen in 3.13 erhalten wir:

$$dz^* = \frac{1}{\lambda} \sin \mu \sin \nu \sin \psi \, d\omega \tag{3.15}$$

Die wichtigsten Aufnahmeverfahren

und

$$\frac{1}{L'} = \sin\mu \, \sin\nu \, \sin\psi \qquad (3.15\text{a})$$

Wenn wir L' nicht als Funktion der Projektion ψ des Beugungswinkels angeben wollen, sondern durch die leichter zu berechnende Projektion H' des Streuvektors, wenden wir auf das Dreieck POM den Cosinussatz an:

$$\cos\psi = \frac{-|H'|^2 + \frac{1}{\lambda^2}(\sin^2\mu + \sin^2\nu)}{\frac{2}{\lambda^2}\sin\mu \sin\nu} \qquad (3.16)$$

Mit $\sin\psi = \sqrt{1-\cos^2\psi}$ erhalten wir aus 3.15a und 3.16

$$\frac{1}{L'} = \frac{1}{2}\sqrt{4\sin^2\mu\sin^2\nu - [\lambda^2|H'|^2 - (\sin^2\mu + \sin^2\nu)]^2} \qquad (3.17)$$

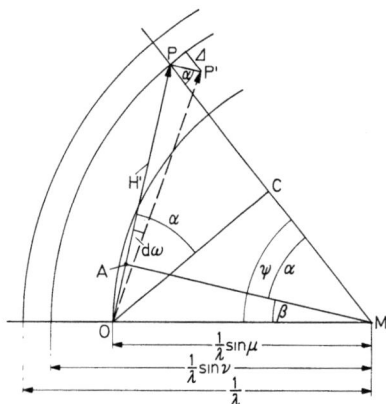

Abb. 3.16 Herleitung des Lorentz-Faktors für beliebige Einstrahlwinkel

Für das Äqui-Inklinations-Verfahren ($\mu = \nu$) erhalten wir die einfache Beziehung

$$L' = \frac{1}{\sin^2\mu} \, \frac{1}{\sin\psi} \qquad (3.18)$$

Diesen Lorentz-Faktor setzen wir an Stelle von $L = 1/\sin 2\vartheta$ bei der Berechnung der Strukturamplituden aus den Intensitäten nach Gl. 2.36 oder 2.38 ein. Gegenüber dem in Kap. II hergeleiteten Lorentzfaktor tritt der Faktor $1/\sin^2\mu$ hinzu, und der Beugungswinkel 2ϑ wird durch dessen Projektion ψ ersetzt.

3. Die Bürger-Präzessionsmethode

Eine weitere Möglichkeit der Aufnahme der reziproken Gitterschichten bietet sich in der Präzessionsmethode, die von BÜRGER entwickelt wurde. Während beim Weißenberg-Verfahren diejenigen reziproken Gitterebenen erhalten werden, die senkrecht zur Kristallachse liegen, um die der Kristall am Goniometerkopf justiert wurde, erhält man hier *Ebenen, die bei entsprechender Kristallsymmetrie parallel zu dieser Kristallachse liegen.* Es ist beispielsweise beim Weißenberg-Verfahren von Nachteil, daß bei einem monoklinen, um die zweizählige b-Achse justierten Kristall die Reflexe 0k0 nicht beobachtet werden. Die Netzebenen werden in sich gedreht, und die reziproken Gitterpunkte bewegen sich nicht durch die Oberfläche der Ewald-Kugel. Übertragen wir den Kristall mit dem Goniometerkopf auf ein Präzessionsgoniometer, so können wir

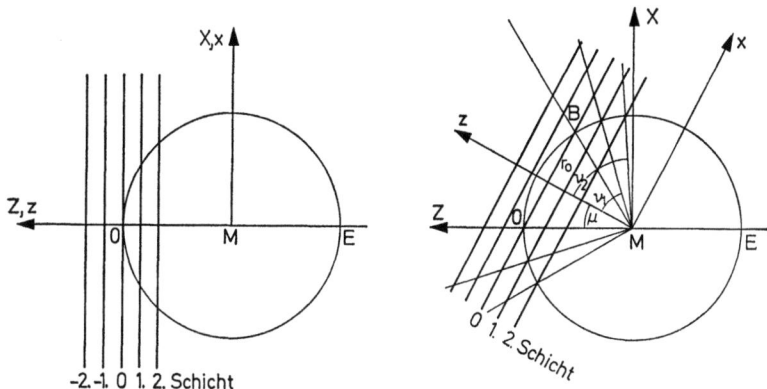

Abb. 3.17 Die Bürger-Präzessionsmethode

ohne neue Justierung die Schichten 0kl, 1kl, 2kl usw. sowie die Schichten hk0, hk1, hk2 usw. aufnehmen. Gegenüber dem Weißenberg-Verfahren hat die Präzessionsmethode noch den Vorteil, daß die reziproken Gitterebenen unverzerrt abgebildet werden.

Die Präzessionsmethode ist in einer Monographie von BÜRGER [41] ausführlich beschrieben. Wir wollen hier deshalb auf Einzelheiten verzichten.

Wir gehen davon aus, daß ein Kristall auf dem Goniometer so justiert ist, daß eine Kristallachse z. B. c in Richtung des einfallenden Röntgen-

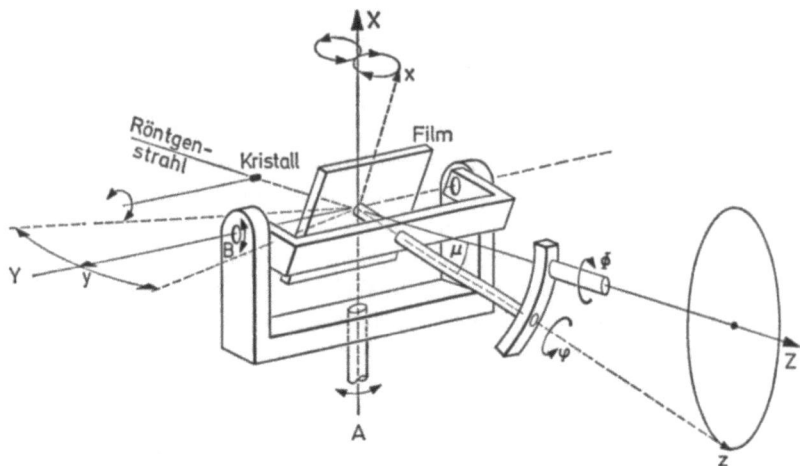

Abb. 3.18 Schematische Darstellung einer Bürger-Präzessions-Kamera

strahles steht. Senkrecht zu **c** finden wir die reziproken Gitterebenen hk1, hk2... (Abb. 3.17a). Nun neigen wir den Kristall und damit das reziproke Gitter um den Winkel μ gegen den Primärstrahl (Abb. 3.17b). Die Äquatorebene des reziproken Gitters bildet mit der Oberfläche der Ewald-Kugel einen Schnittkreis mit dem Durchmesser

$$\overline{OB} = \frac{2}{\lambda} \sin \mu \qquad (3.19)$$

Für die folgende Beschreibung der Kristallbewegung benutzen wir zwei karthesische Koordinatensysteme xyz und XYZ. XYZ liegt fest im Raum, während sich xyz mit dem Kristall bewegt.

In der Ausgangsstellung fällt x mit X, y mit Y und z mit Z zusammen. Z liegt in Richtung des einfallenden Röntgenstrahles. Nach der oben erwähnten Neigung des Kristalles bildet z mit Z den Winkel μ. Die Lage der X-, Y-, x- und y-Achse wird so gewählt, daß y bei der Kristallneigung seine ursprüngliche Lage beibehält und daß x mit X den Winkel μ bildet. Das erreicht man, wenn man den Kristall um die Y-Achse um den Winkel μ dreht (Abb. 3.18).

Von den senkrecht zu z stehenden reziproken Gitterebenen liegt jeweils ein Kreis mit dem Radius r_n innerhalb der Kugel. Der Kristall wird nun durch Rotation der z-Achse um die Z-Achse und durch gleichzeitige Drehung um die umlaufende z-Achse so bewegt, daß die aus der reziproken Gitterebene herausragende Kugelkappe über diese hinweg verschoben wird.

Bei einem Umlauf von z gelangen alle Punkte, die auf der nullten Schicht innerhalb eines Kreises mit dem Radius $2r_0$ liegen, zweimal auf die Kugeloberfläche. Sie wandern einmal von außen nach innen und einmal von innen nach außen. Bei den höheren Schichten wird ein Kreisring mit den Radien

$$r_{max} = 2r_n - r_q \text{ und } r_{min} = r_q$$

erfaßt. Abb. 3.20 zeigt die Wanderung des Schnittkreises mit dem Radius r_n über die reziproke Gitterschicht. Der Mittelpunkt dieses Kreises bewegt sich auf einem Kreis mit dem Radius $r_b = r_n - r_q$. Die reziproken Gitterpunkte, die innerhalb des Kreises mit dem Radius r_{min} liegen, bleiben immer innerhalb der Kugel, die Punkte außerhalb des Kreises mit dem Radius r_{max} außerhalb. Da die Schnittflächen der reziproken Gitterebenen mit der Ewald-Kugel Kreise sind, *liegen die Reflexe auf Kegelmänteln mit den Öffnungswinkeln* $2\nu_n$. Durch Einfügen einer ringförmigen Blende mit dem Radius-Abstandsverhältnis

$$\frac{r_B}{b} = \text{tg}\,\nu_n \tag{3.20}$$

kann eine Schicht ausgeblendet werden (Abb. 3.21).

Die Winkelgeschwindigkeit $\Phi^{\cdot}$ der Rotation von z und Z ist konstant und wird durch den Antriebsmotor bestimmt. Die Winkelgeschwindigkeit $\varphi^{\cdot}$ der Drehung um z wird so gewählt, daß für alle Punkte auf der

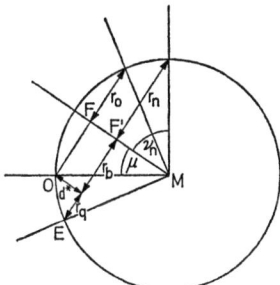

Abb. 3.19 Die Bürger-Präzessions-Methode, Bestimmung der toten Bereiche

y-Achse die X-Komponente der Bewegung null ist. Dies wird dadurch erreicht, daß der Kristallhalter um die y-Achse rotieren kann und daß diese Achse durch Lagerung in Richtung X in der Ebene $X=0$ festgehalten wird.

84 Die wichtigsten Aufnahmeverfahren

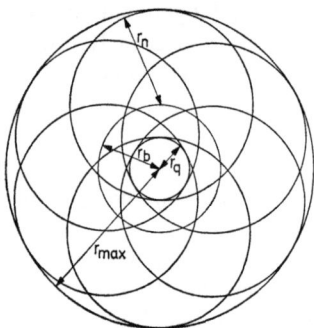

Abb. 3.20 Die Bürger-Präzessions-Methode, Wanderung des Schnittkreises einer reziproken Gitterschicht mit der Ewald-Kugel während der Präzessionsbewegung des Kristalls

Durch Drehung von z um Z und durch die vorgegebenen Freiheiten der Bewegung um y und X stellt sich die Winkelgeschwindigkeit $\varphi^{\cdot}$ automatisch ein.

Während die reziproken Gitterpunkte durch die Ewald-Kugel wandern, wird vom Kristall Strahlung reflektiert, die auf einen ebenen Film gelangt. Dieser Film führt um den Punkt O' (Abb. 3.21) im Abstand a vom Kristall die gleiche Bewegung aus wie der Kristall um den Punkt M und das reziproke Gitter um den Punkt O. Die Punkte auf dem Film und auf

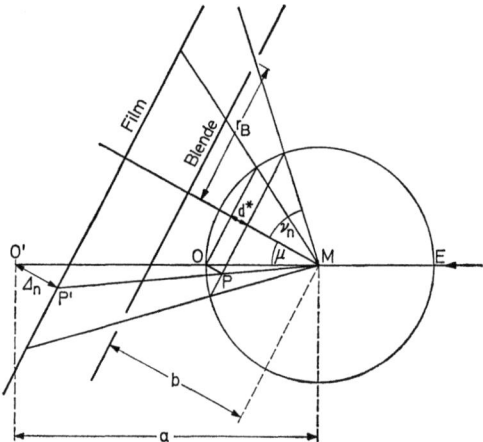

Abb. 3.21 Die Bürger-Präzessions-Methode, Berechnung der Film- und Blendeneinstellung

der reziproken Gitterebene bewegen sich proportional zueinander. Wir erhalten deshalb einen konstanten Abbildungsmaßstab für das gesamte reziproke Gitter und eine unverzerrte Abbildung der Schichten auf den Filmen. Der Abbildungsmaßstab ist gleich dem Verhältnis $1/\lambda : a$. Der Filmabstand a ist bei den handelsüblichen Geräten 60 mm. Bei der Aufnahme der nullten Schicht liegt der Punkt O' in der Filmebene. Bei den höheren Schichten wird der Film in Richtung z um den Abstand $\varDelta_n$ verschoben.

$\varDelta_n$ erhalten wir aus den ähnlichen Dreiecken $MO'P'$ und MOP (Abb. 3.21).

$$\varDelta_n = \frac{d_n^*}{\frac{1}{\lambda}} a = d_n^* \lambda a \tag{3.21}$$

Bei der Einstrahlung in Richtung der c-Achse ist für die $n$te Schicht $d_n^* = n/c$.

$$\varDelta_n = \lambda a \frac{n}{c} \tag{3.22}$$

Den Öffnungswinkel des Kegelmantels für die $n$te Schicht erhalten wir aus Abb. 3.19.

$$\cos \nu_n = \frac{\overline{MF'}}{\overline{ME}} = \frac{\overline{MF} - \overline{FF'}}{\frac{1}{\lambda}}$$

$$\cos \nu_n = \frac{\frac{1}{\lambda} \cos \mu - d^*}{\frac{1}{\lambda}} = \cos \mu - \lambda d^* \tag{3.23}$$

Aus dem Winkel ν berechnen wir nach Gl. 3.20 das Radius-Abstandsverhältnis für die ringförmige Schichtlinienblende.

$$\mathrm{tg}\, \nu_n = \frac{r_b}{b}$$

Der Lorentz-Faktor für die Präzessionsmethode [43, 44]

Nach Gl. 3.10 ist der Lorentz-Faktor proportional dem Geschwindigkeitsverhältnis $\dfrac{d\omega/dt}{d\xi/dt}$. $d\omega/dt$ ist die Winkelgeschwindigkeit der Kristalldrehung, $d\xi/dt$ ist die senkrecht zur Oberfläche der Ewald-Kugel liegende Geschwindigkeitskomponente der Bewegung des reziproken Gitterpunktes.

Die Präzessionsbewegung stellen wir, wie oben beschrieben wurde, durch eine Rotation um die raumfeste Z-Achse und durch eine Rotation um die um

86 Die wichtigsten Aufnahmeverfahren

Z umlaufende z-Achse dar. Den Drehwinkel um Z bezeichnen wir mit Φ, die Winkelgeschwindigkeit mit $\Phi^{\bullet}$. Der Drehwinkel um z ist φ, die entsprechende Winkelgeschwindigkeit ist $\varphi^{\bullet}$. Als Nullpunkt der Winkel wählen wir diejenige Stellung des Gerätes, in der sich die z-Achse in der XZ-Ebene befindet. Die Winkelgeschwindigkeit $\Phi^{\bullet}$ ist konstant, die Winkelgeschwindigkeit $\varphi^{\bullet}$ ist abhängig vom Winkel Φ. $\Phi^{\bullet}$ ist auch die Umlaufgeschwindigkeit der z-Achse.

Das Gerät wird so justiert, daß die Richtung des Primärstrahles mit der Z-Achse zusammenfällt. Bei der Drehung des Kristalles um Z beschreibt jeder reziproke Gitterpunkt eine Kreisbahn, die in Abb. 3.17 senkrecht zu $\overline{MO}$ steht. Der Abstand des reziproken Gitterpunktes von der Kugeloberfläche bleibt dabei unverändert. Der Beitrag dieser Kristalldrehung zu $d\xi/dt$ ist null.

Der Kristall ist so justiert, daß eine Achse in Richtung z liegt. Bei der Drehung um diese Achse bewegen sich Kristall und reziproke Gitter in gleicher Weise wie beim Weißenberg-Verfahren. Der Winkel zwischen dem einfallenden Strahl und der Drehachse z ist μ, der halbe Öffnungswinkel des Kegelmantels, auf dem die reflektierten Strahlen der $n$ten Schicht liegen, ist ν_n. Für $d\xi$ setzen wir die in Gl. 3.15 und 3.17 hergeleitete Beziehung ein, wobei wir $d\omega$ durch $d\varphi$ und dz^* durch $d\xi$ ersetzen. Wir berechnen:

$$\frac{d\xi}{dt} = \frac{1}{\lambda} \sin\mu \sin\nu \sin\psi \frac{d\varphi}{dt}$$

$$= \frac{1}{2\lambda} \sqrt{4\sin^2\mu \sin^2\nu - [\lambda^2 |H'|^2 - (\sin^2\mu \sin^2\nu)]^2} \frac{d\varphi}{dt} \qquad (3.24)$$

Die Winkelgeschwindigkeit $\varphi^{\bullet} = \dfrac{d\varphi}{dt}$ wird bestimmt durch die Winkelgeschwindigkeit $\Phi^{\bullet}$ und wegen des mechanischen Aufbaues durch die oben genannte Bedingung, nach der sich jeder Punkt auf der y-Achse nur in der YZ-Ebene bewegen kann. Die X-Komponente der aus der Drehung um die beiden Achsen Z und z resultierenden Bewegung (X_y) ist deshalb für alle Punkte auf der y-Achse null.

$$\frac{dX_y}{dt} = \frac{\partial X_y}{\partial \Phi} \frac{d\Phi}{dt} + \frac{\partial X_y}{\partial \varphi} \frac{d\varphi}{dt} = 0 \qquad (3.25)$$

Daraus erhalten wir das Verhältnis der beiden Winkelgeschwindigkeiten

$$\frac{d\varphi/dt}{d\Phi/dt} = -\frac{\partial X_y/\partial \Phi}{\partial X_y/\partial \varphi} \qquad (3.25\mathrm{a})$$

Der Index y gibt an, daß Gl. 3.25 nur für Punkte gilt, die auf der y-Achse liegen. Nun führen wir sechs Einheitsvektoren e_x, $e_y \cdot e_z$, e_X, e_Y und e_Z in Richtung der entsprechenden Achsen ein.

Für $\Phi = 0$ liegt die z-Achse in der XZ-Ebene. Sie schließt mit Z den Winkel μ ein. In dieser Stellung erhalten wir für e_z als Funktion von e_X und e_Z die Beziehung

$$e_z(\Phi = 0) = e_X \sin\mu + e_Z \cos\mu \qquad (3.26)$$

Nun drehen wir e_z um den Winkel Φ um die Z-Achse. Dabei bleibt die Z-Komponente von e_z unverändert, die X-Komponente wird um den Winkel Φ in der XY-Ebene gedreht.

$$e_z(\Phi) = e_X \sin\mu \cos\Phi + e_Y \sin\mu \sin\Phi + e_Z \cos\mu \qquad (3.27)$$

e_y liegt in der YZ-Ebene. Die X-Komponente ist null. Wir schreiben zunächst allgemein

$$e_y = e_Y Y + e_Z Z \qquad (3.28)$$

Da e_y und e_z zueinander senkrecht stehen, ist das skalare Produkt $e_y \cdot e_z$ null. Aus 3.27 und 3.28 ergibt sich:

$$e_y \cdot e_z = Y \sin\mu \sin\Phi + Z \cos\mu = 0$$

und wir erhalten

$$\frac{Y}{Z} = -\frac{\cos\mu}{\sin\mu \sin\Phi}$$

oder

$$Y = C \cos\mu, \quad Z = -C \sin\mu \sin\Phi$$

Durch Einsetzen in 3.28 ergibt sich:

$$e_y = C(e_Y \cos\mu - e_Z \sin\mu \sin\Phi)$$

Da der Betrag von e_y gleich eins ist, berechnen wir für die Konstante C

$$C = \frac{1}{\sqrt{\cos^2\mu + \sin^2\mu \sin^2\Phi}} = \frac{1}{\sqrt{1 - \sin^2\mu \cos^2\Phi}}$$

Damit ergibt sich die Lage des Einheitsvektors e_y als Funktion des Winkels Φ im XYZ-Koordinatensystem.

$$e_y = e_Y \frac{\cos\mu}{\sqrt{1 - \sin^2\mu \cos^2\Phi}} - e_Z \frac{\sin\mu \sin\Phi}{\sqrt{1 - \sin^2\mu \cos^2\Phi}} \qquad (3.29)$$

Eine Veränderung des Winkels Φ um $d\Phi$ verschiebt den Endpunkt dieses Vektors e_y in Richtung X proportional zu seiner Y-Komponente um dX_y^Φ

$$dX_y^\Phi = \frac{\cos\mu}{\sqrt{1 - \sin^2\mu \cos^2\Phi}} d\Phi \qquad (3.30)$$

Aus Gl. 3.30 erhalten wir den Zähler auf der rechten Seite von Gl. 3.25a

$$\frac{\partial X_y}{\partial \Phi} = \frac{\cos\mu}{\sqrt{1 - \sin^2\mu \cos^2\Phi}} \qquad (3.30\,\text{a})$$

88   Die wichtigsten Aufnahmeverfahren

Zur Berechnung des Nenners drehen wir den Kristall um die z-Achse, wobei wir den Winkel φ um $d\varphi$ verändern. Der Endpunkt des Einheitsvektors e_y bewegt sich dabei um dx in Richtung x. Die Komponente dX_y^φ dieser Bewegung ist proportional den Cosinus des Winkels zwischen der x-Achse und der X-Achse oder dem skalaren Produkt $e_x \cdot e_X$

$$dX_y^\varphi = e_x \cdot e_X d\varphi \qquad (3.31)$$

Die Summe der Quadrate der Projektionen des Einheitsvektors e_X auf die zu einander senkrecht stehenden Achsen x, y, z ergibt eins.

$$(e_X \cdot e_x)^2 + (e_X \cdot e_y)^2 + (e_X \cdot e_z)^2 = 1 \qquad (3.32)$$

Da die X-Komponente von e_y null ist, erhalten wir

$$(e_X \cdot e_x)^2 = 1 - (e_X \cdot e_z)^2 \qquad (3.33)$$

Aus 3.27 resultiert

$$e_z \cdot e_X = \sin\mu \, \cos\Phi \qquad (3.34)$$

und durch Zusammenfassung von 3.31, 3.33 und 3.34 erhalten wir

$$dX_y^\varphi = \sqrt{1 - \sin^2\mu \, \cos^2\Phi} \, d\varphi \qquad (3.35)$$

Durch Einsetzen von 3.30a und 3.35 in Gl. 3.25a finden wir das gesuchte Verhältnis der beiden Winkelgeschwindigkeiten

$$\frac{d\varphi/dt}{d\Phi/dt} = -\frac{\cos\mu}{1 - \sin^2\mu \, \cos^2\Phi} \qquad (3.36)$$

Durch Integration von Gl. 3.36 berechnen wir die folgende Beziehung zwischen den Winkeln φ und Φ

$$\text{tg}\varphi = -\frac{\text{tg}\Phi}{\cos\mu} \qquad (3.37)$$

Zusammen mit 3.36 ergibt sich der Quotient aus den Winkelgeschwindigkeiten als Funktion des Winkels φ.

$$\frac{d\varphi/dt}{d\Phi/dt} = \cos\mu(1 + \text{tg}^2\mu \, \cos^2\varphi) \qquad (3.38)$$

Schließlich bestimmen wir noch den Winkel φ für einen bestimmten Reflex aus der Lage des Schwärzungspunkts auf dem Film. Abb. 3.22 stellt eine Projektion von Abb. 3.19 in Richtung z dar. Gezeichnet sind die beiden

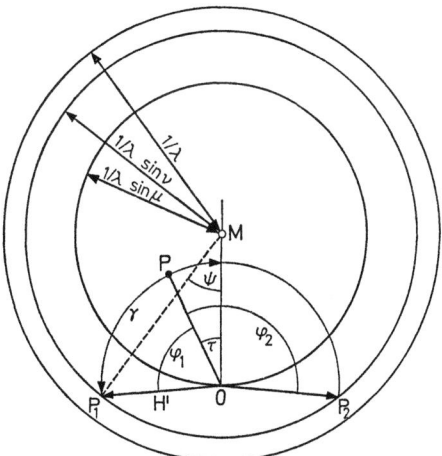

Abb. 3.22 Die Bürger-Präzessions-Methode, Berechnung des Lorentz-Faktors

Schnittkreise der nullten und $n$ten Schicht mit der Ewald-Kugel, deren Radien gleich $1/\lambda \sin\mu$ bzw. $1/\lambda \sin\nu$ sind.

Bei der Drehung des Kristalles um z dreht sich das reziproke Gitter in der Zeichenebene um 0. $\overline{OP}$ ist die Projektion H' des Streuvektors $\boldsymbol{H}$ auf die Ebene. Der reziproke Gitterpunkt P gelangt bei der Drehung des Gitters in P_1 und P_2 auf die Kugeloberfläche. Für die Drehwinkel φ schreiben wir

$$\varphi_{1,2} = \tau \pm \gamma \tag{3.39}$$

Den Winkel γ berechnen wir aus dem Dreieck $MP_1 0$ mit Hilfe des Sinus-Satzes

$$\sin\gamma = \frac{\sin\psi \sin\nu}{\lambda H'} \tag{3.40}$$

oder mit Hilfe des Cosinus-Satzes

$$\cos\gamma = \frac{\sin^2\mu - \sin^2\nu + \lambda^2 H'^2}{2\sin\mu \sin\nu} \tag{3.40a}$$

Den Lorentz-Faktor erhalten wir durch Zusammenfassen von 3.24, 3.38 und 3.39, wobei wir zwischen den beiden Werten φ_1 und φ_2 mitteln.

$$\frac{1}{L'} = \lambda \frac{d\xi}{d\Phi} = \frac{1}{2}\sqrt{4\sin^2\mu \sin^2\nu - [\lambda^2|H'|^2 - (\sin^2\mu + \sin^2\nu)]^2} \cos\mu$$

$$: \frac{1}{2}\left(\frac{1}{1 + \mathrm{tg}^2\mu \cos^2(\tau + \gamma)} + \frac{1}{1 + \mathrm{tg}^2\mu \cos^2(\tau - \gamma)}\right) \tag{3.41}$$

90 Die wichtigsten Aufnahmeverfahren

Den Winkel γ berechnen wir mit Hilfe von Gl. 3.40. Zur Bestimmung von τ benutzen wir die Filmaufnahme, wobei wegen der unverzerrten Abbildung der reziproken Gitterebene tgτ gleich dem Verhältnis der beiden Koordinaten des Schwärzungspunktes ist.

$$\operatorname{tg}\tau = \frac{x^*}{y^*} \qquad (3.42)$$

Gl. 3.41 und 3.42 benutzen wir an Stelle des in Kap. II (Gl. 2.36 und 2.38) hergeleiteten Lorentz-Faktors ($1/L = \sin 2\vartheta$) zur Berechnung der Beträge der Strukturamplituden aus den Intensitäten der nach der Präzessionsmethode gemessenen Röntgeninterferenzen.

4. Das DeJong-Bouman-Verfahren [45]

Im Gegensatz zum Weißenberg-Verfahren erhalten wir bei der Präzessionsmethode unverzerrte Abbildungen der reziproken Gitterebenen, da bei der letzteren die Filmbewegung ähnlich zur Bewegung der jeweiligen Ebene des reziproken Raumes ist.

Um auch bei der Strahlengeometrie des Weißenberg-Verfahrens unverzerrte Abbildungen zu erhalten, benutzen wir die in Abb. 3.23 dargestellte und nach deJong und Bouman benannte Anordnung. Wie beim

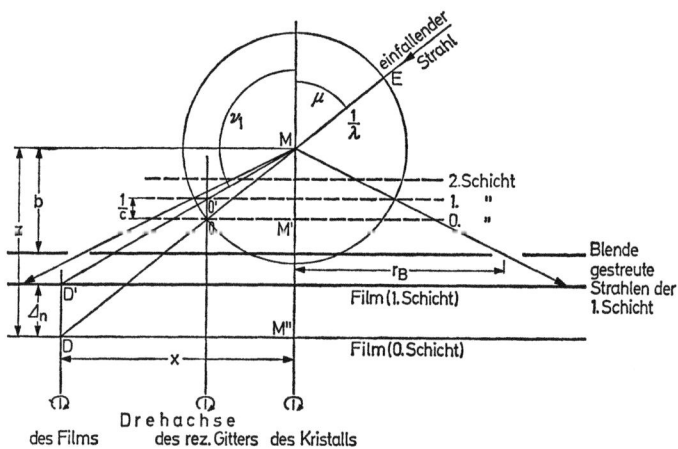

Abb. 3.23 Das DeJong-Bouman-Verfahren

Weißenberg-Verfahren wird der Kristall um eine Achse gedreht, und senkrecht zu dieser liegen die reziproken Gitterebenen. Der Winkel zwischen dem einfallenden Strahl $\overline{EMO}$ und der Drehachse ist μ. Der halbe Öffnungswinkel des Kegelmantels auf dem die reflektierten Strahlen der $n$ten Schicht liegen ist ν_n. Ein ebener Film, der senkrecht zur Drehachse des Kristalles steht, befindet sich bei der Aufnahme der nullten Schicht im Abstand z vom Kristall und wird um eine Achse gedreht, welche parallel zur Drehachse des Kristalles liegt und gegenüber dieser um x verschoben ist. Nach Abb. 3.23 ist

$$\frac{x}{z} = \operatorname{tg}\mu \tag{3.43}$$

Im Gegensatz zum Weißenberg-Verfahren ist hier eine Aufnahme unter dem Einstrahlwinkel $\mu = 90°$ nicht möglich, weil dann Film und Kristall in einer Ebene liegen würden. Die Winkelgeschwindigkeit der Filmdrehung muß genau gleich der der Kristalldrehung sein. Um den Kegelmantel der $n$ten Schicht abzutrennen, befindet sich im Abstand b vom Kristall eine ringförmige Blende mit dem Radius r_B. Das Radius-Abstandsverhältnis ist gleich dem Tangens des Winkels ν_n.

$$\operatorname{tg}\nu_n = \frac{r_B}{b} \tag{3.44}$$

Bei der Aufnahme höherer Schichten wird der Film aus der in Abb. 3.23 angegebenen Lage um Δ_n verschoben. Der Durchstoßpunkt der Drehachse wandert dabei von D nach D'. Wenn n/c der Abstand der aufzunehmenden Schicht von der Äquatorebene des reziproken Gitters ist, erhalten wir die Beziehung

$$\frac{n}{c} = \frac{1}{\lambda}\cos\mu + \frac{1}{\lambda}\cos\nu_n \tag{3.45}$$

$\cos \nu_n$ ist negativ
Die Filmverschiebung berechnen wir nach Abb. 3.23 aus den ähnlichen Dreiecken MOO' und MDD' und erhalten

$$\Delta_n = \overline{DD'} = \overline{OO'}\frac{\overline{MD}}{\overline{MO}} \tag{3.46}$$

Mit $\overline{OO'} = \frac{n}{c}$, $\overline{MO} = \frac{1}{\lambda}$ und $\overline{MD} = \frac{x}{\sin\mu}$ ergibt sich

$$\Delta_n = \frac{n\lambda}{c}\frac{x}{\sin\mu} \tag{3.47}$$

92 Die wichtigsten Aufnahmeverfahren

Anstelle der Blendenverschiebung kann man bei der Aufnahme höherer Schichten auch den Einfallswinkel μ ändern [46].

Die aufzunehmende reziproke Gitterebene muß in der Lage sein, die in Abb. 3.23 für die 0. Schicht und in Abb. 3.24 für die erste Schicht gezeichnet ist. In Abb. 3.24 ist die 0.Schicht in dieser Stellung um $\frac{1}{c}$ in Richtung M verschoben. Der Durchstoßpunkt der Primärstrahlrichtung durch die Ewald-Kugel liegt bei der Aufnahme der 0.Schicht in O, bei der Aufnahme der ersten Schicht in O_1. Die Einfallswinkel μ_0 und μ_1 für die Aufnahme der nullten und ersten Schicht erhalten wir nach Abb. 3.24

$$\mu_0 = 180° - \nu$$

$$-\frac{1}{\lambda}\cos\nu - \frac{1}{\lambda}\cos\mu_1 = \frac{1}{c} \qquad (3.48)$$

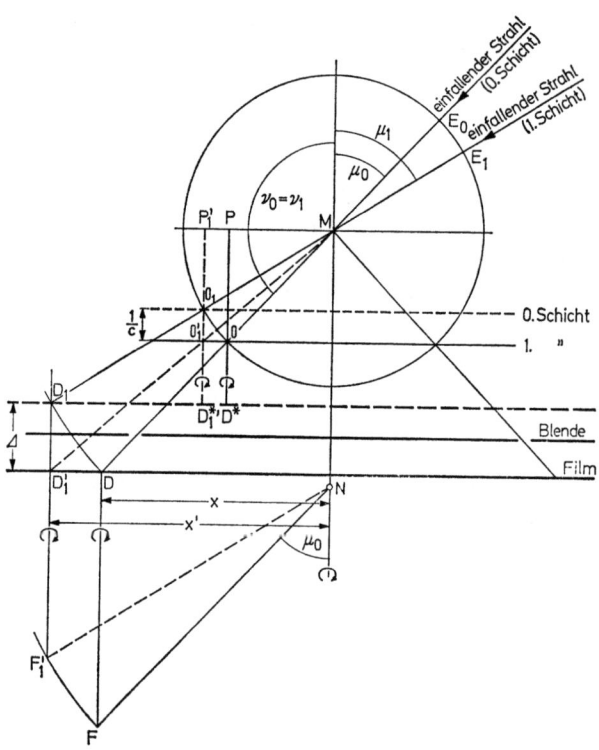

Abb. 3.24 DeJong-Bouman-Aufnahme mit konstanter Blendeneinstellung

(Die Beziehung für μ_1 erhalten wir aus den Dreiecken MOP und $MO_1'P_1'$, $\cos \nu$ ist negativ). Der Winkel ν ist eine Apparatekonstante die durch die Blendenstellung bestimmt ist.

Die Drehachsen von Kristall und Film liegen in den Seiten $\overline{NM}$ und $\overline{FD}$ des in Abb. 3.24 gezeichneten Parallelogramms. Der Drehpunkt des Films liegt bei der Aufnahme der nullten Schicht in D, bei der Veränderung des Winkels μ wandert er nach D_1. Zur Aufnahme der ersten Schicht muß der Film von hier aus um $\Delta = \overline{D_1 D_1'}$ längs der Drehachse verschoben werden. Die Größe Δ erhalten wir aus den ähnlichen Dreiecken MO_1O_1' und MD_1D_1'. Es gilt:

$$\Delta = \overline{D_1 D_1'} = \frac{\overline{O_1 O_1'}}{\overline{O_1 M}} \overline{MD} = \left(\frac{1}{c} : \frac{1}{\lambda}\right) \overline{MD} = \frac{\lambda}{c} \overline{MD} \qquad (3.49)$$

Für die Aufnahmen höherer Schichten ist in den angegebenen Formeln $\frac{1}{c}$ durch $\frac{n}{c}$ zu ersetzen. Der Abstand $\overline{MD}$ ist eine durch die Bauart des Gerätes bestimmte Konstante.

Für den Lorentz-Faktor beim DeJong-Bouman-Verfahren gilt was beim Weißenberg-Verfahren gesagt wurde. Wir müssen lediglich die veränderten μ- und ν-Werte berücksichtigen.

5. Messung der Intensitäten der Röntgeninterferenzen

Um die Beträge der Strukturamplituden zu bestimmen, messen wir zunächst für die einzelnen Interferenzen das integrale Reflexionsvermögen (Kap. II), welches man, wenn auch nicht ganz korrekt, als Intensität der Interferenz bezeichnet. Wir wenden dabei entweder photographische Verfahren oder Diffraktometerverfahren an.

a) Photographische Verfahren

Bei den photographischen Verfahren [47-50] benutzt man die Weißenberg- oder Präzessionsaufnahmen. Zur Auswertung der Filme dient entweder ein Photometer, welches die Filmschwärzung über den ganzen Bereich eines Reflexes integriert, oder man schaltet Vorrichtungen ein, die bereits während der Aufnahme die Integration durchführen. Diese Integrationsmechanismen verschieben nach jeder Umdrehung der Präzessionskamera oder nach jeder Umschaltung der Drehrichtung der

94 Die wichtigsten Aufnahmeverfahren

Weißenberg-Kamera den Filmträger ein wenig, so daß man an Stelle der Schwärzungspunkte kleine Rechtecke erhält, deren homogene Schwärzung dem integralen Reflexionsvermögen proportional ist.

Wegen des kleinen Linearitätsbereiches der Filme legt man *mehrere Filme* hintereinander und bestimmt die schwachen Intensitäten aus den vorderen und die starken Intensitäten aus den hinteren Filmen.

b) Diffraktometerverfahren

In den letzten Jahren gewannen Diffraktometer mit elektronisch arbeitenden Detektoren immer mehr an Bedeutung. Ihr Vorteil gegenüber den photographischen Verfahren liegt darin, daß die Meßwerte bei Verwendung von Proportional- oder Szintillationszählern in großen Bereichen proportional der vom Kristall reflektierten Strahlung sind. Die Meßergebnisse können einfach auf elektronische Rechenanlagen übertragen werden. Letzteres erreicht man auch bei der Auswertung von Filmaufnahmen mit elektronisch gesteuerten Photometern [50a].

Ein Nachteil der Diffraktometerverfahren gegenüber den Filmmethoden ist es, daß man für jeden Reflex den Kristall und den Detektor in die richtige Stellung bringen muß, während man auf dem Film bei einer Umdrehung des Kristalls alle Reflexe erfaßt, die zu einer Schicht im reziproken Gitter gehören. Dieser Nachteil wird aber dadurch ausgeglichen, daß Kristall und Detektor mit Hilfe elektronischer Steuerungen automatisch in die richtige Position gebracht werden. Zur Zeit verwendet man zur Steuerung Prozeßrechner. Bei Kristallen mit Elementarzellen mittlerer Größe ist der Zeitaufwand bei beiden Verfahren etwa gleich, die Diffraktometermessung weist jedoch weniger Fehlerquellen und Unsicherheiten auf. Lediglich bei sehr großen Elementarzellen (Proteinstrukturen) und bei Kristallen, die sich im Röntgenstrahl schnell zersetzen, sind die photographischen Verfahren von Vorteil.

Das *Weißenberg-Diffraktometer* arbeitet nach dem gleichen Prinzip wie die Weißenberg-Filmkamera. Lediglich der Film ist durch einen Zähler ersetzt. Der Kristall wird um eine Achse gedreht, und die Reflexe auf den senkrecht zur Drehachse stehenden reziproken Gitterschichten werden nacheinander gemessen. Bei den höheren Schichten wendet man meistens das Äqui-Inklinations-Verfahren an. Kristall und Zähler werden in die Winkelstellungen ω_0 und Ψ gebracht, wobei Ψ die Projektion des Beugungswinkels auf die Äquatorebene ist (Abb. 3.15). Die Messung des integralen Reflexionsvermögens geschieht entweder im ω-scan oder im ω-2ϑ scan. Beim ω-scan wird der Kristall von $\omega_0 - \dfrac{\Delta\omega}{2}$ bis $\omega_0 + \dfrac{\Delta\omega}{2}$ gedreht, während der Detektor in der Stellung Ψ

bleibt, beim ω-2ϑ-scan drehen sich Kristall und Zähler im Winkelgeschwindigkeitsverhältnis $1:2$ von $\omega_0 - \frac{\Delta\omega}{2}$ bis $\omega_0 + \frac{\Delta\omega}{2}$ bzw. von $\Psi - \Delta\omega$ bis $\Psi + \Delta\omega$.

Welche Möglichkeit man wählt, hängt davon ab, wie dicht die Reflexe in Richtung ω und Ψ aufeinander folgen und bei welchem Verfahren man die beste Auflösung erreicht. Wird zur Messung Strahlung verwendet, in der neben der gewünschten Wellenlänge größere Anteile an weißer Strahlung auftreten, so wird man das Verfahren heranziehen, bei dem man die Beiträge der weißen Strahlung am besten korrigieren kann. Bei den Äquatoraufnahmen ist dies immer der ω-2ϑ-scan.

Auch bei der Verwendung monochromatischer Strahlung ist eine Untergrundkorrektur erforderlich. Man mißt deshalb während einer bestimmten Zeit T_1 den Untergrund vor dem Reflex in der Kristallstellung $\omega_0 - \frac{\Delta\omega}{2}$, dann während der Zeit T_2 das Integral über den Intensitätsverlauf zwischen $\omega_0 - \frac{\Delta\omega}{2}$ und $\omega_0 + \frac{\Delta\omega}{2}$ und schließlich während der Zeit T_3 Sen Untergrund nach dem Reflex in der Kristallstellung $\omega_0 + \frac{\Delta\omega}{2}$. In Abb. 3.25 sind der Intensitätsverlauf bei der Kristalldrehung und die Untergrundkorrektur angedeutet.

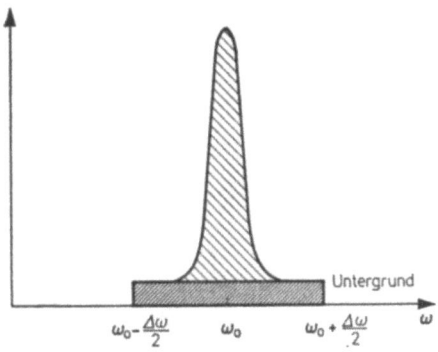

Abb. 3.25 Intensitätsverlauf während der Kristalldrehung mit Andeutung der Untergrundkorrektur

Aus dem integralen Reflexionsvermögen, das proportional der schraffierten Fläche ist, werden die Beträge der Strukturamplituden mit Hilfe der in Kap. II hergeleiteten Formeln berechnet. Dabei ist der Lorentz-Faktor für das Äqui-Inklinationsverfahren (Gl. 3.18) einzusetzen.

Das Vierkreisdiffraktometer bietet gegenüber dem Weißenbergdiffraktometer die Möglichkeit, den Kristall in jede beliebige Richtung zu drehen. Für jeden Reflex kann man die Lage des Kristalls zur Drehachse einzeln einstellen. Dazu sind gegenüber dem Weißenberg-Diffraktometer zwei weitere Freiheitsgrade der Kristalldrehung erforderlich. Wir bezeichnen die Drehachsen mit φ und χ. Insgesamt benötigt man zum Positionieren von Kristall und Detektor die Möglichkeit der Einstellung von vier Winkeln, und deshalb wird das Gerät Vierkreisdiffraktometer genannt.

Die Achsen ω und 2ϑ fallen zusammen und stehen meistens vertikal. Der 2ϑ-Kreis ist als Tragarm ausgebildet. Auf ihm befinden sich der Detektor und das zugehörige Blendensystem. Der ω-Kreis trägt eine Euler-Wiege, die zur Einstellung der Winkel φ und χ dient (Abb. 3.26). Bei symmetrischer Messung wird der Kristall so positioniert, daß der Streuvektor $\boldsymbol{H}$ in der Ebene des χ-Kreises horizontal liegt. Um das zu erreichen, bringt man den Vektor $\boldsymbol{H}$ zunächst durch Drehung des Kristalls um die φ-Achse in die χ-Ebene der Euler-Wiege und dann durch Drehung um die χ-Achse in die horizontale Lage. Den Nullpunkt des reziproken Gitters denke man sich dabei in den Schnittpunkt der beiden Achsen χ und φ gelegt.

Die reflektierende Netzebenenschar steht bei der angegebenen Kristallposition parallel zu den Drehachsen ω und 2ϑ. Der ω- und 2ϑ-Kreis werden nun so eingestellt, daß zwischen der Netzebenenschar und dem einfallenden Röntgenstrahl der Glanzwinkel ϑ liegt und daß der Detektor in die Position 2ϑ gelangt. In dieser Lage des Kristalls befinden sich der einfallende Strahl, der reflektierte Strahl und der Streuvektor in einer

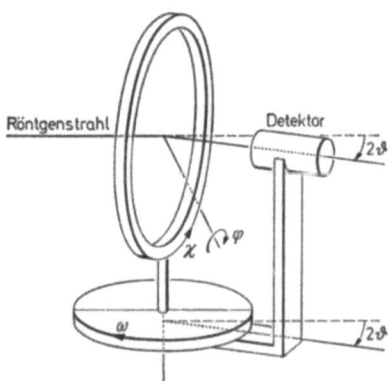

Abb. 3.26 Schematische Darstellung eines Vierkreis-Diffraktometers

Ebene, die senkrecht zur ω-Achse liegt. Es besteht dabei niemals die Gefahr einer Reflexionsverbreiterung wegen schiefer Einstrahlung. Der Lorentz-Faktor ist bei diesem Verfahren gleich dem in Kap. II hergeleiteten Ausdruck $L = \dfrac{\lambda^3}{\sin 2\vartheta}$.

Schwieriger als beim Weißenberg-Verfahren ist hier die Korrektur der Intensitäten auf Absorption, wenn nadelförmige Kristalle verwendet werden. Man sollte deshalb bei der Intensitätsmessung mit dem Vierkreisdiffraktometer möglichst kugelförmige Kristalle benutzen. Gemessen wird auch hier entweder im ω-scan oder im ω-2ϑ-scan, wobei entweder der Kristall alleine oder Kristall und Detektor im Winkelgeschwindigkeitsverhältnis 1:2 durch die Reflexionsstellung gedreht werden. Die Untergrundkorrektur ist die gleiche wie beim Weißenberg-Diffraktometer.

IV. Die Anwendung von Fourier-Reihen bei der Kristallstrukturanalyse [52, 53]

1. Die Elektronendichte

Die periodische Anordnung der Atome im Kristall bedingt, daß viele physikalische Größen dreidimensional periodische Funktionen sind. Diese Funktionen, die man auch als *Gitterfunktionen* [54] bezeichnet, haben an den Endpunkten aller Vektoren

$$r = r_0 + n_1 a + n_2 b + n_3 c$$

bei beliebigem ganzzahligem n_1, n_2 und n_3 die gleichen Werte. Sie können durch Fourier-Reihen dargestellt werden. Wir geben eine *allgemeine Gitterfunktion* $g(r)$ durch die Reihe

$$g(r) = \sum^H G(H) \, e^{-2\pi i \, H \cdot r} \qquad (4.1)$$

an. Eine für die Kristallstrukturbestimmung besonders wichtige Gitterfunktion ist die *Elektronendichte* $\varrho(r)$, aus deren Maxima wir die Punktlagen der Atome ablesen können. Analog zu 4.1 schreiben wir die *Elektronendichte* in Form einer Fourier-Reihe.

$$\varrho(r) = \sum^H R(H) \, e^{-2\pi i \, H \cdot r} \qquad (4.2)$$

Mit der in Kap. II behandelten Darstellung der Vektoren H und r durch die Basisvektoren

$$H = ha^* + kb^* + lc, \; r = aX + bY + cZ$$

erhalten wir

$$\varrho(r) = \sum R_{hkl} \, e^{-2\pi i \, (hX + kY + lZ)} \qquad (4.3)$$

Die *Fourier-Koeffizienten* R_{hkl} berechnen wir nach dem im Anhang be-beschriebenen Verfahren.

$$R_{hkl} = \frac{1}{v} \int\limits^{\text{El. Zelle}} \varrho(r)\, e^{2\pi i H \cdot r} dv \qquad (4.4)$$

Nach Gl. 4.4 und 2.59 sind die *Fourier-Koeffizienten der Elektronendichte proportional den Strukturamplituden*.

$$R_{hkl} = \frac{1}{v} F_{hkl}$$

Wir erhalten damit die Fourier-Reihe für die Elektronendichte.

$$\varrho(XYZ) = \frac{1}{v} \sum_{\substack{hkl \\ -\infty}}^{+\infty} F_{hkl}\, e^{-2\pi i\, (hX + kY + lZ)} \qquad (4.5)$$

Die Strukturamplituden sind bei nicht zentrosymmetrischen Strukturen komplex. Da die Elektronendichte in allen Punkten reell ist, liegen konjugiert komplexe Wertepaare vor. Wir erhalten die bereits erwähnte Friedel'sche Regel

$$F_{hkl} = F_{\bar{h}\bar{k}\bar{l}} \qquad (4.6)$$

Nun zerlegen wir die Fourier-Koeffizienten in Real- und Imaginärteil

$$F_{hkl} = A_{hkl} + iB_{hkl},$$

setzen diese in Gl. 4.5 ein und erhalten eine Summe von zwei Fourier-Reihen mit folgender Symmetrie der Koeffizienten.

$$A_{hkl} = A_{\bar{h}\bar{k}\bar{l}},\ B_{hkl} = -B_{\bar{h}\bar{k}\bar{l}} \qquad (4.6a)$$

In beiden Reihen können wir die Summation, die sich über alle reziproken Gitterpunkte erstreckt, wegen der Symmetrie der Koeffizienten durch eine Summation über das halbe reziproke Gitter ersetzen. Wir wählen den Bereich mit positivem l und schreiben

$$\varrho = \sum_{h=-\infty}^{\infty} \sum_{k=-\infty}^{\infty} \sum_{l=0}^{\infty} n_3 A_{hkl} (e^{-2\pi i\,(hX+kY+lZ)} + e^{2\pi i\,(hX+kY+lZ)})$$

$$+ \sum_{h=-\infty}^{\infty} \sum_{k=-\infty}^{\infty} \sum_{l=0}^{\infty} n_3 i B_{hkl} (e^{-2\pi i\,(hX+kY+lZ)} - e^{2\pi i\,(hX+kY+lZ)})$$

$$(4.7)$$

Die Glieder mit negativem Vorzeichen im Exponenten umfassen den Bereich des reziproken Gitters in dem $l \geq 0$ ist, die Glieder mit negativem Exponenten den Bereich mit $l \leq 0$. Die Glieder mit $l = 0$ sind zweimal vorhanden. Da es günstig ist, diese Glieder in beiden Teilsummen zu belassen, führen wir einen Faktor n_3 ein, der bewirkt, daß sie nur mit halbem Gewicht berücksichtigt werden. ($n_3 = 1$, für $l \neq 0$; $n_3 = 1/2$ für $l = 0$).

Mit den Beziehungen

$$e^{ix} + e^{-ix} = 2\cos x$$

und $e^{ix} - e^{-ix} = 2i \sin x$

erhalten wir aus Gl. 4.7

$$\varrho = \frac{1}{v} \sum_{\substack{h \\ -\infty}}^{\infty} \sum_{k}^{\infty} \sum_{l=0}^{\infty} n_3 A_{hkl} \, 2\cos 2\pi (hX + kY + lZ)$$

$$+ \frac{1}{v} \sum_{\substack{h \\ -\infty}}^{\infty} \sum_{k}^{\infty} \sum_{l=0}^{\infty} n_3 B_{hkl} \, 2\sin 2\pi (hX + kY + lZ) \qquad (4.8)$$

Mit Hilfe der Additionstheoreme

$$\cos(x+y+z) = \cos x \, \cos y \, \cos z - \sin x \, \sin y \, \cos z - \sin x \, \cos y \, \sin z \\ - \cos x \, \sin y \, \sin z$$

und

$$\sin(x+y+z) = \cos x \, \cos y \, \sin z + \cos x \, \sin y \, \cos z + \sin x \, \cos y \, \cos z \\ - \sin x \, \sin y \, \sin z$$

(4.9)

spalten wir Gl. 4.8 in acht Teil-Fourier-Synthesen auf (Gl. 4.10). Unter Berücksichtigung der Symmetrie der trigonometrischen Funktionen $\cos x = \cos(-x)$ und $\sin x = -\sin(-x)$ fassen wir jeweils vier Glieder hkl, h̄kl, hk̄l und h̄k̄l zusammen, ersetzen $A_{\bar{h}\bar{k}l}$ durch A_{hkl} und $B_{\bar{h}\bar{k}l}$ durch $-B_{hkl}$ und erhalten Fourier-Reihen, in denen sich die Summation über h, k und l von null bis unendlich erstreckt.

Diese Formeln sind einfacher anzuwenden als Gl. 4.8. Sie erfordern einen wesentlich geringeren Aufwand an Rechenzeit, besonders dann, wenn man zunächst über eine Richtung im reziproken Gitter summiert und die Ergebnisse zu neuen Koeffizienten von nunmehr zweidimensionalen Fourier-Reihen zusammenfaßt. Dann berechnet man durch

$$\text{I} \quad \varrho = \frac{1}{v} \sum_{h}\sum_{k}\sum_{l}^{\infty} 2n_1 n_2 n_3 (A_{hkl} + A_{\bar{h}kl} + A_{h\bar{k}l} + A_{hk\bar{l}})$$
$$\cos 2\pi hX \cos 2\pi kY \cos 2\pi lZ$$

$$\text{II} \quad -\frac{1}{v} \sum_{h}\sum_{k}\sum_{l}^{\infty} 2n_1 n_2 n_3 (A_{hkl} - A_{\bar{h}kl} - A_{h\bar{k}l} + A_{hk\bar{l}})$$
$$\sin 2\pi hX \sin 2\pi kY \cos 2\pi lZ$$

$$\text{III} \quad -\frac{1}{v} \sum_{h}\sum_{k}\sum_{l}^{\infty} 2n_1 n_2 n_3 (A_{hkl} - A_{\bar{h}kl} + A_{h\bar{k}l} - A_{hk\bar{l}})$$
$$\sin 2\pi hX \cos 2\pi kY \sin 2\pi lZ$$

$$\text{IV} \quad -\frac{1}{v} \sum_{h}\sum_{k}\sum_{l}^{\infty} 2n_1 n_2 n_3 (A_{hkl} + A_{\bar{h}kl} - A_{h\bar{k}l} - A_{hk\bar{l}})$$
$$\cos 2\pi hX \sin 2\pi kY \sin 2\pi lZ$$

$$\text{V} \quad +\frac{1}{v} \sum_{h}\sum_{k}\sum_{l}^{\infty} 2n_1 n_2 n_3 (B_{hkl} - B_{\bar{h}kl} + B_{h\bar{k}l} + B_{hk\bar{l}})$$
$$\sin 2\pi hX \cos 2\pi kY \cos 2\pi lZ \tag{4.10}$$

$$\text{VI} \quad +\frac{1}{v} \sum_{h}\sum_{k}\sum_{l}^{\infty} 2n_1 n_2 n_3 (B_{hkl} + B_{\bar{h}kl} - B_{h\bar{k}l} + B_{hk\bar{l}})$$
$$\cos 2\pi hX \sin 2\pi kY \cos 2\pi lZ$$

$$\text{VII} \quad +\frac{1}{v} \sum_{h}\sum_{k}\sum_{l}^{\infty} 2n_1 n_2 n_3 (B_{hkl} + B_{\bar{h}kl} + B_{h\bar{k}l} - B_{hk\bar{l}})$$
$$\cos 2\pi hX \cos 2\pi kY \sin 2\pi lZ$$

$$\text{VIII} \quad +\frac{1}{v} \sum_{h}\sum_{k}\sum_{l}^{\infty} 2n_1 n_2 n_3 (-B_{hkl} + B_{\bar{h}kl} + B_{h\bar{k}l} + B_{hk\bar{l}})$$
$$\sin 2\pi hX \sin 2\pi kY \sin 2\pi lZ$$

Addieren in der zweiten Richtung die Koeffizienten der eindimensionalen Fourier-Reihen und schließlich daraus die Elektronendichte. Durch die beiden Faktoren

$$n_1 = 1 \text{ für } h \neq 0, \; n_1 = 1/2 \text{ für } h = 0$$

und
$$n_2 = 1 \text{ für } k \neq 0, n_2 = 1/2 \text{ für } k = 0$$

wird korrigiert, daß die 0kl-Glieder und die h0l-Glieder zweimal und die 00l-Glieder viermal auftreten. Das Produkt $n_1 n_2 n_3$ hat die Werte

$$\begin{aligned} n_1 n_2 n_3 &= 1 \quad \text{wenn kein Index null ist} \\ &= 1/2 \text{ wenn ein Index null ist} \\ &= 1/4 \text{ wenn zwei Indizes null sind} \\ & 1/8 \text{ wenn alle drei Indizes null sind} \end{aligned}$$

Die Symmetrie der Kristalle und die daraus resultierende Symmetrie der Strukturamplituden bedingt häufig, daß die Koeffizienten einiger Teil-Fourier-Synthesen null sind. Bei Kristallen, die ein Symmetriezentrum im Nullpunkt der Elementarzelle enthalten, sind die Imaginärteile B_{hkl} der Strukturamplituden null. Wir brauchen nur die Teilsynthesen I—IV in Gl. 4.10 zu berechnen. In der Raumgruppe $P2$ sind auf Grund der Symmetrie (vgl. Kap. II)

$$A_{hkl} = A_{\bar{h}k\bar{l}} = A_{h\bar{k}l} \quad , \quad A_{\bar{h}kl} = A_{hk\bar{l}}$$

und

$$B_{hkl} = -B_{h\bar{k}l} \qquad B_{\bar{h}kl} = +B_{hk\bar{l}}$$

die Koeffizienten der Teilsynthesen II, IV, V und VII null.

In der Raumgruppe $Pmmm$ sind wegen des Symmetriezentrums alle B-Werte null. Die Realteile haben die Symmetrie

$$A_{hkl} = A_{\bar{h}kl} = A_{h\bar{k}l} = A_{hk\bar{l}}$$

Von den acht Teilsynthesen sind hier nur die Koeffizienten der cos cos cos-Synthese $(A_{hkl} + A_{\bar{h}kl} + A_{h\bar{k}l} + A_{hk\bar{l}})$ von null verschieden.

In den *Raumgruppen mit Zusatzsymmetrieelementen* finden wir unterschiedliche Symmetrie für verschiedene Gruppen von Strukturamplituden (vgl. Kap. II). In der Raumgruppe $P2_1$ haben die Strukturamplituden mit geradem k die Symmetrie

$$A_{hkl} = A_{h\bar{k}l} \quad , \quad B_{hkl} = -B_{h\bar{k}l}$$

Wie bei der zweizähligen Achse werden mit den Strukturamplituden dieser Gruppe die Teilsynthesen I, III, VI und VIII berechnet. Die Strukturamplituden mit ungeradem k haben die Symmetrie

$$A_{hkl} = -A_{h\bar{k}l} \quad , \quad B_{hkl} = B_{h\bar{k}l}$$

Wir berechnen mit dieser Gruppe die Teilsynthesen II, IV, V und VII. Bei einer Gleitspiegelebene vom Typ c (Raumgruppe Pc) haben die Strukturamplituden die Symmetrie

$$A_{hkl} = A_{h\bar{k}l}$$
$$B_{hkl} = B_{h\bar{k}l}$$
für $l = 2n$

und

$$A_{hkl} = -A_{h\bar{k}l}$$
$$B_{hkl} = -B_{h\bar{k}l}$$
für $l = 2n + 1$

Mit den Koeffizienten der Gruppe $l = 2n$ berechnen wir die Teilsynthesen I, III, V und VII, mit dem Koeffizienten der Gruppe $l = 2n+1$ die Teilsynthesen II, IV, VI, und VIII.

Bei den zuletzt genannten Beispielen werden zwar alle acht Teilsynthesen berechnet, die Hälfte der Koeffizienten ist jedoch null.

2. Die Patterson-Funktion [55]

Die Koeffizienten der Fourier-Reihe für die Elektronendichte sind im allgemeinen komplexe Größen, die wir durch Betrag und Phasenfaktor oder durch Real- und Imaginärteil angeben.

$$F_{hkl} = |F_{hkl}| e^{i\varphi_{hkl}} = A_{hkl} + iB_{hkl}$$

Zur Berechnung der Elektronendichte müssen sowohl die Beträge als auch die Phasenwinkel bekannt sein. Aus den Intensitäten der Röntgeninterferenzen erhalten wir zunächst nur die Beträge, und wir sind darauf angewiesen, mit diesen *ein Strukturmodell zu entwickeln*. Ein wertvolles Hilfsmittel dazu ist die Patterson-Funktion, die wir durch eine Fourier-Synthese mit den $|F|^2$-Werten als Koeffizienten berechnen. Sie gibt uns Aufschluß über die Vektoren zwischen den Atomen in der Elementarzelle.

Zur Herleitung bilden wir das Produkt aus der Elektronendichte im Punkt $r = (xyz)$ und im Punkt $r + s = (x+u, y+v, z+w)$ und integrieren dieses unter Beibehaltung des Vektors s über die Elementarzelle. Das Integral ist eine Funktion des Vektors s, dessen Komponenten in Richtung der Gitterkonstanten u, v und w sind.

$$P(s) = \int_{\text{El. Zelle}} \varrho(r)\varrho(r+s)dv$$

$$P(u,v,w) = \int_{\text{El. Zelle}} \varrho(x,y,z)\varrho(x+u, y+v, z+w)dxdydz \qquad (4.11)$$

Da die Elektronendichte reell ist, können wir alle Größen auf der rechten Seite von Gl. 4.5 durch die konjugiert komplexen Werte ersetzen, ohne daß sich das Ergebnis verändert. Für $\varrho(r)$ und $\varrho(r+s)$ erhalten wir nach Gl. 4.5 die folgenden Ausdrücke:

$$\varrho(r) = \varrho(XYZ) = \frac{1}{v} \sum_{h'k'l'} F^*_{h'k'l'} e^{2\pi i (h'X + k'Y + l'Z)}$$

$$\varrho(r+s) = \varrho(X+U, Y+V, Z+W) \qquad (4.12)$$

$$= \frac{1}{v} \sum_{hkl} F_{hkl} e^{-2\pi i (h(X+U) + k(Y+V) + l(Z+W))}$$

U, V und W sind die relativen auf die Gitterkonstanten bezogenen Komponenten des Vektors s ($U = u/a$, $V = v/b$, $W = w/c$).

Um Verwechslungen zu vermeiden, wurden in der ersten Zeile von Gl. 4.12 die Indizes hkl durch h'k'l' ersetzt.

Nun setzen wir die in 4.12 erhaltenen Ausdrücke für $\varrho(XYZ)$ und $\varrho(X+U, Y+V, Z+W)$ in Gl. 4.11 ein und vertauschen die Reihenfolge von Summation und Integration.

$$P(UVW) = \frac{1}{v} \sum_{hkl} \sum_{h'k'l'} F_{hkl} F^*_{h'k'l'} e^{-2\pi i (hU + kV + lW)}$$

$$\int_{X,Y,Z=0}^{1} e^{-2\pi i[(h-h')X + (k-k')Y + (l-l')Z]} v\, dXdYdZ \qquad (4.13)$$

Für alle Glieder der Summe, bei denen $h \neq h'$, $k \neq k'$ oder $l \neq l'$ ist, ergibt das Integral den Wert null, da die periodischen Funktionen im Integrationsbereich gleich häufig positiv und negativ sind. Von der Doppelsumme brauchen wir deshalb nur die Diagonalglieder hkl = h'k'l' zu berücksichtigen. Für diese ergibt das Integral den Wert v, und wir erhalten die zur Berechnung der Patterson-Funktion gebräuchliche Fourier-Reihe

$$P(UVW) = \frac{1}{v} \sum_{hkl=-\infty}^{+\infty} F_{hkl} F^*_{hkl} e^{-2\pi i (hU + kV + lW)} \qquad (4.14)$$

Da die Elektronendichte ϱ immer positiv ist, ist auch nach Gl. 4.11 die Patterson-Funktion $P(UVW)$ für alle Werte von U, V und W positiv. Die Größe von P hängt davon ab, wie groß der Mittelwert des Produktes $\varrho(r) \cdot \varrho(r+s)$ ist. Maxima sind dann zu erwarten, wenn s ein Vektor zwischen zwei Atomen ist. Auch für $s = 0$ ist das Produkt groß, und wir erhalten immer ein hohes Nullpunktsmaximum. Wenn wir nur die Maxima betrachten, ist die *Patterson-Funktion die Abbildung der Endpunkte aller interatomaren Vektoren*, die im uvw-Koordinatensystem vom Nullpunkt aus angetragen sind. Da die Vektoren s und $-s$ paarweise auftreten, ist die Patterson-Funktion immer zentrosymmetrisch. Sie hat die gleiche Symmetrie, wie die zu ihrer Berechnung verwendeten Fourier-Koeffizienten

$$|F_{hkl}|^2 = F_{hkl} F^*_{hkl}$$

Wir finden deshalb in der Patterson-Funktion die gleichen Symmetrieelemente wie in der höchstsymmetrischen Kristallklasse der jeweiligen Laue-Gruppe.

Innerhalb einer Elementarzelle mit N-Atomen in symmetrie-unabhängigen Lagen treten $N^2 - N + 1$ interatomare Vektoren auf. Wegen dieser großen Zahl, ist nicht zu erwarten, daß die Patterson-Funktion gleich gut aufgelöst ist wie die Elektronendichtefunktion, wo nur N-Maxima vorhanden sind. Die Auswertung gelingt deshalb nur, wenn in der Elementarzelle nur wenige Atome vorhanden sind oder wenn die Streubeiträge einiger Atome wesentlich höher sind als die der übrigen. Bei Strukturen aus gleichen Atomen benutzt man zur Auswertung Modelle, die aus den Gestalten der Moleküle gewonnen werden. Wir kommen darauf in Kap. VI zurück.

Die Fourier-Koeffizienten der Patterson-Funktion haben die Symmetrie

$$|F_{hkl}|^2 = |F_{\bar{h}\bar{k}\bar{l}}|^2$$

Die gleiche Symmetriebeziehung erhielten wir in Gl. 4.6a für die Realteile A_{hkl} der Strukturamplituden. Wir können deshalb, wie es bei der Berechnung der Elektronendichte beschrieben wurde, Gl. 4.14 in Teil-Fourier-Synthesen zerlegen, in denen sich die Summation über einen Oktanten des reziproken Gitters erstreckt. Die Formeln für diese Teil-Fourier-Synthesen sind die gleichen wie in Gl. 4.10 I.-IV. Es sind lediglich die Koeffizienten A_{hkl} durch $|F_{hkl}|^2$ zu ersetzen.

Vektoren zwischen symmetrieabhängigen Punktlagen – Harker-Schnitte [56]

Die dreidimensionale Patterson-Funktion umfaßt alle interatomaren Vektoren, also auch diejenigen zwischen Atomen auf symmtrieabhängigen Punktlagen. Die entsprechenden Patterson-Maxima finden wir, wenn Drehachsen, Spiegelebenen, Schraubenachsen oder Gleitspiegelebenen vorliegen, in speziellen Ebenen oder auf Geraden im UVW-Raum. Wir betrachten als Beispiel eine zweizählige Achse mit den Punktlagen $XYZ\ \bar{X}Y\bar{Z}$. Zwischen den beiden Punkten liegen die Vektoren

$$2X\ 0\ 2Z \text{ und } 2\bar{X}\ 0\ 2\bar{Z}$$

Die Endpunkte dieser Vektoren liegen in der Ebene $U0W$, wobei $U = \pm 2X$ und $W = \pm 2Z$ ist.

Bei einer Schraubenachse mit den Punktlagen

$$XYZ\ \ \bar{X}Y+\frac{1}{2}\bar{Z}$$

treten die Vektoren $2X\ 1/2\ 2Z$ und $-2X\ 1/2\ -2Z$ auf. Die entsprechenden Maxima der Patterson-Funktion liegen in $V = 1/2$.

Eine Spiegelebene, die senkrecht zu y steht, mit den Punktlagen $XYZ\ X\bar{Y}Z$ bedingt Patterson-Maxima in

$$UVW = 0\ 2Y\ 0 \text{ und } 0\ \overline{2Y}\ 0$$

Eine Gleitspiegelebene c mit den Punktlagen

$$XYZ\ X\bar{Y}\frac{1}{2}+Z$$

bedingt Maxima in

$$UVW = 0\ 2Y\ 1/2 \text{ und } 0\ \overline{2Y}\ 1/2$$

Bei Drehachsen liegen die symmetriebedingten Patterson-Maxima in Ebenen, bei Spiegelebenen auf Geraden. Man bezeichnet diese Ebenen im UVW-Raum als Harker-Schnitte und als Harker-Geraden. In Tab. 4.1 sind die Punktlagen und die Lagen der symmetriebedingten Maxima der Patterson-Funktion für die primitiven Raumgruppen des monoklinen und triklinen Kristallsystems angegeben [57].

Tabelle 4.1

Raum-gruppe	Punktlagen		Maxima in der Patterson-Funktion	
$P\bar{1}$	XYZ	$\bar{X}\bar{Y}\bar{Z}$	$\pm 2X\,2Y\,2Z$	
$P2$	XYZ	$\bar{X}Y\bar{Z}$	$\pm 2X\,0\,2Z$	
$P2_1$	XYZ	$\bar{X}(1/2+Y)\bar{Z}$	$\pm 2X\,\tfrac{1}{2}\,2Z$	
Pm	XYZ	$X\bar{Y}Z$	$\pm 0\,2Y\,0$	
Pc	XYZ	$X\bar{Y}\tfrac{1}{2}+Z$	$\pm 0\,2Y\,\tfrac{1}{2}$	
$P2/m$	XYZ	$X\bar{Y}Z$	$\pm 0\,2Y\,0$	$\pm 2X\,2Y\,2Z$
	$\bar{X}YZ$	$\bar{X}\bar{Y}\bar{Z}$	$\pm 2X\,0\,2Z$	$\pm 2X\,\overline{2Y}\,2Z$
$P2_1/m$	XYZ	$\bar{X}\,\tfrac{1}{2}+Y\,Z$	$\pm 2X\,\tfrac{1}{2}\,2Z$	$\pm 2X\,2Y\,2Z$
	$X\,\tfrac{1}{2}-Y\,Z$	$\bar{X}\bar{Y}\bar{Z}$	$\pm 0\,\tfrac{1}{2}+2Y\,0$	$\pm 2X\,\overline{2Y}\,2Z$
$P2_1/c$	XYZ	$\bar{X}\,\tfrac{1}{2}+Y\,\tfrac{1}{2}-Z$	$\pm 2X\,\tfrac{1}{2}\,\tfrac{1}{2}+2Z$	$\pm 2X\,2Y\,2Z$
	$X\,\tfrac{1}{2}-Y\,\tfrac{1}{2}+Z$	$\bar{X}\bar{Y}\bar{Z}$	$\pm 0\,\tfrac{1}{2}+2Y\,\tfrac{1}{2}$	$\pm 2X\,\overline{2Y}\,2Z$

Projektionen der Elektronendichte und der Patterson-Funktion
Zweidimensionale Fourier-Reihen

Die zweidimensionalen Fourier-Reihen haben bei der Bestimmung organischer Strukturen heute nur noch geringe Bedeutung, weil die Berechnung dreidimensionaler Fourier-Synthesen mit Hilfe von elektronischen Rechenautomaten keinerlei Schwierigkeiten bereitet und weil man daraus wesentlich bessere Informationen über die Kristallstruktur entnehmen kann, als aus den zweidimensionalen Projektionen. Die Projektionen sollen deshalb nur kurz behandelt werden.

Wir betrachten als Beispiel die Projektion $\sigma(XY)$ der Elektronendichte in Richtung von z auf die Grundfläche xy der Elementarzelle. Nach 4.5 ist die Elektronendichte $\varrho(XYZ)$ gegeben durch die Fourier-Reihe

$$\varrho(XYZ) = \frac{1}{v} \sum_{\substack{-\infty \\ hkl}}^{+\infty} F_{hkl}\, e^{-2\pi i\,(hX+kY+lZ)} \tag{4.5}$$

Um die Projektion zu berechnen, müssen wir die Elektronendichte in Richtung z über die Elementarzelle integrieren.

$$\sigma(XY) = \frac{1}{\cos\alpha} \int_0^c \varrho(XYZ)\,dz = \frac{c}{\cos\alpha} \int_0^1 \varrho(XYZ)\,dZ \tag{4.15}$$

α ist der Winkel zwischen der Normalen auf der xy-Ebene und der z-Achse. Durch Einsetzen von 4.5 in 4.15 erhalten wir:

$$\sigma(XY) = \frac{c}{v\cdot\cos\alpha} \sum_{\substack{h,k \\ -\infty}}^{+\infty} e^{-2\pi i\,(hX+kY)} \sum_{l=-\infty}^{+\infty} F_{hkl} \int_{l=0}^{1} e^{-2\pi i lZ}\,dZ \tag{4.16}$$

Wenn $l \neq 0$ ist, sind Real- und Imaginärteil des Integranden in 4.14 periodische Funktionen von Z. Diese sind im Integrationsbereich gleich häufig positiv und negativ und ergeben bei der Integration den Wert null. Für $l = 0$ ergibt das Integral den Wert eins. Wir erhalten als Ergebnis eine zweidimensionale Fourier-Reihe, in der nur noch über h und k summiert wird.

$$\sigma(XY) = \frac{1}{F_{ab}} \sum_{\substack{h,k \\ -\infty}}^{+\infty} F_{hk0}\, e^{-2\pi i\,(hX + kY)} \qquad (4.17)$$

F_{ab} ist die Begrenzungsfläche der Elementarzelle, auf die projiziert wird. Die Formeln für die Projektionen in den anderen Richtungen und für die Patterson-Projektionen werden analog berechnet. Projektionen der Elektronendichte und der Patterson-Funktionen werden zur Strukturbestimmung besonders dann angewandt, wenn eine der Gitterkonstanten sehr klein ist und in der Projektionsrichtung keine Moleküle übereinander liegen. Man kann dann in der Projektion die Lage der Moleküle erkennen. Besondere Vorteile bietet die Berechnung von Projektionen auch dann, wenn die Projektion der Elektronendichte ein Symmetriezentrum aufweist, während die dreidimensionale Elektronendichtefunktion nicht zentrosymmetrisch ist. Dies ist der Fall, bei Projektionen in Richtung von zweizähligen Achsen oder Schraubenachsen. Die Koeffizienten der Fourier-Reihe für die Projektion sind dann reell, während die allgemeinen F_{hkl}-Werte für die Berechnung der dreidimensionalen Elektronendichtefunktion komplex sind. Besonders zu Beginn der Strukturbestimmung gestaltet sich die Bestimmung der Phasenwinkel der Koeffizienten für die zentrosymmetrische Projektion wesentlich einfacher als die der komplexen F_{hkl}-Werte.

V. Absolutbestimmung der Strukturamplituden und Symmetriezentrumtest — Wilson-Statistik
[58-60]

Bei einigen Methoden zur Phasenbestimmung der Strukturamplituden, die wir im nächsten Kapitel kennenlernen werden, ist es erforderlich, daß die absoluten Größen der Strukturamplituden bekannt sind, und daß Informationen darüber vorliegen, ob der Kristall ein Symmetriezentrum enthält.

Die experimentelle Bestimmung der absoluten Beträge der Strukturamplituden durch Messung der Intensität des einfallenden Röntgenstrahles und der reflektierten Strahlung, durch genaue Bestimmung des durchstrahlten Kristallvolumens und durch Bestimmung der Absorptionsfaktoren erfordert einen erheblichen Aufwand und wird nur selten durchgeführt. In der Regel begnügt man sich mit relativen Intensitätsmessungen und bestimmt die Normierungsfaktoren nach einem statistischen Verfahren, welches 1949 von Wilson gefunden wurde. Mit diesem Verfahren ist es auch möglich zu testen, ob ein Symmetriezentrum vorliegt.

Wir berechnen zunächst die Verteilungsfunktion der Strukturamplituden von zentrosymmetrischen und nicht zentrosymmetrischen Kristallen durch Anwendung des *Central-limit-Theorems* (CRAMER S.19) [60 a]. Nach diesem Theorem wird die Verteilungsfunktion einer Summe von Variablen bei großer Gliederzahl in guter Näherung durch eine Gauss-Funktion wiedergegeben. Wir sprechen in diesem Fall von Normalverteilung.

Für die Summe
$$X = x_1 + x_2 + x_3 + \ldots$$
ist die Verteilungsfunktion $P(X)$ gegeben durch

$$P(X) = \frac{1}{\sqrt{2\pi\sigma^2}} e^{-\frac{(X-\langle X \rangle)^2}{2\sigma^2}} \qquad (5.1)$$

$\langle X \rangle$ ist der Mittelwert der Summe, der gleich der Summe der Mittelwerte der einzelnen Glieder ist.

110 Absolutbestimmung der Strukturamplituden u. Symmetriezentrumtest

$$\langle X \rangle = \langle x_1 \rangle + \langle x_2 \rangle + \ldots \tag{5.2}$$

σ^2 ist das mittlere Quadrat der Abweichung von X vom Mittelwert $\langle X \rangle$ (Varianz)

$$\sigma^2 = \langle (X - \langle X \rangle)^2 \rangle = \langle (x_1 - \langle x_1 \rangle)^2 \rangle + \langle (x_2 - \langle x_2 \rangle)^2 \rangle + \ldots \tag{5.3}$$

Die Strukturamplitude von Kristallen ohne Symmetriezentrum ist gegeben durch

$$F_H = \sum_j^N f_j \cos 2\pi \mathbf{H} \cdot \mathbf{r}_j + i \sum_j^N f_j \sin 2\pi \mathbf{H} \cdot \mathbf{r}_j = A_H + iB_H \tag{5.4}$$

Wir wenden nun auf den Realteil und den Imaginärteil getrennt das Centrallimit-Theorem an und berechnen zunächst die folgenden Mittelwerte:

$$\langle A \rangle = \sum_j^N f_j \langle \cos 2\pi \mathbf{H} \cdot \mathbf{r}_j \rangle = 0$$

$$\langle B \rangle = \sum_j^N f_j \langle \sin 2\pi \mathbf{H} \cdot \mathbf{r}_j \rangle = 0$$

$$\langle (A - \langle A \rangle)^2 \rangle = \sum_j^N \sum_{j'}^N f_j f_{j'} \langle \cos \pi 2\pi \mathbf{H} \cdot \mathbf{r}_j \cos 2\pi \mathbf{H} \cdot \mathbf{r}_{j'} \rangle$$
$$= \sum_j f_j^2 \langle \cos^2 2\pi \mathbf{H} \cdot \mathbf{r}_j \rangle = \frac{1}{2} \sum_j^N f_j^2$$

$$\langle (B - \langle B \rangle)^2 \rangle = \sum_j^N \sum_{j'}^N f_j f_{j'} \langle \sin 2\pi \mathbf{H} \cdot \mathbf{r}_j \sin 2\pi \mathbf{H} \cdot \mathbf{r}_{j'} \rangle$$
$$= \sum_j f_j^2 \langle \sin^2 2\pi \mathbf{H} \cdot \mathbf{r}_j \rangle = \frac{1}{2} \sum_j^N f_j^2 \tag{5.5}$$

Durch Einsetzen in Gl. 5.1 erhalten wir die Verteilungsfunktionen von A und B

$$P(A) = \frac{1}{\sqrt{\pi \sum_j f_j^2}} e^{-\frac{A^2}{\sum_j f_j^2}} \qquad P(B) = \frac{1}{\sqrt{\pi \sum f^2}} e^{-\frac{B^2}{\sum f^2}} \tag{5.6}$$

Die Wahrscheinlichkeit, daß der Endpunkt des Vektors F im Flächenelement $dAdB$ der komplexen Zahlenebene liegt, ist proportional dem Produkt der Verteilungsfunktionen $P(A)$ und $P(B)$ (Abb. 5.1)

$$P(AB)dAdB = P(A)P(B)dAdB$$
$$= \frac{1}{\pi \sum f^2} e^{-\frac{A^2 + B^2}{\sum_j f_j^2}} dAdB \tag{5.7}$$

Absolutbestimmung der Strukturamplituden u. Symmetriezentrumtest 111

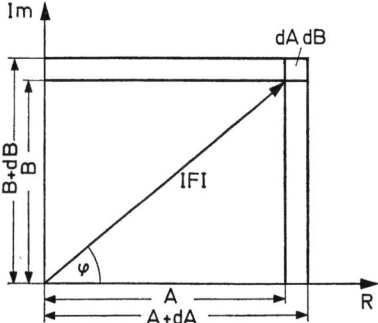

Abb. 5.1 Zur Berechnung der Wahrscheinlichkeitsverteilung der Strukturamplituden für nicht zentrosymmetrische Kristalle

Wir transformieren A und B in Polarkoordinaten $|F|$ und φ

$$A^2 + B^2 = |F|^2 \qquad dAdB = |F|d|F|d\varphi$$

und berechnen die Wahrscheinlichkeit, $P(|F|d|F|)$ mit der der Endpunkt von F innerhalb eines Kreisringes mit den Radien $|F|$ und $|F| + d|F|$ liegt (Abb. 5.2).

$$P(|F|)d|F| = |F|\int_{f=0}^{2\pi} P(AB)d\varphi d|F| = 2\pi P(AB)|F|dF|$$

$$= \frac{2}{\sum\limits_{j}^{N} f_j^2} |F| e^{-\frac{|F|^2}{\sum\limits_{j}^{N} f_j^2}} d|F| \tag{5.8}$$

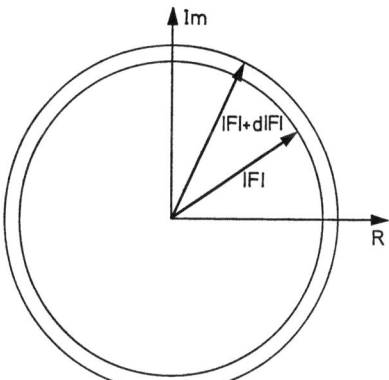

Abb. 5.2 Zur Berechnung der Wahrscheinlichkeitsverteilung der Strukturamplituden für nicht zentrosymmetrische Kristalle

Der Mittelwert von $|F|$ ist gleich dem Integral

$$\langle |F| \rangle = \int_0^\infty |F| P(|F|) d|F| = \frac{2}{\sum\limits_{j=1}^{N} f_j^2} \int_0^\infty |F|^2 e^{-\frac{|F|^2}{\sum f^2}} d|F| \qquad (5.9)$$

$$= 2\sqrt{\sum_{j=1}^{N} f_j^2} \frac{\sqrt{\pi}}{4}$$

Die Verteilungsfunktion der Strukturamplituden zentrosymmetrischer Kristalle berechnen wir durch Anwendung des Central-limit-Theorems auf die Strukturfaktorformel

$$F = 2\sum_{j=1}^{N/2} f_j \cos 2\pi \boldsymbol{H} \cdot \boldsymbol{r}_j \qquad (5.10)$$

Die Summation erstreckt sich hier über die asymmetrische Einheit, die $N/2$ Atome enthält. Aus der Strukturfaktorformel 5.10 berechnen wir die Mittelwerte:

$$\langle F \rangle = 2\sum_{j}^{N/2} f_j \langle \cos 2 \boldsymbol{H} \cdot \boldsymbol{r}_j \rangle = 0$$

$$\langle (F - \langle F \rangle)^2 \rangle = \langle F^2 \rangle \qquad (5.11)$$

$$= 4\sum_{j}^{N/2} f_j^2 \langle \cos^2 2\pi \boldsymbol{H} \cdot \boldsymbol{r}_j \rangle = 2\sum_{j}^{N/2} f_j^2 = \sum_{j}^{N} f_j^2$$

Durch Einsetzen der Mittelwerte in die Gl. 5.1 erhalten wir die Verteilungsfunktion

$$P(F) dF = \frac{1}{\sqrt{2\pi \sum f^2}} e^{-\frac{F^2}{2\sum f^2}} dF \qquad (5.12)$$

Wir bilden nun den Mittelwert von $|F|$.

$$\langle |F| \rangle = \int_{-\infty}^{+\infty} |F| P(F) dF = \frac{1}{\sqrt{2\pi \sum f^2}} \int_{-\infty}^{+\infty} |F| e^{-\frac{F^2}{2\sum f^2}} dF$$

Da der Integrand symmetrisch ist, berechnen wir das doppelte Integral über den positiven Bereich

$$\langle |F| \rangle = \frac{2}{\sqrt{2\pi\Sigma f^2}} \int_0^\infty F \, e^{-\frac{F^2}{2\Sigma f^2}} \, dF = \sqrt{\frac{2}{\pi}} \sqrt{\sum_{j=1}^N f_j^2} \quad (5.13)$$

Nach Gl. 5.9 und 5.13 sind die Mittelwerte von $|F|$ bei zentrosymmetrischen und nicht zentrosymmetrischen Kristallen unterschiedlich. Wir erhalten folgende *Ergebnisse*:

Für zentrosymmetrische Kristalle

$$\left\langle \frac{|F|}{\sqrt{\sum_j f_j^2}} \right\rangle = \frac{\sqrt{\pi}}{2} \approx 0{,}89 \qquad \left\langle \frac{|F|^2}{\sum_j f_j^2} \right\rangle = 1$$

Für nicht zentrosymmetrische Kristalle (5.14)

$$\left\langle \frac{|F|}{\sum_j f_j^2} \right\rangle = \sqrt{\frac{2}{\pi}} \approx 0{,}80 \qquad \left\langle \frac{|F|^2}{\sum_j f_j^2} \right\rangle = 1$$

Da wir aus der Symmetrie der Intensitäten der Röntgeninterferenzen (Kap. II) keine Information über das Symmetriezentrum erhalten, benutzen wir diesen Unterschied zum Test, ob der Kristall einer zentrosymmetrischen oder nicht zentrosymmetrischen Raumgruppe angehört. Die Mittelwerte von $|F|^2$ sind in beiden Fällen gleich, und wir benutzen sie zur Bestimmung der Normierungsfaktoren und zu einer ersten Abschätzung der Temperaturfaktoren. Wenn wir davon ausgehen, daß die Strukturamplituden bis auf einen konstanten Faktor bekannt sind, so gilt:

$$F = C \cdot F_r \quad (5.15)$$

F_r sind die relativen Strukturamplituden, deren Beträge aus den Intensitäten der Röntgeninterferenzen bestimmt wurden, C ist der Normierungsfaktor. Den Temperaturfaktor setzen wir für alle Atome gleich $\exp\left(-B \frac{\sin^2 \vartheta}{\lambda^2}\right)$ (Gl. 2.53) und berechnen mit ihm die *Summe der Formamplitudenquadrate der schwingenden Atome*

$$\sum_{j=1}^N f_j^2 = e^{-2B \frac{\sin^2 \vartheta}{\lambda^2}} \sum f_j^2 \, (T=0) \quad (5.16)$$

114 Absolutbestimmung der Strukturamplituden u. Symmetriezentrumtest

Zur Mittelwertbildung unterteilen wir das reziproke Gitter in Kugelschalen, für die wir die mittleren $\frac{\sin\vartheta}{\lambda}$-Werte angeben. Über die Strukturamplituden, deren reziproke Gitterpunkte jeweils innerhalb einer Kugelschale liegen, wird getrennt gemittelt. Durch Einsetzen von 5.15 und 5.16 in 5.14 resultieren die Mittelwerte

$$1 = \frac{\langle |F|^2 \rangle}{\sum\limits_j f_j^2} = \frac{C^2}{e^{-2B\frac{\sin^2\vartheta}{\lambda^2}}} \frac{\langle |F_r|^2 \rangle}{\sum\limits_j f_j^2(T=0)} = C'^2 \left(\frac{\sin\vartheta}{\lambda}\right) \frac{\langle |F_r|^2 \rangle}{\sum\limits_j f_j^2(T=0)}$$

(5.17)

Durch Auftragen von lnC' über $\sin^2\vartheta/\lambda^2$ oder durch Ausgleichsrechnung erhalten wir den Normierungsfaktor C und die Größe B im Temperaturfaktor.

VI. Phasenbestimmung der Strukturamplituden

Zur Berechnung der Elektronendichte mit der in Kap. IV behandelten Fourier-Reihe benötigen wir außer den Beträgen der *Strukturamplituden* bei nicht zentrosymmetrischen Strukturen die *Phasenwinkel* der Fourier-Koeffizienten, bei zentrosymmetrischen Strukturen deren *Vorzeichen*.

Wir geben die Strukturamplitude durch Betrag und Phasenwinkel an

$$F_{hkl} = |F_{hkl}|\, e^{i\varphi_{hkl}} \tag{6.1}$$

oder durch Betrag und Vorzeichen

$$F_{hkl} = |F_{hkl}|\, s_{hkl} \tag{6.2}$$

s_{hkl} ist $+1$, wenn F positiv und -1, wenn F negativ ist. In diesem Kapitel soll behandelt werden, wie man zu Beginn einer Strukturbestimmung die Phasenwinkel einiger Strukturamplituden bestimmt, mit deren Hilfe man dann die Fourier-Reihe der Elektronendichte rechnet und zu einem *Strukturmodell* gelangt. Der berechneten Elektronendichtefunktion entnimmt man die Punktlagen einiger Atome, berechnet mit diesen die Strukturamplituden sämtlicher gemessenen Reflexe und ordnet den experimentell bestimmten Beträgen die Phasenwinkel der berechneten Strukturamplituden zu. Die gewonnenen Größen benutzt man erneut als Fourier-Koeffizienten zur Berechnung der Elektronendichte, und man wiederholt diesen Cyclus so lange, bis sich die Phasenfaktoren nicht mehr verändern und die Lagen aller Atome gefunden sind.

Wir unterteilen die Methoden der Phasenbestimmung, soweit sie zur Bestimmung organischer Strukturen benutzt werden, in drei Gruppen: *In der ersten Gruppe* fassen wir diejenigen Verfahren zusammen, die auf der Auswertung der Patterson-Funktion beruhen. Wir behandeln hier die Schweratommethode, die Anwendung von Bildsuchfunktionen, die Fourier-Transformations- und die Faltmolekülmethode.
Die zweite Gruppe umfaßt die Methode des isomorphen Ersatzes und die Phasenbestimmung mit Hilfe der anomalen Streuung, die beide als experimentelle Phasenbestimmung bezeichnet werden können. Da zur

Bestimmung der Lagen der anomal streuenden Atome und der isomorph ersetzbaren Atome die Patterson-Funktion herangezogen wird, greifen diese Methoden in die Gruppe I über.

In der dritten Gruppe behandeln wir die direkte Bestimmung der Phasenwinkel aus den Beträgen der Strukturamplituden.

1. Die Auswertung der Patterson-Funktion

a) Die Schweratommethode [61-63]

Diese Methode wird angewandt, wenn in der asymmetrischen Einheit der Elementarzelle ein oder wenige schwere Atome neben mehreren leichten Atomen vorhanden sind. Als Beispiele erwähnen wir Chloride, Bromide und Jodide organischer Basen, Schwermetallsalze organischer Säuren und halogensubstituierte Verbindungen. Die Patterson-Funktion enthält in diesem Falle drei Gruppen von Maxima. Die höchsten liegen in den Endpunkten von Vektoren zwischen den schweren Atomen, die mittleren werden verursacht von Vektoren zwischen schweren und leichten Atomen, und die niedrigsten rühren von Vektoren zwischen den leichten Atomen her. Die dritte Gruppe wird wegen der schlechten Auflösung der Patterson-Funktion meist nicht beobachtet. Bei der Schweratommethode werten wir nur die erste Gruppe aus und bestimmen daraus die Lagen der schweren Atome. Von besonderer Bedeutung sind dabei die Maxima auf Harker-Schnitten und Harker-Geraden. Aus den Lagen der Maxima im Patterson-Raum erhalten wir die Vektoren zwischen den schweren Atomen, und weil sich nur wenige Vektoren überlagern, bereitet die Bestimmung der zugehörigen Atomlagen keine Schwierigkeiten.

Die Lagen der schweren Atome gelten als erstes Modell zur Strukturfaktorberechnung und damit zur Phasenbestimmung der Strukturamplituden, wie es oben beschrieben wurde. Wichtig für die Anwendbarkeit dieser Methode ist, daß der Streubeitrag der schweren Atome groß genug ist, um die Phasen einer genügend großen Zahl von Reflexen zu bestimmen. Auf eine genaue Angabe des Verhältnisses zwischen der Elektronenzahl in den ,,Schweren Atomen" zur Gesamtelektronenzahl in der Elementarzelle soll verzichtet werden, da dieser Wert von der Struktur, insbesondere aber von den Lagen der schweren Atome abhängig ist. Beispielsweise gelang die Phasenbestimmung mit einem Zink-Atom neben ca. 35 C, O und N-Atomen, während bei anderen Strukturen mit weit günstigerem Schweratom-Leichtatomverhältnis Schwierigkeiten auftraten. Beispiele für die Anwendung der Schweratommethode sind in Kap. VIII enthalten. Für das Samandarinhydrobromid finden wir die Projektion der Elektronendichte senkrecht zur Molekülebene in Abb. 8.3a.

b) Bildsuchfunktionen [64-71]

Die Patterson-Funktion ist nach 4.11 definiert durch das Integral

$$P(s) = \int\limits^{\text{El. Zelle}} \varrho(r) \cdot \varrho(r+s)\, dv \qquad (6.3)$$

über

das Produkt der Elektronendichte am Ausgangspunkt und am Endpunkt des Vektors s Maxima beobachten wir immer dann, wenn s ein interatomarer Vektor ist. Sind in der Elementarzelle N-Atome vorhanden, so erwarten wir in der Patterson-Funktion $N^2 - N + 1$ Maxima, sofern diese Zahl nicht durch Überlagerungen verkleinert ist.

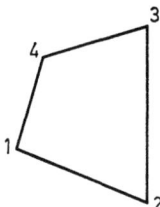

Abb. 6.1 Ebenes Molekül aus vier Atomen

Wir betrachten zur Vereinfachung zunächst ein *Strukturmodell*, bei dem in einer zweidimensionalen Elementarzelle ohne Symmetrieelemente *ein vieratomiges Molekül* vorhanden ist. (Abb. 6.1).

Zwischen den *Atomen*:

1, 2, 3 und 4

liegen sechs *Vektorpaare*:

12,21; 13,31; 14,41; 23,32; 24,42; 34,43;

mit insgesamt zwölf *interatomaren Vektoren*,
die zusammen mit dem Nullpunktmaximum *13 Maxima* in der Patterson-Funktion ergeben. Wenn wir zunächst nur jene Maxima betrachten,

welche durch Vektoren bedingt sind, die vom Atom 1 ausgehen (12, 13, 14 und das Nullpunktmaximum) so sind deren Endpunkte identisch mit den Schwerpunktslagen der Atome im Molekül. Das Molekül denke man sich dabei in den Vektorraum übertragen, wobei das Atom 1 im Nullpunkt liegt. Betrachten wir diejenigen Vektoren, die vom Atom 2 ausgehen, so erhalten wir wieder das Bild des Moleküls, nur liegt jetzt das Atom 2 im Nullpunkt des Patterson-Raumes. Das zweite Bild ist gegenüber dem ersten um den Vektor $21 = -12$ verschoben. Fügen wir ganz entsprechend die Vektoren, die von den Atomen 3 und 4 ausgehen, hinzu, so erhalten wir die gesamte Patterson-Funktion, in der wir jetzt die Überlagerungen der Abbildungen des Moleküls, wie es von den einzelnen Atomen aus gesehen wird, erkennen. Wenn wir im Molekül einen Punkt markieren, beispielsweise den Schwerpunkt des Atoms 1, und dessen Lage in den vier Abbildungen betrachten, so erkennen wir die inverse Form des Moleküls (in Abb. 6.2 — · — · — · —). Markieren wir das Atom 2, so erhalten wir ebenfalls das inverse Molekül, doch ist dieses gegenüber dem ersten Resultat um den Vektor 12 verschoben. In der Patterson-Funktion finden wir deshalb auch die inversen Molekülbilder überlagert.

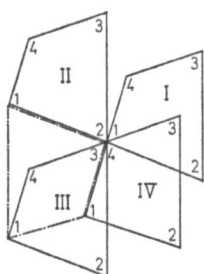

Abb. 6.2 Die Patterson-Funktion des in Abb. 6.1 gezeichneten Moleküls

Es ist dies darin begründet, daß alle interatomaren Vektoren paarweise positiv bzw. negativ auftreten.

Um die Patterson-Funktion auszuwerten, könnten wir die inverse Form des Moleküls als Suchbild verwenden, dieses über den Patterson-Raum verschieben und alle Lagen anmerken, in denen an allen Ecken des Suchbildes Maxima der Patterson-Funktion vorhanden sind.

Die Verschiebungsvektoren ergeben zusammen die Form des Moleküls. Zur besseren Handhabung dieses Verfahrens ist es zweckmäßig, eine Funktion zu definieren (Bildsuchfunktion), aus der man die oben genannten Lagen des Suchbildes ablesen kann. Die Maxima dieser Funktion ergeben die Lagen der Atome im Molekül. BÜRGER hat die folgenden *Bildsuchfunktionen* vorgeschlagen:

a) Die Summenfunktion (Summe der Werte von P an den Ecken des Suchbildes)

b) Die Produktfunktion (Produkt der Werte von P an den Ecken des Suchbildes)

c) Minimumfunktion (kleinster Wert von P an den Ecken des Suchbildes).

Die Summenfunktion hat den Vorteil, daß man die Atomlagen im Molekül auch dann noch erkennen kann, wenn infolge von Fehlern in der Patterson-Funktion ein Maximum nicht ausgebildet ist. Die Produkt- und die Minimumfunktion haben nur dort große Werte, wo die Patterson-Funktion an allen Ecken des Suchbildes groß ist. Diese Bildsuchfunktionen zeigen deshalb eine bessere Auflösung als die Summenfunktion.

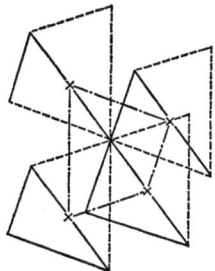

Abb. 6.3 Bestimmung des Molekülbildes aus der Patterson-Funktion. Als Suchbild wird ein Dreieck verwendet

Wir haben vorausgesetzt, daß die inverse Form des Moleküls vollständig bekannt ist, und daß auch dessen Orientierung im Raum festliegt. Es ist jedoch nicht erforderlich, das gesamte Molekül zu kennen, sondern es genügt bereits, wenn man einen Teil davon als Suchbild verwendet. In unserem Beispiel würde an Stelle des bisher verwendeten Vierecks eines der darin enthaltenen Dreiecke genügen (Abb. 6.3). Man würde schon damit die Lage des gesamten Moleküls bestimmen. Verwendet man nur die Lagen zweier Atome als Suchbild (Suchvektor), so erhält man in der Bildsuchfunktion das Molekülbild mit dem inversen Molekülbild überlagert (Abb. 6.4).

Schließlich wollen wir an Hand der Strukturbestimmung des *Eisen-(III)-benzhydroxamsäure-Komplexes* [72] noch zeigen, daß die Bildsuch-

120 Phasenbestimmung der Strukturamplituden

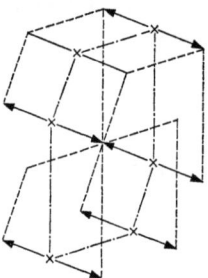

Abb. 6.4 Bestimmung des Molekülbildes aus der Patterson-Funktion mit einem Suchvektor

funktionen auch bei Strukturen mit unterschiedlich schweren Atomen herangezogen werden können.

Eisen-(III)-benzhydroxamat kristallisiert in der Raumgruppe $P2_1/c$ mit vier Formeleinheiten in der Elementarzelle. In der Patterson-Funktion treten drei Gruppen von Maxima unterschiedlichen Gewichtes auf. Die erste Gruppe umfaßt die $Fe\text{-}Fe$-Vektoren, die zweite Gruppe die $Fe\text{-}C,N,O$-Vektoren und die dritte Gruppe die Vektoren zwischen den leichten Atomen.

Aus den Maxima der ersten Gruppe konnten die Punktlagen der Eisen-Ionen bestimmt werden. In der zweiten Gruppe sind vier Abbildungen der Liganden, wie sie jeweils von einem der vier Eisenatome aus gesehen werden, überlagert. Diese Bilder sind gegeneinander um die $Fe-Fe$-Vektoren verschoben. Aus der Minimumfunktion, die mit dem Viereck aus den $Fe-Fe-$Vektoren berechnet wurde, konnten die Lagen der Liganden bestimmt werden.

c) Die Fourier-Transformations- [73-75] und die Faltmolekülmethode [76-78]

Bei der Kristallstrukturbestimmung organischer Verbindungen ist häufig die Gestalt der im Kristall enthaltenen Moleküle vollständig oder wenigstens teilweise bekannt. In diesem Fall reduziert sich die Strukturbestimmung auf die Ermittlung der Orientierung der Moleküle in Bezug auf die Translationsvektoren im Kristallgitter und auf die Bestimmung einiger Abstandsvektoren zwischen den Molekülen. Die Moleküle betrachten wir dabei als näherungsweise starre Atomgruppen. Die Elektronendichteverteilungen innerhalb dieser Gruppen können wir für die Ermittlung eines Strukturmodelles hinreichend genau aus den Elektronendichteverteilungen der freien Atome, wie sie aus quantenmechanischen Rechnungen bekannt sind, zusammensetzen.

Ziel der beiden Methoden ist die Bestimmung der Lage- und Orientierungsparameter der Moleküle. Aus der bekannten Molekülstruktur berechnen wir entweder die Fourier-Transformierte der Elektronendichte und versuchen diese so in das reziproke Gitter einzuordnen, daß sie in den reziproken Gitterpunkten mit den experimentell bestimmten Strukturamplituden übereinstimmt, oder die Faltmoleküle, mit deren Hilfe wir aus der Patterson-Funktion die oben genannten Parameter bestimmen.

Die Fouriertransformierte der Elektronendichte eines Moleküls ist rechnerisch gegeben durch das Integral

$$F(\boldsymbol{H}) = \int\limits^{\text{Molekül}} \varrho \, e^{2\pi i \, \boldsymbol{H} \cdot \boldsymbol{r}_j} \, dv \qquad (6.4)$$

Wenn wir dieses Integral aufspalten in die Summe von Integralen über die einzelnen Atome, so erhalten wir:

$$F(\boldsymbol{H}) = \sum_{j}^{N} f_j \, e^{2\pi i \, \boldsymbol{H} \cdot \boldsymbol{r}} \qquad (6.5)$$

f_j ist die bekannte Atomformamplitude,
und $\boldsymbol{r}_j$ ist ein Vektor zum Nullpunkt des j-ten Atoms.

Gl. 6.5 ist der Strukturamplitudenformel sehr ähnlich. Die Summation erstreckt sich jedoch hier nicht über alle Atome in der Elementarzelle, sondern nur über die Atome *eines Moleküls*. Ebenso ist die Lage der Vektoren $\boldsymbol{r}_j$ zu den Translationsvektoren im Kristall nicht bekannt. Diese Vektoren können deshalb nicht in Einheiten der Basisvektoren angegeben werden.

Bei der Berechnung der Fouriertransformierten gehen wir in folgender Weise vor: Wir legen ein $x'y'z'$-Koordinatensystem in das Molekül und ein $x^{*'}y^{*'}z^{*'}$-Koordinatensystem in den reziproken Raum, wobei zu beachten ist, daß x'^* senkrecht zu y' und z', y'^* senkrecht zu x' und z' und z'^* senkrecht zu x' und y' steht. Im $x'y'z'$-System bestimmen wir aus der bekannten Molekülstruktur die Koordinaten der Atome. Da nichts über die Lage dieses Koordinatensystems zum xyz-System im Kristall bekannt ist, können wir auch noch nichts darüber aussagen, wie das reziproke Gitter im $x'^*y'^*z'^*$-System liegt. Wir betrachten deshalb $\boldsymbol{H}$ zunächst als kontinuierlich veränderlichen Vektor, legen einen willkürlichen Raster in den reziproken Raum und berechnen mit den Werten von $\boldsymbol{H}$ auf den Rasterpunkten sowie den Atomkoordinaten die Fouriertransformierte mit Hilfe von Gl. 6.5.

122 Phasenbestimmung der Strukturamplituden

Zur Vereinfachung nehmen wir an, daß die Elementarzelle nur ein Molekül enthält. Um dessen Orientierung zu bestimmen, tragen wir in den reziproken Gitterpunkten die Beträge der Strukturamplituden ein. Nun überlagern wir dem reziproken Gitter die Fouriertransformierte des Moleküls und suchen durch Verdrehen der Fouriertransformierten diejenige Lage, in der deren Beträge am besten mit den Strukturamplituden in den reziproken Gitterpunkten übereinstimmen.

Als Kriterium für die Übereinstimmung berechnen wir den Faktor

$$R = \frac{\sum ||F_H|_{exp} - |F_H|_c|}{\sum |F_H|_{exp}} \qquad (6.6)$$

Im Falle der besten Übereinstimmung ist R ein Minimum. Die Verdrehung der Fouriertransformierten ist identisch sowohl mit der Verdrehung des $x'^*y'^*z'^*$-Koordinatensystem gegenüber $x^*y^*z^*$ im reziproken Raum als auch mit der Verdrehung des $x'y'z'$-Systems gegenüber dem xyz-System im Kristallraum. Aus den Drehwinkeln, die wir für die Fouriertransformierte bestimmt haben, erhalten wir deshalb auch die richtige Orientierung des Moleküls im Kristall.

Wenn in der Elementarzelle mehrere Moleküle vorhanden sind, müssen außer der Orientierung auch noch deren Abstände bestimmt werden. Selbst wenn nur zwei Moleküle vorliegen, ergibt deren relative Lage zueinander eine komplizierte Beziehung zwischen den Beträgen und Phasen der Strukturamplituden. Man wählt deshalb in derartigen Fällen zur Phasenbestimmung besser eine andere Methode, beispielsweise die Faltmolekülmethode oder die direkten Methoden.

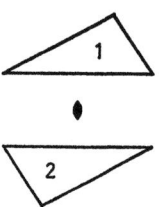

Abb. 6.5 Lagen von zwei dreiatomigen Molekülen, die über eine zweizählige Drehachse miteinander verknüpft sind

Die Faltmolekülmethode* beruht, wie bereits erwähnt wurde, auf der Auswertung der Patterson-Funktion mit Hilfe bekannter Molekül-

---

* Der Begriff Faltmolekül geht auf das Faltungstheorem der Fourier-Integrale zurück. Danach entspricht der Produktbildung im reziproken

Die Auswertung der Pattersen-Funktion 123

modelle. Wir betrachten als Beispiel eine zweidimensionale Elementarzelle, die zwei dreiatomige Moleküle enthält, deren Lagen durch eine zweizählige Achse verknüpft sind (Abb. 6.5).

Bei der Beschreibung der Bildsuchfunktionen im Abschnitt b wurde gezeigt, daß man die Maxima der Patterson-Funktion als Überlagerung der Abbildungen der Elementarzelle, wie sie von den einzelnen Atomen aus gesehen wird, deuten kann. In unserem Beispiel unterteilen wir die Patterson-Funktion in vier Gruppen. Die erste Gruppe (11) umfaßt die Maxima, die von Vektoren zwischen Atomen innerhalb des Moleküls I herrühren, die zweite Gruppe (22) umfaßt die Vektoren innerhalb des Moleküls II, und die Gruppen drei und vier (12 und 21) rühren von Vektoren zwischen Atomen in den verschiedenen Molekülen her. Diejenigen Maxima der Patterson-Funktion, welche zu einer dieser Gruppen gehören, bezeichnen wir als Faltmolekül. Die Gruppen 11 und 22 sind die gleich indizierten Faltmoleküle, und die Gruppen 21 und 12 sind die verschieden indizierten Faltmoleküle (Abb. 6.6).

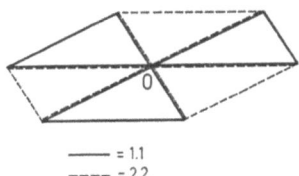

——— = 1.1
---- = 2.2

Abb. 6.6 a) Gleich indizierte Faltmoleküle der in Abb. 6.5 gezeichneten Moleküle

---

Raum die Faltung der entsprechenden Funktionen im Kristallraum. Die Quadrate der Strukturamplituden entsprechen dem Faltprodukt der Elektronendichte. Eine Gegenüberstellung der entsprechenden Größen macht dies deutlich

Kristallraum	reziproker Raum
Elektronendichte ϱ	Strukturamplitude F_H

Faltungsprodukt der Elektronendichte

$$\int \varrho_{(v)} \varrho_{(x-v)} dv \qquad F_H^2$$
$$\int \varrho_{(v)} \varrho_{(x+v)} dv \qquad F_H F_H = |F_H|^2$$

Im letzten Integral erkennen wir die Patterson-Funktion, deren Fourierkoeffizienten die Betragsquadrate der Strukturamplituden sind. (I. N. Sneddon, Fourier-Transforms, McGraw-Hill Book Comp. Inc. London 1951 p. 23).

124   Phasenbestimmung der Strukturamplituden

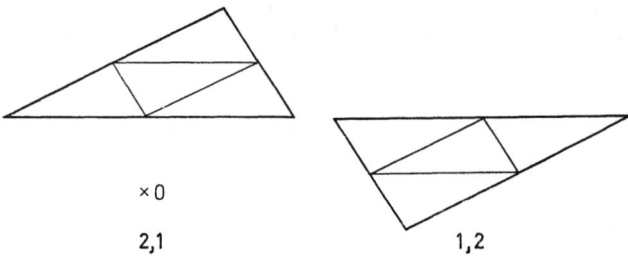

Abb. 6.6 b) Verschieden indizierte Faltmoleküle der in Abb. 6.5 gezeichneten Moleküle

Die Aufteilung der Patterson-Funktion in die Faltmoleküle kann man auch mathematisch herleiten, indem man in der Formel

$$P = \frac{1}{v} \sum_H F_H F_H^* e^{-2\pi i (hU+kV+lW)} \tag{6.7}$$

die Strukturamplituden

$$F_H = \sum_{j=1}^{N} f_j e^{2\pi i (hX_j+kY_j+lZ_j)}$$

in die Anteile der einzelnen Moleküle zerlegt. In unserem Beispiel der zweizähligen Achse erhalten wir:

$$F_H = \sum_{j=1}^{N/2} f_j e^{2\pi i (hX_j+kY_j+lZ_j)} + \sum_{j=1}^{N/2} f_j e^{2\pi i (-hX_j+kY_j-lZ_j)} \tag{6.8}$$

$$= \quad M_1 \quad + \quad M_2$$

Bilden wir daraus die Fourier-Koeffizienten $F_H F_H^*$ der Patterson-Funktion, so erhalten wir vier Glieder.

$$F_H F_H^* = (M_1 + M_2)(M_1^* + M_2^*) \tag{6.9}$$
$$= |M_1|^2 + |M_2|^2 + M_1 M_2^* + M_2 M_1^*$$

Die beiden ersten Glieder ergeben bei der Berechnung der Patterson-Funktion nach Gl. 6.7 die gleich indizierten Faltmoleküle, die beiden letzten Glieder ergeben die unterschiedlich indizierten Faltmoleküle.

Ziel der Methode ist es, diese Faltmoleküle so im Patterson-Raum zu orientieren, daß man die beste Übereinstimmung mit der Patterson-Funktion erhält, die aus den experimentellen Daten berechnet wurde.

Die Gestalt der Faltmoleküle erhält man entweder auf graphischen oder auf rechnerischem Wege aus der Molekularstruktur. Das graphische Verfahren wendet man zweckmäßig nur bei ebenen Molekülen an. Bei der Bestimmung der gleich indizierten Faltmoleküle legt man auf das Molekülbild ein Transparentpapier mit einem Koordinatensystem, bringt den Nullpunkt durch Parallelverschiebung des Transparentblattes nacheinander auf alle Atome und zeichnet jeweils das Molekül durch. Das erhaltene Faltmolekül legt man auf die Patterson-Funktion und verdreht es so, daß den Punkten des Bildes Maxima oder wenigstens positive Bereiche der Patterson-Funktion überlagert sind. Dabei ist zu beachten, daß bei den gleich indizierten Faltmolekülen der Nullpunkt des Koordinatensystems, in welches das Faltmolekül eingetragen wurde, immer auf dem Nullpunkt des Patterson-Raumes liegt.

Bei der Bestimmung der verschieden indizierten Faltmoleküle zeichnet man nebeneinander das Molekülbild vor und nach Wirkung der Symmetrieoperation (Abb. 6.5 und 6.6). Dann legt man den Nullpunkt des Koordinatensystems auf die Punkte des Bildes 1 und zeichnet jeweils das Bild 2 durch. Die Überlagerung dieser Bilder ergibt das Faltmolekül 12. Bei der Konstruktion des Faltmoleküls 21 legt man den Nullpunkt auf die Punkte des Bildes 2 und zeichnet das Molekül 1. Durch Verdrehen und Verschieben dieser Faltmoleküle über die Patterson-Funktion kann man die Orientierungsparameter und die Lageparameter der Moleküle in der Elementarzelle bestimmen.

Die rechnerische Bestimmung der Faltmoleküle erfolgt durch eine Fourier-Synthese, wobei man die Betragsquadrate der Fouriertransformierten eines Moleküls als Koeffizienten einsetzt. Man legt in das bekannte Molekülmodell ein Koordinatensystem, bestimmt die Lagekoordinaten der Atome und legt willkürlich eine Elementarzelle fest.

Wegen der dadurch bedingten periodischen Fortsetzung der Elektronendichte des Moleküls in Richtung der drei Achsen des Koordinatensystems können wir zur Berechnung der Fourier-Transformierten der Elektronendichte die Strukturamplitudenformel benutzen. Die Elementarzelle sollte nicht zu klein gewählt werden, damit der Einfluß der willkürlich eingeführten Translationssysteme nicht schon im Bereich des zu berechnenden Faltmoleküls und bei der späteren Orientierung der Faltmoleküle im Patterson-Raum stört. Die Betragsquadrate dieser Fouriertransformierten $|F'_H|^2$ benutzen wir als Fourier-Koeffizienten zur Berechnung der Faltmoleküle (P').

$$P' = \frac{1}{v}\sum_H F'_H F'_H{}^* e^{-2\pi\,(\mathrm{h}U' + \mathrm{k}V' + \mathrm{l}W')} \tag{6.10}$$

Die Orientierungsparameter der Faltmoleküle bestimmen wir indem wir die Faltmoleküle P' im Patterson-Raum drehen und die beste Übereinstimmung mit der Patterson-Funktion suchen. Zur Berechnung der Koordinatentransformationen bei der Drehung der Faltmoleküle können die üblichen Transformationsmatrizen verwendet werden. Im allgemeinen sind drei Drehwinkel ψ, θ, φ zu bestimmen. Als Kriterium für die Übereinstimmung zwischen Patterson-Funktion und Faltmolekül wählt man den Faktor

$$R(\psi,\theta,\varphi) = \sum (P_{exp} - P'(\psi,\theta,\varphi))^2 \tag{6.11}$$

Aus den drei Drehwinkeln, für die R ein Minimum ist, erhalten wir die richtige Orientierung der Faltmoleküle im Patterson-Raum und die richtige Orientierung der Moleküle im Kristallraum.

2. Experimentelle Phasenbestimmung

a) Anomale Streuung [79-83]

Bei der Herleitung der Streutheorie in Kap. II wurde angenommen, daß die Energie der Röntgenquanten groß ist gegenüber den Ionisierungsenergien der Atome im Kristall. Unter dieser Voraussetzung ist die Amplitude der von einem Volumenelement dv gestreuten Strahlung proportional dem Quadrat der Wellenfunktion (Gl. 2.2).

$$dE = \frac{1}{R}E_0 \frac{e^2}{mc^2} K\psi^*\psi\, dv \tag{6.12}$$

und die Amplitude der von einem Atom gestreuten Strahlung proportional der Atomformamplitude f

$$E(\text{Atom}) = \frac{1}{R}E_0 \frac{e^2}{mc^2} K f \tag{6.13}$$

Liegen jedoch die Ionisierungsenergie und die Energie $h\nu$ der Röntgenquanten in der gleichen Größenordnung, so wird der Betrag der Amplitude E gegenüber der Streuung von sehr energiereicher Strahlung verändert, und die an den jewiligen Elektronen gestreute Strahlung zeigt eine zusätzliche Phasenverschiebung. Diesen Effekt nennt man *anomale Streuung*. Wir berücksichtigen ihn in den Formeln der Streutheorie, indem wir zur Atomformamplitude f zwei Korrekturgrößen $\Delta f'$ und $i\Delta f''$ hinzufügen [79].

$$f = f_0 + \Delta f' + i\Delta f'' \qquad (6.14)$$

Mit f_0 bezeichnen wir nunmehr die Atomformamplitude bei der Streuung von sehr kurzwelliger Strahlung, für die Gl. 6.12 gültig ist.

Der veränderte Betrag der Atomformamplitude ist gegeben durch

$$|f| = \sqrt{(f_0 + \Delta f')^2 + \Delta f''^2} \qquad (6.15)$$

Für den Phasenwinkel erhalten wir die Beziehung:

$$tg\,\varphi = \frac{\Delta f''}{f_0 + \Delta f'} \qquad (6.16)$$

Die Korrekturgrößen $\Delta f'$ und $\Delta f''$ sind klein gegenüber der Atomformamplitude f_0, da bei den in Frage kommenden Atomen die Zahl der anomal streuenden Elektronen klein gegenüber der Gesamtelektronenzahl ist. Die Wellenlängenabhängigkeit von $\Delta f'$ und $\Delta f''$ ist in Abb. 6.7 gezeichnet.

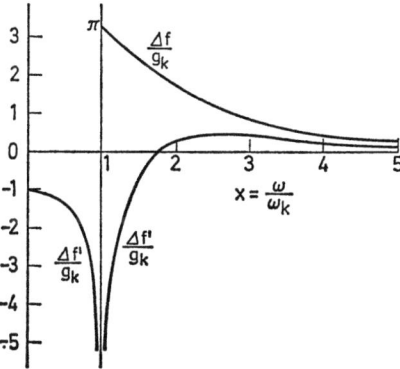

Abb. 6.7 Veränderung der Atomformamplitude bei anomal streuenden Atomen. $\Delta f'$ ist die Änderung des Realteiles, $\Delta f''$ ist der neu hinzukommende Imaginärteil. ω ist die Frequenz der Röntgenstrahlung. ω_k ist die Frequenz an der Absorptionskante der anomal streuenden Elektronen. g_k ist die Oszillatorstärke für die Übergänge dieser Elektronen in positive Energiezustände

Phasenbestimmung der Strukturamplituden

Die veränderten Atomformamplituden gehen über das Quadrat der Strukturamplitude $|F|^2$ in die Intensitätsformeln ein, wobei F gegeben ist durch

$$F = \sum_j f_j \, e^{2\pi i \mathbf{H} \cdot \mathbf{r}_j}$$

Um den Einfluß der anomalen Streuung auf die Intensitäten zu bestimmen, untersuchen wir, wie sich $|F|^2$ infolge der Korrekturen $\Delta f'$ und $\Delta f''$ ändert. Wir betrachten drei Beispiele:

α) *Ein Kristall* besteht nur aus gleichen anomal streuenden Atomen. Die Strukturamplitude und deren Betragsquadrat sind gegeben durch die Formel:

$$F = (f_0 + \Delta f' + i\Delta f'') \sum_j e^{2\pi i \mathbf{H} \cdot \mathbf{r}_j}$$

$$|F|^2 = [(f_0 + \Delta f')^2 + \Delta f''^2] \, |\sum_j e^{2\pi i \mathbf{H} \cdot \mathbf{r}_j}|^2 \qquad (6.17)$$

Wegen der anomalen Streuung tritt hier der Faktor $((f_0 + \Delta f')^2 + \Delta f''^2)$ an die Stelle des Quadrates der Atomformamplitude f_0^2. Die Intensitäten ändern sich um den Faktor

$$\frac{f^2}{f_0^2} = 1 + \frac{2\Delta f'}{f_0} + \frac{\Delta f'^2 + \Delta f''^2}{f_0^2}$$

Da die Phasenverschiebung bei allen Atomen gleich ist, macht sie sich in der Intensität der gestreuten Strahlung nicht bemerkbar. Die Friedel'sche Regel

$$|F_{hkl}|^2 = |F_{\bar{h}\bar{k}\bar{l}}|^2$$

bleibt gültig.

β) *Ein zentrosymmetrischer Kristall* enthält in der Elementarzelle ein anomal streuendes Atom neben mehreren leichten Atomen. Zur einfacheren Darstellung legen wir das anomal streuende Atom in den Nullpunkt.

Die Strukturamplitude ist gegeben durch

$$F = \sum_{j=1}^{N} f_j \cos 2\pi \, \mathbf{H} \cdot \mathbf{r}_j + \Delta f' + \Delta f'' \qquad (6.18)$$

Infolge der anomalen Streuung fügen wir die Korrekturen $\Delta f'$ und $i\Delta f''$ ein, für die der cos-Faktor eins ist, da das Atom im Nullpunkt

($r = 0$) liegt. Bezeichnen wir mit F_0 die Strukturamplitude ohne anomalen Streubeitrag, so gilt

$$F = F_0 + \Delta f' + i\Delta f'' \qquad (6.19)$$

Da F_0 hier reell ist, berechnen wir für das Betragsquadrat

$$|F|^2 = (F_0 + \Delta f')^2 + \Delta f''^2 \qquad (6.20)$$

Der Betrag der Strukturamplitude wird durch die anomale Streuung verändert. Er wird größer, wenn die Vorzeichen von F_0 und $\Delta f'$ gleich sind, und er wird kleiner, wenn sie unterschiedlich sind. Da das Vorzeichen von $\Delta f'$ bei vorgegebener Wellenlänge bekannt ist, kann man aus der Intensitätsveränderung das Vorzeichen von F_0 bestimmen. Es ist allerdings erforderlich, die Intensitäten zweimal unter Veränderung der Wellenlänge der Röntgenstrahlung zu messen, wobei die Korrekturen $\Delta f'$ verändert werden. Wenn wir die Daten der ersten Messung mit dem Index 1 versehen und die der zweiten Messung mit dem Index 2, so erhalten wir

$$|F_1|^2 - |F_2|^2 = (F_0 + \Delta f_1')^2 + \Delta f_1''^2 - [(F_0 + \Delta f_2')^2 + \Delta f_2''^2] \qquad (6.21)$$
$$\approx 2F_0(\Delta f_1' - \Delta f_2')$$

Haben die Differenzen $|F_1|^2 - |F_2|^2$ und $\Delta f_1' - \Delta f_2'$ gleiches Vorzeichen, so ist F_0 positiv, sind die Vorzeichen unterschiedlich, so ist F_0 negativ. Die Friedel'sche Regel $|F_{hkl}| = |F_{\bar{h}\bar{k}\bar{l}}|$ bleibt auch bei diesem Beispiel erhalten.

γ) *Ein nicht zentrosymmetrischer Kristall* enthält in der Elementarzelle neben einer größeren Zahl leichter Atome ein anomal streuendes Atom, welches wir wieder zur einfacheren Darstellung in den Nullpunkt legen. Für die Strukturamplitude erhalten wir den Ausdruck

$$F(H) = F_0(H) + \Delta f' + i\Delta f'' \qquad (6.22)$$

wobei F_0 wieder die Strukturamplitude ohne anomale Streuung ist. Da kein Symmetriezentrum vorliegt, ist F_0 komplex ($F_0 = (A + iB)$, und es ergeben sich die folgenden Beziehungen

$$F(H) = A(H) + \Delta f' + i(B(H) + \Delta f'') \qquad (6.23)$$
$$|F(H)|^2 = (A(H) + \Delta f')^2 + (B(H) + \Delta f'')^2$$

Gehen wir nun vom Reflex hkl zu $\bar{h}\bar{k}\bar{l}$ über ($\boldsymbol{H} \to -\boldsymbol{H}$) so ändert sich wegen $F_0(H) = F_0^*(-H)$ das Vorzeichen von $B(H)$

$$|F(-H)|^2 = (A(H) + \Delta f')^2 + (-B(H) + \Delta f'')^2 \qquad (6.24)$$

Wir erhalten unterschiedliche Betragsquadrate, $|F_{hkl}|^2$ und $|F_{\bar{h}\bar{k}\bar{l}}|^2$. Die Friedel'sche Regel ist in diesem Fall nicht gültig. Die Differenz der beiden Betragsquadrate ist proportional dem Imaginärteil der Strukturamplitude. Aus Gl. 6.23 und 6.24 berechnen wir

$$|F(H)|^2 - |F(-H)|^2 = 4B\Delta f'' \qquad (6.25)$$

Durch Messung der Intensitäten eines Reflexpaares hkl und $\bar{h}\bar{k}\bar{l}$ kann das Vorzeichen von B und damit der Sinus des Phasenwinkels bestimmt werden $\left(\sin\varphi = \dfrac{B}{|F|}\right)$. Dem Sinus sind innerhalb einer Periode zwei Werte φ_1 und φ_2 zugeordnet, zwischen denen man nur durch eine weitere Intensitätsmessung mit Strahlung anderer Wellenlänge unterscheiden kann.

Zur Veranschaulichung der *praktischen Durchführung dieser Methode* zur Phasenbestimmung beschreiben wir ein graphisches Verfahren von HERZENBERG und LOW [83] (Abb. 6.8, 6.9, 6.10).
Wir stellen

$$F(H) = A(H) + \Delta f' + i(B(H) + \Delta f'') = F_0(H) + \Delta f' + i\Delta f''$$

und $\qquad\qquad\qquad\qquad\qquad\qquad\qquad\qquad\qquad\qquad\qquad\qquad (6.26)$

$$F(-H) = A(H) + \Delta f' + i(-B(H) + \Delta f'') = F_0^*(H) + \Delta f' + i\Delta f''$$

als Vektoren in der komplexen Zahlenebene dar.

Durch Spiegelung der unteren Hälfte von Abb. 6.8 an der reellen Achse überführen wir $F_{0\overline{H}}$ in F_{0H} und $i\Delta f''$ in $-i\Delta f''$. $\Delta f'$ bleibt unverändert (Abb. 6.9). Wir erhalten

$$|F(-H)| = |F_0(H) + \Delta f' - i\Delta f''| \qquad (6.27)$$

Zur Bestimmung der Phasenwinkel zeichnen wir zunächst die beiden Vektoren $\Delta f' + i\Delta f''$ und $\Delta f' - i\Delta f''$ ($\overline{OA^+}$ und $\overline{OA^-}$).

Um den Punkt A^+ zeichnen wir einen Kreis mit dem Radius $|F(H)|$ und um den Punkt A^- einen Kreis mit dem Radius $|F(-H)|$. In den Schnittpunkten P_1 und P_2 der beiden Kreise liegt jeweils der Nullpunkt

Experimentelle Phasenbestimmung 131

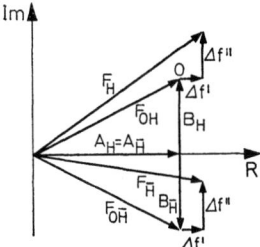

Abb. 6.8 Die Strukturamplituden F_H und $F_{\overline{H}}$ bei Kristallen mit einem anomal streuenden Atom im Nullpunkt der Elementarzelle

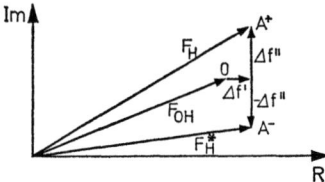

Abb. 6.9 Bei Spiegelung an der reellen Achse geht F_H in $F_{\overline{H}}^*$ über (in der Abb. ist F_H^* durch $F_{\overline{H}}^*$ zu ersetzen)

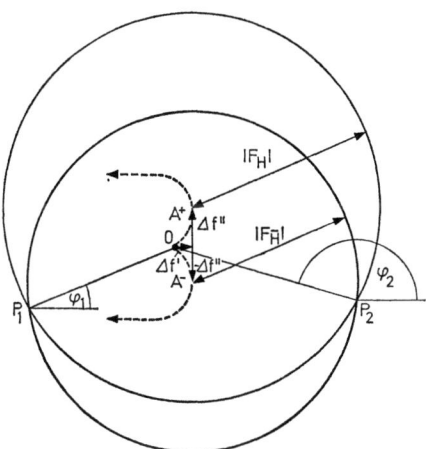

Abb. 6.10 Phasenbestimmung der Strukturamplituden mit Hilfe der anomalen Streuung nach dem Verfahren von HERZENBERG und LOW

9*

des Koordinatensystems, von dem aus F zum Punkt 0 anzutragen ist. φ_1 und φ_2 sind die beiden Phasenwinkel. Bei der Messung mit Strahlung anderer Wellenlänge verändert sich das $\Delta f'/\Delta f''$-Verhältnis. Die Punkte A^+ und A^- wandern auf den in Abb. 6.10 angegebenen strichlierten Kurven nach $A^{+'}$ und $A^{-'}$ und je nachdem welches der Vektorpaare $P_1A^{+'}$, $P_1A^{-'}$ oder $P_2A^{+'}$, $P_2A^{-'}$ den Strukturamplituden F_H und $F'_{\overline{H}}$ entspricht, ist φ_1 oder φ_2 der richtige Phasenwinkel. Auch die Messung mit sehr kurzwelliger Strahlung kann zur Unterscheidung zwischen φ_1 und φ_2 herangezogen werden. In diesem Falle wandern die Punkte A^+ und A^- nach 0.

Schließlich soll noch die *Bestimmung der Absolutkonfiguration* organischer Moleküle erwähnt werden, die ähnlich zu dem oben beschriebenen Verfahren auf der Auswahl zwischen zwei möglichen Phasenwinkeln beruht. Wurde eine Struktur mit Hilfe anderer Methoden zur Lösung des Phasenproblems bestimmt, so bleibt immer die Frage nach der Absolutkonfiguration offen, da es nicht möglich ist, solange die Friedel'sche Regel gilt, zwischen den beiden enantiomorphen Formen zu unterscheiden. Gelingt es nun, Kristalle der entsprechenden Verbindung herzustellen, die anomal streuende Atome enthalten, so kann die Absolutkonfiguration ermittelt werden. Hierfür ist die Messung der Intensitäten weniger Reflexpaare hkl und $\overline{hkl}$ erforderlich, wobei man bei der Auswahl auf einen großen Beitrag der anomalen Streuung achtet. Durch Vergleich der experimentell bestimmten Intensitätsunterschiede mit den aus den beiden enantiomorphen Modellen berechneten Werten wird die Absolutkonfiguration bestimmt. BIJVOET hat mit dieser Methode erstmalig die Absolutkonfiguration eines organischen Moleküls (Na–Rb–Tartrat) mit Zr-Kα-Strahlung bestimmt.

b) Der isomorphe Ersatz [84-92]

Die Methode des isomorphen Ersatzes kann zur Phasenbestimmung der Strukturamplituden angewandt werden, wenn es gelingt, isomorphe Kristalle von Verbindungen herzustellen, die sich durch ein oder nur wenige Atome unterscheiden. Da diese Atome in der Praxis erheblich schwerer sind als C, O, und N wird ihre Lage mit Hilfe der Patterson-Funktion ermittelt. In Frage kommen die Chlor-, Brom und Jod-Verbindungen, Schwermetallsalze mit unterschiedlichen Kationen und dgl. mehr.

Gegenüber der Schweratommethode hat die Methode des isomorphen Ersatzes einen wesentlichen Vorteil; man ist nicht darauf angewiesen, daß die Streubeiträge der schweren Atome allein die Phasen einer genügend großen Zahl von Strukturamplituden so genau bestimmen, daß

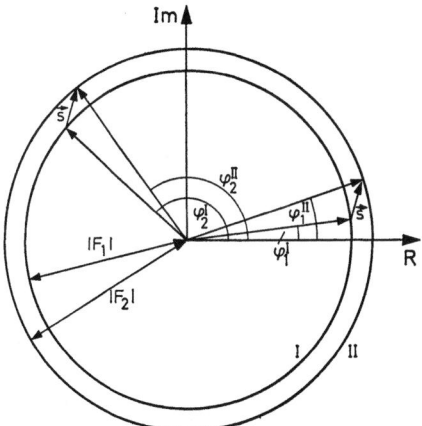

Abb. 6.11 Phasenbestimmung nach der Methode des isomorphen Ersatzes

man ein Strukturmodell erhält. Der experimentelle Aufwand aber ist hier erheblich größer.

An experimentell bestimmten Daten stehen uns jetzt die Beträge der Strukturamplituden F^I, F^{II}.. von zwei oder mehreren isomorphen Kristallen mit den schweren Atomen I, II,.. zur Verfügung. Die Formamplituden der schweren Atome bezeichnen wir mit f^I, f^{II},.. Das Prinzip der Phasenbestimmung ist in Abb. 6.11 dargestellt.

Wir nehmen zunächst an, daß die Strukturamplituden von zwei isomorphen Kristallen vorliegen. Mit Hilfe von Gl. 6.1, 2.56 und 2.59 berechnen wir die Differenz (S) für ein Wertepaar

$$S = F^I - F^{II} = (f^I - f^{II})\, e^{i\varphi_s} \tag{6.28}$$

Mit den aus der Patterson-Funktion bestimmten Punktlagen der Schweratome (X_s, Y_s, Z_s) bestimmen wir den Phasenwinkel φ_s und setzen ihn in Gl. 6.28 ein.

$$S = (f^I - f^{II})\, e^{2\pi i\,(hX_s + kY_s + lZ_s)} \tag{6.29}$$

Der Endpunkt von F^I liegt in der komplexen Zahlenebene (Abb. 6.11) auf dem Kreis I, der Endpunkt von F^{II} auf dem Kreis II. Das Ziel der Phasenbestimmung ist es, F^I und F^{II} so zu drehen, daß der Ausgangspunkt von S auf dem Kreis I und daß der Endpunkt auf dem Kreis II liegt. Da Betrag und Richtung von S vorgegeben sind, ist dies nur in zwei Fällen möglich, und wir erhalten die beiden Phasenwinkel φ_1 und φ_2. Die Phasenbestimmung ist im ersten Schritt nicht eindeutig. Erst wenn es gelingt, einen weiteren isomorphen Ersatz an einer anderen Stelle des Moleküls vorzunehmen, kann man entscheiden, welcher der beiden Winkel richtig ist. Lediglich bei zentrosymmetrischen Kristallen, bei denen die Phasenwinkel entweder null oder π sind, erhält man bereits mit zwei isomorphen Kristallen eindeutige Ergebnisse.

3. Die direkten Methoden der Phasenbestimmung [93-117]

Die direkte Phasenbestimmung der Strukturamplituden aus deren Beträgen ist für die Kristallstrukturbestimmung organischer Verbindungen von besonderer Bedeutung. Bei Kristallen, die aus annähernd gleich schweren Atomen bestehen, kann oft nur diese Methode mit Erfolg angewandt werden.

Mit dem Begriff „direkte Methoden" der Phasenbestimmung bezeichnen wir diejenigen Verfahren, bei denen man zur Phasenbestimmung nur die aus den Intensitäten der Röntgeninterferenzen abgeleiteten Beträge der Strukturamplituden benutzt. Im Gegensatz zu den bisher behandelten Verfahren werden im ersten Schritt die Phasen nicht aus einem Strukturmodell bestimmt, sondern man bestimmt das erste Strukturmodell mit Hilfe der berechneten Phasen.

Die Möglichkeit, aus den Beträgen der Fourier-Koeffizienten die Phasenfaktoren zu berechnen, beruht darauf, daß die Elektronendichte (4.5)

$$\varrho(\boldsymbol{r}) = \frac{1}{v} \sum_{\boldsymbol{H}} F_{\boldsymbol{H}} \, e^{2\pi i \, \boldsymbol{H} \cdot \boldsymbol{r}} \tag{6.30}$$

nicht eine beliebige periodische Funktion ist, sondern daß $\varrho(\boldsymbol{r})$ für alle Werte von r positiv ist und im Bereich der Atome mit hinreichender Genauigkeit als bekannt vorausgesetzt werden kann.

Die Fouriertransformierte der Elektronendichtefunktion eines Atoms ist die Atomformamplitude $f(\boldsymbol{H})$, die für kugelsymmetrisches ϱ ebenfalls eine kugelsymmetrische Funktion ist und lediglich vom Betrag des Streuvektors $\boldsymbol{H}$ abhängt. Der Betrag von $\boldsymbol{H}$ ist gegeben durch (2.5)

$$H = 2\frac{\sin\vartheta}{\lambda}$$

f kann deshalb auch als Funktion von $\sin\vartheta/\lambda$ angegeben werden.

Bei der Anwendung der direkten Methoden stört die Abhängigkeit der Atomformamplitude vom Glanzwinkel. Wir gehen deshalb zu einem Strukturmodell mit punktförmigen Atomen über, für das die Atomformamplituden konstante Größen sind. Wir sprechen von einem *Modell mit zugespitzter Elektronendichte*. Die Fourier-Koeffizienten der zugespitzten Elektronendichtefunktion berechnen wir aus den Strukturamplituden, wobei wir, falls in der Elementarzelle verschieden schwere Atome vorhanden sind, über die unterschiedlichen Elektronendichteverteilungen mitteln. Dazu sind zwei Verfahren im Gebrauch, die zu den unitären oder zu den normalisierten Strukturamplituden führen.

Die unitären Strukturamplituden U_H werden berechnet, indem man die F_H-Werte durch die Summe der Atomformamplituden aller in einer Elementarzelle enthaltenen Atome dividiert.

$$U_H = \frac{F_H}{\sum_j f_j} = \sum_j^N \frac{f_j}{\sum_j f_j} e^{2\pi i \, \mathbf{H} \cdot \mathbf{r}_j} = \sum_j^N n_j e^{2\pi i \, \mathbf{H} \cdot \mathbf{r}_j} \qquad (6.31)$$

Ihr maximaler Wert ist eins. Wenn alle Atome gleich sind, ist $n_j = 1/N$. *Die normalisierten Strukturamplituden* E_H berechnen wir, indem wir die Strukturamplituden durch die Wurzel aus den Summen über alle f^2-Werte teilen.

$$E_H = \frac{F_H}{\sqrt{\sum_j f_j^2}} = \sum_j^N \frac{f_j}{\sqrt{\sum_j f_j^2}} e^{2\pi i \, \mathbf{H} \cdot \mathbf{r}_j} = \sum_j^N e_j e^{2\pi i \, \mathbf{H} \cdot \mathbf{r}_j} \qquad (6.32)$$

Die Mittelwerte der Betragsquadrate der normalisierten Strukturamplituden

$$\langle |E|^2 \rangle = \left\langle \frac{|F|^2}{\sqrt{\sum f^2}} \right\rangle \qquad (6.33)$$

sind nach den Ergebnissen von Kap. V gleich eins (Gl. 5.14). Wenn der Kristall aus gleichen Atomen besteht, unterscheiden sich die E-Werte und die U-Werte um den Faktor $\sqrt{N}$, was leicht einzusehen ist, wenn man in 6.31 und 6.32 $\sum f = Nf$ und $\sum f^2 = Nf^2$ einsetzt.

Zur Herleitung der Beziehungen zwischen den Phasen und den Beträgen der Strukturamplituden folgen wir zunächst einer Arbeit von SAYRE [95]*, der fand, daß man durch Quadrieren der Elektronendichte Funktionen erhält, die zur Phasen- bzw. Vorzeichenbestimmung der Strukturamplituden geeignet sind.

---

* Vorher erschienen zwei wichtige Arbeiten über die Phasenbestimmung mit Hilfe von Ungleichungen (HARKER und KASPER (1948), KARLE und HAUPTMANN (1950)). HARKER und KASPER benutzten zur Herleitung der Phasenbeziehung unter den Strukturamplituden die Schwartz'sche Ungleichung, KARLE und HAUPTMANN die auf S. 132 geschilderten Eigenschaften der Elektronendichtefunktion. 1971 bewies KARLE, daß sich aus den in der Arbeit von 1950 hergeleiteten Ungleichungen alle wichtigen Formeln, die bisher zur Phasenbestimmung entwickelt wurden, ableiten lassen. Wegen des mathematischen Aufwandes verzichten wir hier auf eine ausführliche Darstellung und verweisen auf die Originalliteratur.

136 Phasenbestimmung der Strukturamplituden

Sowohl die Elektronendichte ϱ als auch deren Quadrat sind periodische Funktionen, die durch Fourier-Reihen dargestellt werden können. Die beiden Reihen sind gegeben durch

$$\varrho = \frac{1}{v} \sum_h F_h \, e^{-2\pi i \, \boldsymbol{h} \cdot \boldsymbol{r}} \tag{6.34}$$

$$\varrho^2 = \frac{1}{v} \sum_h Q_h \, e^{-2\pi i \, \boldsymbol{h} \cdot \boldsymbol{r}} \tag{6.35}$$

$\boldsymbol{h}$ ist der reziproke Gittervektor, der bisher mit $\boldsymbol{H}$ bezeichnet wurde. F/V sind die Fourier-Koeffizienten der Elektronendichte. Q/V sind die Fourier-Koeffizienten von ϱ^2. Durch Quadrieren von 6.34 erhalten wir die Doppelsumme

$$\varrho^2 = \frac{1}{v^2} \sum_h \sum_{h'} F_h F_{h'} \, e^{-2\pi i \, (\boldsymbol{h}+\boldsymbol{h}') \cdot \boldsymbol{r}} \tag{6.36}$$

die wir durch die Transformation

$$\boldsymbol{h} + \boldsymbol{h}' = \boldsymbol{H}, \quad \boldsymbol{h}' = \boldsymbol{H}' \quad , \quad \boldsymbol{h} = \boldsymbol{H} - \boldsymbol{H}'$$

in die folgende Form überführen

$$\varrho^2 = \frac{1}{v} \sum_{H=-\infty}^{+\infty} \frac{1}{v} \sum_{H'=-\infty}^{+\infty} F_{H'} F_{H-H'} \, e^{-2\pi i \, \boldsymbol{H} \cdot \boldsymbol{r}} \tag{6.37}$$

h und H sind die zu $\boldsymbol{h}$ und $\boldsymbol{H}$ gehörenden Indizestripel

Da sich die Summation über h und h' von $-\infty$ bis $+\infty$ erstreckt, ist es gleichgültig, ob wir als Summationsindex $h = H - H'$ und $h' = H'$ oder H und H' angeben. Es werden lediglich die Glieder der Summe vertauscht. Nach Gl. 6.35 und 6.37 werden die Fourier-Koeffizienten der quadrierten Elektronendichte durch Summation über alle Produkte aus den Wertepaaren $F_{H'}$ und $F_{H-H'}$ berechnet.

$$Q_H = \frac{1}{v} \sum_{H'} F_{H'} F_{H-H'} \tag{6.38}$$

Die Strukturamplituden F_H stellen wir durch die Summe über die einzelnen Atome dar (2.56),

$$F_H = \sum_j f_j \, e^{2\pi i \, \boldsymbol{H} \cdot \boldsymbol{r}_j} \tag{6.39}$$

wobei f_j gleich dem Integral $\int\limits^{\text{Atom}} \varrho \, e^{2\pi i \, \boldsymbol{H} \cdot \boldsymbol{r}} dv$ ist.

In gleicher Weise geben wir nun die Q_H-Werte als Summen über die Integrale

an.
$$q_H = \int\limits^{\text{Atom}} \varrho^2\, e^{2\pi i\, \boldsymbol{H}\cdot\boldsymbol{r}}\, dv \qquad (6.40)$$

$$Q_H = \sum_j q_H\, e^{2\pi i\, \boldsymbol{H}\cdot\boldsymbol{r}_j} \qquad (6.41)$$

Wenn ein Kristall aus gleichen Atomen besteht, ist F proportional f und Q proportional q. Wir erhalten die Beziehung

$$\frac{Q_H}{F_H} = \frac{q_H}{f_H} = C(H) \qquad (6.42)$$

Durch Einsetzen in Gl. 6.38 erhalten wir die als *Sayre-Gleichung* bekannte Beziehung

$$C(H) F_H = \frac{1}{v} \sum_{H'} F_{H'} F_{H-H'} \qquad (6.43)$$

Wir ersetzen nun die Elektronendichte ϱ durch die oben erwähnte „zugespitzte Funktion" und benutzen als Fourier-Koeffizienten die normalisierten Strukturamplituden. Dabei ergibt sich aus Gl. 6.43

$$C'(H) E_H = \sum_{H'} E_{H'} E_{H-H'} \qquad (6.44)$$

Im Strukturmodell aus punktförmigen Atomen ist die Elektronendichte im Atomschwerpunkt zwar ∞, das Integral über die Elektronendichte eines Atoms jedoch gleich der Ordnungszahl z. Das Integral über die quadrierte Elektronendichte ist unendlich. In Gl. 6.44 macht sich dies dadurch bemerkbar, daß $C'(H)$ auf der linken Seite unendlich ist, während auf der rechten Seite eine unendliche Zahl von Gliedern steht, die nicht gegen null konvergieren. Wir geben nun an Stelle der Summe den Mittelwert des Produktes $E_{H'} E_{H-H'}$ über alle Werte von H' an.

$$C'' E_H = \langle E_{H'} E_{H-H'} \rangle \qquad (6.45)$$

Zur Berechnung von C'' benutzen wir die folgenden Beziehungen, die sich aus der Strukturfaktorformel 6.32 ergeben

$$E_H = \sum_j e_j\, e^{2\pi i\,(\boldsymbol{H}\cdot\boldsymbol{r}_j)} \qquad E_{H'} = \sum_j e_j\, e^{2\pi i\,(\boldsymbol{H'}\cdot\boldsymbol{r}_j)}$$

$$E_{H-H'} = \sum_k e_k\, e^{2\pi i\,(\boldsymbol{H}-\boldsymbol{H'})\cdot\boldsymbol{r}_k} \qquad (6.46)$$

138 Phasenbestimmung der Strukturamplituden

Daraus resultiert

$$D_H = \langle E_{H'} E_{H-H'} \rangle_{H'} = \langle \sum_j \sum_k e_j \, e_k \, e^{2\pi i \, (H-H') \cdot r_k} \, e^{2\pi i \, H' \cdot r_j} \rangle_{H'} \quad (6.47)$$

Alle Glieder der Doppelsumme, für die $j \neq k$ ist, sind periodische Funktionen und ergeben bei der Mittelwertbildung null. Wir erhalten für den Mittelwert die einfache Summe

$$D_H = \langle E_{H'} E_{H-H'} \rangle_{H'} = \sum_j e_j^2 \, e^{2\pi i \, H \cdot r_j} \quad (6.48)$$

die nach 6.45 gleich $c'' E_H$ ist. Für einen Kristall aus gleichen Atomen ist

$$e_j = \frac{f}{\sqrt{Nf^2}} = \frac{1}{\sqrt{N}} \quad (6.49)$$

Durch Einsetzen in 6.46 und 6.48 ergibt sich, daß D proportional zu E ist.

$$D_H = \frac{1}{\sqrt{N}} E_H \quad (6.50)$$

Für Strukturen aus verschiedenen Atomen setzen wir den Proportionalitätsfaktor gleich K und bestimmen ihn durch Ausgleichsrechnung, wobei K so gewählt wird, daß die Summe der quadratischen Abweichungen von der Ausgleichsgeraden ein Minimum ist [98]. Wir erhalten

$$D_H = K E_H$$

und
$$|K E_H - D_H|^2 = \text{Min} \quad (6.51)$$

Zur Berechnung des Betragsquadrates multiplizieren wir mit dem konjugiert komplexen Ausdruck

$$(K E_H - D_H)(K E_H^* - D_H^*) = K^2 |E_H|^2 + |D_H|^2 - K(E_H D_H^* + E_H^* D_H)$$
$$= \text{Min} \quad (6.52)$$

Durch Differenzieren nach K erhalten wir

$$2K |E_H|^2 - E_H D_H^* - E_H^* D_H = 0 \quad (6.53)$$

Wir setzen nun für D und E die Ausdrücke aus Gl. 6.46 und 6.48 ein, wobei wir bei D den Summationsindex j durch k ersetzen.

$$2K |E_H|^2 = \sum_j \sum_k e_j e_k^2 \, e^{2\pi i \, H \cdot r_j} \, e^{-2\pi i \, H \cdot r_k} + \text{konj. kompl.} \quad (6.54)$$

Bei der folgenden Mittelung über H ergeben auf der rechten Seite alle Glieder mit $j \neq k$ null. Auf der linken Seite setzen wir für $\langle |E|^2 \rangle$ den Wert eins ein, berechnen die Konstante C''

$$C'' = K = \sum_j^N e_j^3 = \frac{f_j^3}{(\sqrt{\sum f^2})^3} = \frac{\varepsilon_3}{(\varepsilon_2)^{\frac{3}{2}}} \qquad (6.55)$$

$$(\varepsilon_m = \sum f^m)$$

und setzen diese in Gl. 6.45 ein

$$\frac{\varepsilon_3}{(\varepsilon_2)^{\frac{3}{2}}} E_H = \langle E_{H'} E_{H-H'} \rangle^{H'} \qquad (6.56)$$

Wir geben nun in Gl. 6.56 die E-Werte durch Betrag und Phasenfaktor ($E = |E|e^{i\varphi}$) an

$$\frac{\varepsilon_3}{(\varepsilon_2)^{\frac{3}{2}}} |E_H|e^{i\varphi_H} = \langle |E_{H'} E_{H-H'}| e^{i(\varphi_{H'}+\varphi_{H-H'})} \rangle^{H'} \qquad (6.57)$$

und dividieren auf der linken und rechten Seite den Imaginärteil durch den Realteil

$$\frac{\sin\varphi_H}{\cos\varphi_H} = \mathrm{tg}\,\varphi_H = \frac{\langle |E_{H'} E_{H-H'}| \sin(\varphi_{H'} + \varphi_{H-H'}) \rangle^{H'}}{\langle |E_{H'} E_{H-H'}| \cos(\varphi_{H'} + \varphi_{H-H'}) \rangle^{H'}} \qquad (6.58)$$

Die aus der Sayre-Gleichung gewonnene Formel ist, wenn der Mittelwert auf der rechten Seite über alle H'-Werte gebildet wird, exakt gültig. Zu Beginn der Strukturbestimmung sind jedoch nur wenige Winkelpaare $\varphi_{H'}$, $\varphi_{H-H'}$ bekannt. Bei der Berechnung der Phasenwinkel φ_H erhält man deshalb nur Näherungswerte, die um so genauer sind, je größer die Produkte der Beträge von E_H, $E_{H'}$ und $E_{H-H'}$ sind und je mehr Glieder für die Mittelwertbildung zur Verfügung stehen.
Gl. 6.57 schreiben wir nun in der Form

$$1 = \frac{(\varepsilon_2)^{\frac{3}{2}}}{\varepsilon_3} \left\langle \left| \frac{E_{H'} E_{H-H'}}{E_H} \right| e^{i(-\varphi_H + \varphi_{H'} + \varphi_{H-H'})} \right\rangle \qquad (6.59)$$

Für große E-Werte-Tripel $E_H E_{H'} E_{H-H'}$ ist deshalb zu erwarten, daß der Exponent

$$-\varphi_H + \varphi_{H'} + \varphi_{H-H'}$$

klein ist und wir erhalten die zur Phasenbestimmung wichtige Formel

$$\langle |E_{H'} E_{H-H'}| \rangle^{H'} \varphi_H = \langle |E_{H'} E_{H-H'}|(\varphi_{H'} + \varphi_{H-H'}) \rangle^{H'} \qquad (6.60)$$

Wenn die E-Werte in der gleichen Größenordnung sind, oder wenn nur ein H, H', $H-H'$-Tripel zur Verfügung steht, ergibt sich

$$\varphi_H \approx \varphi_{H'} + \varphi_{H-H'} \tag{6.61}$$

Diese Näherungsformel benutzt man zu Beginn der Phasenbestimmung; die tg-Formel (Gl. 6.58) wird erst, wenn bereits eine Reihe von Phasenwinkeln bekannt sind, zur Verfeinerung verwendet.

Als Kriterium für die Genauigkeit der bestimmten Phasen gibt man die Varianz an, die um so größer ist, je kleiner die E-Werte sind und je kleiner die Zahl der bei der Mittelung verwendeten Tripel ist. Zur Berechnung der Varianz verweisen wir auf die Originalliteratur [98, 103].

Bei zentrosymmetrischen Strukturen sind die Phasenwinkel der Strukturamplituden entweder null oder π. Die Lösung des Phasenproblems reduziert sich hier auf die Vorzeichenbestimmung der Strukturamplituden Gl. 6.60 geht über in

$$s_H = \frac{\langle |E_{H'} E_{H-H'}| s_{H'} s_{H-H'} \rangle^{H'}}{\langle |E_{H'} E_{H-H'}| \rangle^{H'}} \tag{6.62}$$

$s_H = e^{i\varphi}$ ist $+1$ bei positiven Vorzeichen von E_H und -1 bei negativen Vorzeichen.

Die Wahrscheinlichkeit $P^+(H)$, daß das Vorzeichen von E_H positiv ist, berechnen wir nach der Formel [98]

$$P^+(H) = \frac{1}{2} + \frac{1}{2} \operatorname{tgh} \frac{\varepsilon_3}{(\varepsilon_2)^{\frac{3}{2}}} |E_H| \sum^{H'} E_{H'} E_{H-H'} \tag{6.63}$$

4. Festlegung des Nullpunktes der Elementarzelle durch willkürliche Wahl einiger Phasenwinkel

Bei der Phasenbestimmung nach den indirekten Methoden benutzt man zur Berechnung der Phasenwinkel ein erstes Modell der Atomlagen, die bereits auf einen festen Nullpunkt der Elementarzelle bezogen sind. Bei den direkten Methoden steht uns kein derartiges Modell zur Verfügung, und wir sind darauf angewiesen, den Nullpunkt der Zelle im Kristallraum durch die Phasen der Strukturamplituden festzulegen.

Wir gehen dabei zunächst von einer bekannten Anordnung der Atome aus und untersuchen, *wie sich Phasenfaktoren verändern, wenn man den*

Nullpunkt der Elementarzelle verschiebt, um dann rückwirkend mit Hilfe der Phasenfaktoren den Nullpunkt zu bestimmen.

Die Strukturamplitude F berechnen wir aus den Atomlagen nach der Formel (2.56)

$$F = \sum_j^N f_j\, e^{\,2\pi i\, \boldsymbol{H} \cdot \boldsymbol{r}_j} \tag{6.64}$$

Durch eine Nullpunktverschiebung um den Vektor $-\Delta\boldsymbol{r}$ gehen alle Vektoren $\boldsymbol{r}_j$ in $\Delta\boldsymbol{r} + \boldsymbol{r}_j$ über. F wird dabei in F' überführt.

$$F' = e^{2\pi i\, \boldsymbol{H}\cdot \Delta\boldsymbol{r}} \sum_j^N f_j\, e^{2\pi i\, \boldsymbol{H}\cdot \boldsymbol{r}_j} = e^{2\pi i\, \boldsymbol{H}\cdot \Delta\boldsymbol{r}}\, F \tag{6.65}$$

Durch die Nullpunktstransformation ändert sich der Phasenwinkel der Strukturamplitude um den Wert $2\pi\, \boldsymbol{H}\cdot \Delta\boldsymbol{r}$.

In der Raumgruppe $P1$, wo außer der Translation keine Symmetrieelemente vorliegen, ist $\Delta\boldsymbol{r}$ ein beliebiger Vektor. Sind jedoch weitere Symmetrieelemente vorhanden, so ist es zweckmäßig, wie in Kap. 1 behandelt wurde, den Nullpunkt der Zelle so zu wählen, daß sich die Symmetrieelemente in bestimmten speziellen Lagen befinden. Unter diesen Voraussetzungen erhalten wir für die einzelnen Raumgruppen bestimmte Strukturfaktorformeln, die aus 6.64 mit Hilfe der Symmetrie der Vektoren $\boldsymbol{r}_j$, wie es in Kap. 2 beschrieben wurde, abgeleitet werden. Für jede Raumgruppe resultiert dabei eine bestimmte Symmetriebeziehung unter den Phasenfaktoren der Strukturamplituden. Will man diese Symmetriebeziehung nicht verändern, so kann der Nullpunkt der Elementarzelle nicht mehr beliebig verschoben werden. Die Wahl des Vektors $\Delta\boldsymbol{r}$ wird durch die Lagen der Symmetrieelemente begrenzt.

Wir betrachten die beiden triklinen Raumgruppen $P1$ und $P\bar{1}$. In der Raumgruppe $P1$, wo für den Vektor $\Delta\boldsymbol{r}$ keinerlei Einschränkung vorliegt, setzen wir zunächst den Phasenwinkel einer Strukturamplitude auf den Wert φ_1 fest. Den zugehörigen Streuvektor bezeichnen wir mit $\boldsymbol{H}_1$. Durch φ_1 wird das skalare Produkt $\boldsymbol{H}_1\, \Delta\boldsymbol{r}$ bestimmt, wobei jedoch zu beachten ist, daß sich der Phasenfaktor nicht ändert, wenn man zum Phasenwinkel ein ganzzahliges Vielfaches von 2π addiert. Wir setzen

$$\varphi_1 = \boldsymbol{H}_1 \cdot \Delta\boldsymbol{r} = \chi_1 + n \tag{6.66}$$

Da χ_1 einen festen Wert hat, liegt der Endpunkt des Vektors $\Delta\boldsymbol{r}$ nunmehr in einer Ebenenschar, die senkrecht zu $\boldsymbol{H}_1$ steht. Bezeichnen wir mit Δr_1 die Projektion von Δr auf $\boldsymbol{H}_1$, so gilt für alle Punkte xyz der Ebenenschar die Gleichung

$$\boldsymbol{H}_1 \cdot \boldsymbol{x} + \boldsymbol{H}_1 \cdot \boldsymbol{y} + \boldsymbol{H}_1 \cdot \boldsymbol{z} = \Delta r_1 \cdot |\boldsymbol{H}_1| \tag{6.67}$$

Geben wir $\boldsymbol{H}_1$ durch die Basisvektoren des reziproken Gitters an und legen xyz in Richtung der Gitterkonstanten, so erhalten wir

$$\boldsymbol{H}_1 = h_1 \boldsymbol{a}^* + k_1 \boldsymbol{b}^* + l_1 \boldsymbol{c}^*$$
$$h_1 X + k_1 Y + l_1 Z = \Delta r_1 \cdot |\boldsymbol{H}_1| \tag{6.68}$$

XYZ sind die relativen auf die Gitterkonstanten bezogenen Koordinaten.

Zur Bestimmung von Δr benötigen wir drei von einander unabhängige Projektionen Δr_1, Δr_2 und Δr_3 auf verschiedene Streuvektoren $\boldsymbol{H}_1$, $\boldsymbol{H}_2$ und $\boldsymbol{H}_3$. Wir haben deshalb die Freiheit, die Phasenwinkel von drei Reflexen willkürlich zu wählen und erhalten die Gleichungen von drei Ebenenserien in deren Schnittpunkten die möglichen Endpunkte des Transformationsvektors Δr liegen. Die Gleichungen dieser Ebenenserien lauten

$$\begin{aligned} h_1 X + k_1 Y + l_1 Z &= \Delta r_1 \cdot |\boldsymbol{H}_1| \\ h_2 X + k_2 Y + l_2 Z &= \Delta r_2 \cdot |\boldsymbol{H}_2| \\ h_3 X + k_3 Y + l_3 Z &= \Delta r_3 \cdot |\boldsymbol{H}_3| \end{aligned} \tag{6.69}$$

Voraussetzung für die Existenz eines Schnittpunktes dieser Ebenen ist, daß sie linear unabhängig sind. Die Determinante der Koeffizienten ist nicht null

$$\begin{vmatrix} h_1 & k_1 & l_1 \\ h_2 & k_2 & l_2 \\ h_3 & k_3 & l_3 \end{vmatrix} \neq 0 \tag{6.70}$$

Nach Gl. 6.66 berechnen wir den Abstand zwischen zwei Ebenen einer Serie

$$\vartheta \Delta r_1 = \frac{1}{H_1} \tag{6.71}$$

Bei der Auswahl der Strukturamplituden zur Nullpunktsbestimmung der Elementarzelle ist darauf zu achten, daß in einer Zelle nur wenige Schnittpunkte der Ebenenserien liegen. Da der Abstand der Ebenen mit steigendem H abnimmt, wählt man Strukturamplituden mit möglichst kleinen Indizes, im Idealfall F_{100}, F_{010} und F_{001}.

Zwei *enantiomorphe* Kristalle unterscheiden sich durch die Vorzeichen der Imaginärteile aller Strukturamplituden

$$F_1 = \sum_j f_j \, e^{2\pi i \, \boldsymbol{H} \cdot \boldsymbol{r}_j}$$

$$F_2 = \sum_j f_j \, e^{2\pi i \, \boldsymbol{H} \cdot (-\boldsymbol{r}_j)}$$

Da $F_1 = F_2^*$ ist, sind die beiden Strukturen ohne anomale Streuung nicht zu unterscheiden, und aus den Beträgen der Strukturamplituden werden beide Strukturen berechnet. Um eine auszuwählen, setzen wir zusätzlich zu den drei oben genannten Phasenwinkeln noch das Vorzeichen des Imaginärteiles einer weiteren Strukturamplitude fest. Am besten eignet sich hierzu eine Strukturamplitude mit kleinem Realteil. Da aber in der Raumgruppe $P1$ nicht vorauszusehen ist, für welche Strukturamplituden diese Bedingung erfüllt ist, bereitet die Auswahl gelegentlich Schwierigkeiten, und man soll den hier angesetzten Phasenwinkel im Laufe der Phasenverfeinerung mit Hilfe der tg-Formel (6.58) korrigieren.

In der Raumgruppe $P\bar{1}$ liegen in jeder Elementarzelle acht Symmetriezentren in den Punkten

$$000, \tfrac{1}{2}00, 0\tfrac{1}{2}0, 00\tfrac{1}{2},$$

$$\tfrac{1}{2}\tfrac{1}{2}0, \tfrac{1}{2}0\tfrac{1}{2}, 0\tfrac{1}{2}\tfrac{1}{2}, \tfrac{1}{2}\tfrac{1}{2}\tfrac{1}{2}$$

Die Strukturamplitude ist reell und wird aus den Atomlagen nach der Formel

$$F = \sum_j^N f_j \cos 2\pi \, \boldsymbol{H} \cdot \boldsymbol{r}_j = \sum_j^N f_j \cos 2\pi (\mathrm{h}X_j + \mathrm{k}Y_j + \mathrm{l}Z_j) \qquad (6.72)$$

berechnet. Wenn F bei einer Nullpunktsverschiebung reell bleiben soll, lautet die Transformationsformel

$$F' = \cos 2\pi (\mathrm{h}\Delta X + \mathrm{k}\Delta Y + \mathrm{l}\Delta Z) \cdot F = \tau F \qquad (6.73)$$

wobei ΔX, ΔY und ΔZ entweder null oder $1/2$ ist. Nach der Transformation liegt wieder eines der Symmetriezentren im Nullpunkt der Elementarzelle, der Vektor Δr liegt zwischen zwei Symmetriezentren. Bei jeder derartigen Nullpunktstransformation bleiben die Vorzeichen aller Strukturamplituden für die h, k und l gerade Zahlen sind, unverändert. Man nennt diese Vorzeichen *strukturinvariante Größen* [96]. Der *Transformationsfaktor* τ ist gleich für alle Strukturamplituden, deren Indizes sich durch eine gerade Zahl unterscheiden, also bei bestimmten Kombinationen aus geradzahligen und ungeradzahligen Indizes. Nach diesem Gesichtspunkt unterteilen wir nun die Strukturamplituden in die folgenden acht Gruppen

$$\text{hkl} = \text{ggg ugg gug ggu uug ugu guu uuu}$$

$$\text{g} = \text{gerader Index, u} = \text{ungerader Index}$$

Bei jeder Nullpunktstransformation ändern sich die Vorzeichen der Strukturamplituden von jeweils vier Gruppen, die in der folgenden Tabelle angegeben sind.

Transformationsvektor			hkl-Werte der Strukturamplituden, bei denen Vorzeichenwechsel auftritt			
1/2	0	0	ugg	uug	ugu	uuu
0	1/2	0	gug	uug	guu	uuu
0	0	1/2	ggu	ugu	guu	uuu
1/2	1/2	0	gug	ugg	guu	ugu
1/2	0	1/2	ugg	uug	ggu	guu
0	1/2	1/2	gug	ggu	uug	ugu
1/2	1/2	1/2	ugg	gug	ggu	uuu

Um zu bestimmen, in welchem Symmetriezentrum der Nullpunkt der Elementarzellen liegt, setzen wir die Vorzeichen von drei Strukturamplituden, die verschiedenen Gruppen (ugg, gug usw.) angehören, fest. Bei den ersten beiden dürfen wir die Gruppe frei wählen, beim dritten ist darauf zu achten, daß der Transformationsvektor eindeutig bestimmt wird. Dies geschieht, wenn die Determinante

$$\begin{vmatrix} |h_1| \bmod 2 & |k_1| \bmod 2 & |l_1| \bmod 2 \\ |h_2| \bmod 2 & |k_2| \bmod 2 & |l_2| \bmod 2 \\ |h_3| \bmod 2 & |k_3| \bmod 2 & |l_3| \bmod 2 \end{vmatrix} \qquad (6.74)$$

eine ungerade Zahl ergibt. ($h \bmod 2$, $k \bmod 2$ und $l \bmod 2$ ist null bei geradem Index und eins bei ungeradem Index).

Bei einigen zentrosymmetrischen Raumgruppen muß beachtet werden, daß die Nullpunktsverschiebung nicht zu einer veränderten Lage der Symmetrieelemente in der Elementarzelle führt. Wir betrachten als

Beispiel die Raumgruppe $P4/m$, die außer den Symmetriezentren innerhalb einer Elementarzelle zwei vierzählige und zwei zweizählige Drehachsen enthält. In der üblichen Aufstellung befinden sich die vierzähligen Achsen in den Ecken und in der Mitte der quadratischen Basisfläche, die zweizähligen Achsen befinden sich auf den Mitten der Seiten. Bei den Nullpunktsverschiebungen um

$$\begin{matrix} 1/2 & 1/2 & 0, \\ 0 & 0 & 1/2 \text{ und} \\ 1/2 & 1/2 & 1/2 \end{matrix}$$

ergibt sich eine unveränderte Lage der Symmetrieelemente.

Wird der Nullpunkt um 1/2 0 0, 0 1/2 0, oder 0 1/2 1/2 verschoben, so befinden sich die zweizähligen Achsen in den Ecken und in der Flächenmitte und die vierzähligen Achsen auf den Kanten. Da die Veränderung der Lage des Nullpunktes zu den Symmetrieelementen eine andere Strukturformel und eine Veränderung der Symmetrie der Vorzeichen der Strukturamplituden bedingt, sind hier nur Nullpunktstransformationen innerhalb einer Gruppe zulässig. (1/2 1/2 0, 0 0 1/2 und 1/2 1/2 1/2). Wir dürfen deshalb hier nur zwei Vorzeichen wählen.

Zusammenfassend stellen wir fest, daß uns die freie Nullpunktswahl der Elementarzelle dazu berechtigt, den Vorzeichen bzw. Phasenwinkeln von drei Strukturamplituden einen beliebigen Wert zuzuordnen. Die Indizes hkl dieser Strukturamplituden müssen, wie oben hergeleitet wurde, untereinander linear unabhängig sein. Man wählt dazu möglichst große E-Werte, mit denen man durch Addition oder Subtraktion der Indizes möglichst viele große E-Wert-Tripel bilden kann.

Durch besondere Lagen von Symmetrieelementen in der Elementarzelle wird die freie Nullpunktswahl eingeschränkt. Dadurch verringert sich bei zentrosymmetrischen Strukturen gelegentlich die Zahl der beliebig festlegbaren Vorzeichen. Bei nicht zentrosymmetrischen Strukturen sind häufig die Phasenwinkel bestimmter Strukturamplituden auf zwei mögliche Werte begrenzt, die von der jeweiligen Raumgruppe abhängig sind. Wir verweisen hier auf die Originalliteratur, insbesondere auf die Arbeiten von KARLE und HAUPTMANN [96, 115—117] und von KARLE und KARLE [104].

5. Anwendung der direkten Phasenbestimmung — Symbolische Additionsmethode

Mit Hilfe der Sayre-Gleichung oder den aus der Wahrscheinlichkeitsverteilung der Strukturamplituden resultierenden Formeln gelangt man zum Vorzeichen oder zum Phasenwinkel einer Strukturamplitude E_H immer dann, wenn die Phasenfaktoren von Wertepaaren $E_{H'}$ und $E_{H-H'}$ bekannt sind und wenn große Beträge $|E_H||E_{H'}|$ und $|E_{\overline{H}'}|$ vorliegen. Zu Beginn stehen uns hierfür nur diejenigen Phasenwinkel zur Verfügung, die wir wegen der freien Nullpunktswahl der Elementarzelle willkürlich bestimmen, und man wählt deshalb aus den angegebenen Gruppen möglichst große E-Werte, aus deren Indizes man durch paarweise Addition oder Subtraktion zu den Indizes weiterer großer E-Werte gelangt. Die zur Nullpunktsbestimmung gewählten Strukturamplituden sollen in möglichst vielen großen Wertetripeln $E_H\ E_{H'}\ E_{H-H'}$ vorkommen. Nun ordnen wir den Indizes der willkürlich bestimmten Phasenfaktoren nacheinander paarweise die Werte h'k'l' und h−h', k−k' und l−l' zu und bestimmen mit Hilfe der angegebenen Formeln die Phasenwinkel von E_{hkl}. Diese fügen wir der Liste der bekannten Phasen hinzu und suchen mit ihnen erneut Wertepaare, die wir zur Bestimmung weiterer Phasenfaktoren benutzen. Dabei ist zu berücksichtigen, daß auch die Phasenwinkel der symmetrieabhängigen Strukturamplituden bestimmt werden. (In der Raumgruppe $P2$ oder $P2_1$ erhalten wir beispielsweise gleichzeitig die Phasen von E_{hkl} und $E_{\bar{h}k\bar{l}}$). Wenn innerhalb der großen $E_H E_{H'} E_{H-H'}$-Tripel keine weiteren bekannten Phasenwinkelpaare $\varphi_{H'}$ und $\varphi_{H-H'}$ gefunden werden, ordnet man einem weiteren geeigneten Phasenwinkel einen symbolischen Wert zu und setzt mit diesem das Verfahren fort. Die neu bestimmten Phasenwinkel enthalten den symbolischen Wert als additive zunächst unbekannte Größe. Häufig stößt man bei der weiteren Rechnung auf E-Wertetripel, mit denen es möglich ist, diesen symbolischen Wert zu bestimmen. Man setzt das Verfahren gegebenenfalls durch Einführung weiterer symbolischer Werte so lange fort, bis die Phasen der großen E-Werte weitgehend bestimmt sind. Doch soll man nicht mehr als drei bis vier Symbole einführen, weil man diesen alle möglichen erlaubten Werte zuordnen muß. Durch Berechnung von Fourier-Synthesen wird am Schluß geprüft, welche der Kombinationen zu einem plausiblen Strukturmodell führt.

Bei der Berechnung der normalisierten Strukturamplituden nach der Formel

$$E = \frac{F}{\sqrt{\sum f^2}} \qquad (6.75)$$

ergibt sich bei Reflexgruppen, bei denen systematische Auslöschungen auftreten, ein Fehler. Wir betrachten als Beispiel einen Kristall mit einer Gleitspiegelebene c, die senkrecht zur y-Achse steht. Die Gleitspiegelebene bedingt, daß von den h0l-Reflexen nur diejenigen mit geradem l beobachtet werden.

Die Punktlagen sind XYZ, $X\overline{Y}\frac{1}{2}+Z$. Die Y-Parameter gehen in die Berechnung der Strukturamplituden der h0l-Reflexe nicht ein, da kY null ist. Betrachtet man jedoch die X und Z-Parameter allein, so ergibt sich wegen der Translationskomponente der Gleitspiegelebene eine Halbierung der Gitterkonstanten. Bei der Berechnung der Strukturamplituden mit den Atomen in der halben Zelle würden wir auch für diese nur den halben Wert erhalten. Bei der Berechnung der E-Werte nach der oben angegebenen Formel erhielten wir im Zähler den halben Wert, der Nenner jedoch, wo die Wurzel aus der Summe über die Atomformamplitudenquadrate steht, würde sich nur um den Faktor $1/\sqrt{2}$ verändern.

$$\sqrt{\sum_j^N f_j^2} \longrightarrow \sqrt{\sum_j^{N/2} f_j^2} = \sqrt{\frac{1}{2}\sum_j^N f_j^2} \qquad (6.76)$$

Würden wir das nicht berücksichtigen, so wäre der Mittelwert der Betragsquadrate $\langle |E^2|\rangle$ nicht eins, sondern $\sqrt{2}$. Wir fügen deshalb in die Formel einen Faktor α ein

$$E = \frac{F}{\alpha \sqrt{\sum f^2}} \qquad (6.77)$$

der im allgemeinen eins, für Reflexgruppen, wo Auslöschungen auftreten, jedoch von eins verschieden ist. In unserem Beispiel ist $\alpha = \sqrt{2}$.
Bei der in Kap. V behandelten Mittelwertbildung von $|E|^2$ braucht der Faktor α nicht berücksichtigt zu werden, wenn man die E-Werte der systematisch ausgelöschten Reflexe in die Mittelwertbildung einbezieht.

Zusammenfassend geben wir noch einmal die wichtigsten Schritte der Phasenbestimmung mit Hilfe der direkten Methoden an.

1. Berechnung der normalisierten Strukturamplituden
2. Sortieren der E-Werte nach der Größe der Beträge
3. Aufsuchen der E-Wertetripel $E_H E_{H'} E_{H-H'}$
4. Phasenwahl zur Nullpunktsbestimmung (in der Regel für drei E-Werte)
5. Gegebenenfalls Wahl des Vorzeichens des Imaginärteiles zur Unterscheidung zwischen den beiden enantiomorphen Formen

6. Bestimmung der Phasenwinkel aller großen E-Werte, deren Indizes man durch Addition oder Subtraktion der hkl-Werte der in Nr. 5 ausgewählten Reflexe erhält.
7. Fortsetzung von Nr. 6 unter Mitbenutzung der neu bestimmten Phasen und Wiederholung des Schrittes bis keine großen E-Wertetripel mit zwei bekannten Phasenfaktoren mehr vorhanden sind.
8. Einführung von symbolischen Phasenfaktoren für weitere große E-Werte und Wiederholung von Schritt 6 und 7.
9. Bei nicht zentrosymmetrischen Strukturen folgt die Phasenverfeinerung mit Hilfe der tg-Formel.
10. Berechnung eines ersten Strukturmodelles durch Fourier-Synthesen. Bei zentrosymmetrischen Strukturen sind alle $\pm$-Kombinationen der symbolisch eingesetzten und umbestimmt gebliebenen symbolischen Vorzeichen einzusetzen.

Weitere Einzelheiten der Phasenbestimmung und die besonderen Probleme, die sich bei den einzelnen Raumgruppen ergeben, müssen der Originalliteratur entnommen werden. Wir verweisen besonders auf die Arbeiten von KARLE und KARLE und von GERMAIN, MAIN und WOOLFSON. Beispiele für die Anwendung der verschiedenen Methoden zur Phasenbestimmung sind in Kap. VIII angegeben.

VII. Verfeinerung der Lage- und Schwingungsparameter der Atome [118-121]

Die Lageparameter der Atome bedürfen einer Verfeinerung, wenn man sie zur Berechnung genauer Bindungslängen und Bindungswinkel benutzen möchte. Hierzu wendet man im wesentlichen die *Differenzfouriersynthese* und die *Methode der kleinsten Quadrate* an.

Bei der Differenzfouriersynthese berechnet man eine Fourier-Reihe mit den Differenzen aus experimentell bestimmten und aus den Lageparametern der Atome berechneten Strukturamplituden als Koeffizienten. Die experimentellen Strukturamplituden erhalten die gleichen Phasenfaktoren wie die entsprechenden berechneten Werte. Aus den Maxima und Minima der berechneten Funktion und aus deren Verlauf in den Ausgangslagen der Atome ermittelt man die Korrekturen der Lageparameter. Die Differenzfouriersynthese wird besonders im ersten Stadium der Verfeinerung, wenn noch größere Unstimmigkeiten vorhanden sind, angewandt.

Die Methode der kleinsten Quadrate beruht auf einer Ausgleichsrechnung, mit deren Hilfe man die Parameter so bestimmt, daß die Quadrate der Differenzen aus experimentellen Strukturamplituden ($F_{\exp}$) und berechneten Strukturamplituden (F_c) ein Minimum ergeben. Dabei ist es üblich, durch Gewichtsfaktoren g_H die unterschiedliche Genauigkeit der Strukturamplituden zu berücksichtigen.

$$R = \sum_H g_H (|F_{\exp}|_H - |F_c|_H)^2 = \text{Min} \tag{7.1}$$

Da man in der Regel nur die Relativwerte der Strukturamplituden experimentell bestimmt und die Normierungsfaktoren und Temperaturfaktoren in grober Näherung mit Hilfe der Wilson-Statistik (Kap. V) ermittelt, bezieht man auch diese Größen in die Verfeinerung ein.

Wir bezeichnen die Zahl der zu variierenden Parameter mit U, die Parameter selbst mit p_u und differenzieren Gl. 7.1 nach diesen Parametern

$$\frac{\partial R}{\partial p_u} = \sum_H 2g_H (|F_{\exp}|_H - |F_c|_H) \frac{\partial |F_c|_H}{\partial p_u} = 0 \tag{7.2}$$

150 Verfeinerung der Lage- und Schwingungsparameter der Atome

Die p_u-Werte sind die Lageparameter X_j, Y_j und Z_j und die Schwingungsparameter B_j bzw. $(\beta_{ik})_j$ der Atome in der asymmetrischen Einheit sowie die Normierungsfaktoren.

Gleichung 7.2 stellt ein System von U-Gleichungen dar, mit dessen Hilfe wir die Parameter p_u bestimmen. Da jedoch keine lineare Abhängigkeit zwischen den Strukturamplituden F_c und den Parametern besteht, ist es nicht möglich, letztere direkt zu berechnen. Wir sind darauf angewiesen, daß diese bereits so genau bekannt sind, daß wir F_c in eine Taylor-Reihe entwickeln und diese nach den linearen Gliedern abbrechen können.

Wir bezeichnen die Strukturamplituden, die aus den Ausgangsparametern p_u^0 berechnet wurden, mit F_c^0, die entsprechenden Ableitungen mit $\left(\dfrac{\partial F_c}{\partial p_u}\right)^0$ und erhalten die folgende Taylor-Reihe für F_c

$$F_c = F_c^0 + \left(\frac{\partial F_c}{\partial p_1}\right)^0 \Delta p_1 + \left(\frac{\partial F_c}{\partial p_2}\right)^0 \Delta p_2 + \ldots \qquad (7.3)$$

Δp_u ist die Veränderung des Parameters p_u. ($\Delta p_u = p_u - p_u^0$)
Aus 7.2 und 7.3 erhalten wir die Beziehung

$$\sum_H g_H \Delta F_H \frac{\partial |F_c|_H}{\partial p_u} = \sum_H g_H \frac{\partial |F_c|_H}{\partial p_u} \left[\left(\frac{\partial |F_c|_H}{\partial p_1}\right)^0 \Delta p_1 \right.$$
$$\left. + \frac{\partial |F_c|_H}{\partial p_2} \Delta p_2 + \ldots \right]$$

$$\Delta F_H = |F_{\exp}|_H - |F_c|_H \qquad (7.4)$$

Da die Parameteränderungen p_u klein sind, ersetzen wir die Ableitungen $\dfrac{\partial F_c}{\partial p_u}$ durch $\left(\dfrac{\partial F_c}{\partial p_u}\right)^0$ und erhalten ein lineares Gleichungssystem zur Berechnung der Parameteränderungen Δp.

$$\sum_{v=1}^{U} \sum_H g_H \left(\frac{\partial |F_c|_H}{\partial p_u}\right)^0 \left(\frac{\partial |F_c|_H}{\partial p_v}\right)^0 \Delta p_v = \sum_H g_H \Delta F_H \left(\frac{\partial |F_c|_H}{\partial p_u}\right)^0$$

$$(7.5)$$

Die Koeffizientenmatrix dieses Gleichungssystems enthält die Produkte aus den Ableitungen der Strukturamplitude nach den verschiedenen Parametern. Der Vektor auf der rechten Seite enthält neben den Ableitungen die Differenzen aus experimentellen und berechneten Strukturamplituden.

Wegen der Näherungen führt das Verfahren nicht in einem Schritt zum Ziel, sondern die Parameterverfeinerung muß iterativ in mehreren Cyclen durchgeführt werden.

Bezüglich der praktischen Anwendung des Verfeinerungsverfahrens verweisen wir auf die Originalliteratur und auf die zur Verfügung stehenden Rechenprogramme. Ebenso müssen die Besonderheiten, die sich für die anisotropen Schwingungsparameter von Atomen in speziellen Lagen ergeben, diesen Arbeiten entnommen werden.

Literaturverzeichnis zu den Kapiteln I—VII

1. BUERGER, M. J.: Elementary Crystallography. New York: J. Wiley & Sons Inc. 1956.
2. LAUE, M. VON: Röntgenstrahlinterferenzen, S. 90. Frankfurt/M.: Akad. Verlagsgesellschaft 1960.
3. BALASHOV, V., URSELL, H. D.: The Choice of Standard Unit Cells in a Triclinic Lattice. Acta crystallogr. *10*, 582. (1957).
4. Int. Tables for X-Ray Crystallography, Vol. I. Birmingham: Kynoch Press 1952.
5. LAUE, M. VON,: Röntgenstrahlinterferenzen, S. 138. (historischer Überblick) Frankfurt/M.: Akad. Verlagsgesellschaft 1960.
6. LAUE, M. VON: Röntgenstrahlinterferenzen, S. 204. Frankfurt/M.: Akad. Verlagsgesellschaft 1960.
7. JAMES, R. W.: The Optical Principles of Diffraction of X-Rays S. 109. London: G. Bell and Sons Ltd. 1948.
8. BRAGG, W. L.: The Crystalline State, p. 209. London: G. Bell and Sons Ltd. 1933.
9. LAUE, M. VON: Röntgenstrahlinterferenzen, S. 41. Frankfurt/M.: Akad. Verlagsgesellschaft 1960.
10. Int. Tables for X-Ray-Crystallography Vol. III, p. 21 ff. Birmingham: Kynoch Press 1962.
11. JAMES, R. W.: The Optical Principles of Diffraction of X-Rays p. 41. London: G. Bell and Sons 1948.
12. VICTOREEN, J. A.: The Calculation of X-Ray Mass Absorption Coeffizients. J. Appl. Phys. *20*, 1141 (1949).
13. Int. Tables for X-Ray Crystallography Vol. III, p. 162, 175. Birmingham: Kynoch Press 1962.
14. BUSING, W. R., LEVY, H. A.: High Speed Computation of the Absorption Correction for Single Crystals Diffraction Measurements Acta Crystallogr. *10*, 180. (1957).
15. MEULENAER, J., TOMPA, H.: The Absorption Correction in Crystal Structure Analysis. Acta Crystallogr. *19*, 1014 (1965).
16. Int. Tables for X-Ray Crystallography Vol. III, p. 195. Birmingham: Kynoch Press 1962.
17. EVANS, H. T.: X-Ray Absorption Correction for Single Crystals. J. Appl. Phys. *23*, 663 (1952).
18. JAMES, R. W.: The Optical Principles of Diffraction of X-Rays p. 22, 193. London: G. Bell and Sons, Ltd. 1948.
19. HOPPE, W.: Die thermische Untergrundstreuung und ihre Anwendung zur Strukturuntersuchung von Molekülen in Kristallen. Advances in Structure Research by Diffraction Methods Vol. I. Braunschweig: Frieder. Vieweg & Sohn.

20. COCHRAN, W.: The Effect of Anisotropic Thermal Vibration on the Atomic Scattering Factor. Acta Crystallogr. 7, 503 (1954).
21. ROLLETT, J. S., DAVIS, D. R.: The Calculation of Structures Factors for Centrosymmetric Monoclinic Systems with Anisotropic Vibration Acta Crystallogr. 8, 125 (1955).
22. WASER, J.: The Anisotropic Temperature Factors for Triclinic Coordinates. Acta Crystallogr. 8, 731 (1955).
23. LEVY, H. A.: Symmetry Relations among Coefficients of Anisotropic Temperature Factors. Acta Crystallogr. 9, 679 (1956).
24. CRUICKSHANK, D. W. J.: The Determination of Anisotropic Thermal Motion of Atoms in Crystals. Acta Crystallogr. 9, 747 (1956).
25. CRUICKSHANK, D. W. J.: The Analysis of Anisotropic Thermal Motion of Molecules in Crystals. Acta Crystallogr. 9, 754 (1956).
26. BUSING, W. R., LEVY, H. A.: Determination of Principle Axes of the Anisotropic Temperature Factor. Acta Crystallogr. 11, 450 (1958).
27. TRUEBLOOD, K. N.: Symmetry Transformations of General Anisotropic Temperature Factors. Acta Crystallogr. 9, 359 (1956).
28. FITZWATER, D. R.: Anisotropic Structure Factor Calculation Acta Crystallogr. 14, 1242 (1961).
29. Int. Tables for X-Ray Crystallography, Vol. I p. 367 ff. Birmingham: Kynoch Press 1952.
30. BERTAUT, E. F.: On the Symmetry of Phases in Reciprocal Lattice. Acta Crystallogr. 17, 778 (1964); 1174 (1964).
31. BIENENSTOCK, A., EWALD, P. P.: Symmetry of Fourier Space. Acta Crystallogr. 15, 1253 (1962).
32. BUERGER, M. J.: Crystallographic Symmetry in Reciprocal Space. Proc. Nat. Sci. U.S. 35, 198 (1949).
33. ZACHARIASON, W. H.: Theory of X-Ray Diffraction in Crystals. Appendix A. N. Y., J. Wiley & Sons Inc. (1946).
34. SCHIEBOLD, B. E.: Fortschr. Mineralogie, Kristallogr. Petrogr., 11, 113 (1927).
35. COCHRAN, W.: The Correction of X-Ray Intensities for Polarisation and Lorentz-Factors. J. Sci. Instr. 25, 253 (1948).
36. BUERGER, M. J., KLEIN, G. E.: Correction of Diffraction Amplitudes for Lorentz and Polarisation Factors. J. Appl. Phys. 17, 285 (1946).
37. WARREN, B. E., FANKUCHEN, I.: A Simplified Correction Factor for Equi-Inclination Weissenberg Patterns. Rev. Sci. Instr. 12, 90 (1941).
38. HEIDE, H. G.: Ein modifizierter Lorentzfaktor für Drehkristallverfahren. Acta Crystallogr. 4, 29 (1951).
39. HEIDE, H. G.: Zum Lorentzfaktor für Drehkristallverfahren. Ann. Phys. 8, 240 (1951).
40. HERBSTEIN, F. H.: A Simple Method of Applying the Rotation Factor Correction in Equi-Inclination Weissenberg Photographs. Acta Crystallogr. 4, 185 (1951).
41. BUERGER, M. J.: The Precession Method. New York: J. Wiley and Sons Inc. 1965.
42. EVANS, H. T., TILDEN, S. G., ADAMS, D. P.: New Techniques applied to the Buerger Precession Camera for X-Ray Diffraction Studies. Rev. Sci. Instr. 20, 155 (1949).
43. WASER, J.: The Lorentz Factor for the Buerger Precession Method. Rev. Sci. Instr. 8, 563 (1951).

44. ATOJI, M., LIPSCOMB, W. N.: Lorentz Polarisation Factor for Precession Angles 10°, 15° and 21°. Acta Crystallogr. 7, 595 (1954); 8, 364 (1955).
45. DEJONG, W. F., BOUMANN, J.: Das Photographieren von reziproken Kristallnetzen mit Röntgenstrahlen. Z. Krist. A 98, 456 (1938).
46. WÖLFEL, E.: A New Film Instrument for Exploration of Reciprocal Space. J. Appl. Crystallogr. 4, 297 (1971).
47. KAAN, G., COLE, W. F.: The Measurement and Correction of Intensities from Single-Crystal X-Ray Photographs. Acta Crystallogr. 2, 38 (1949).
48. WIEBENGA, E. H., SMITS, D. W.: An Integrating Weissenberg Apparatus for X-Ray Analysis. Acta Crystallogr. 3, 265 (1950).
49. IBALL, I.: The Use of Multiple Films for Measuring Intensities of X-Ray Diffraction Spots. J. Sci. Instr. 31, 71 (1954).
50. JEFFREY, J. W., WHITACKER, A.: Experimental Requirements for Accurate X-Ray Intensity Measurements by Photographic Means. Acta Crystallogr. 19, 963 (1965).
50a. MATTHEWS, B. W., KLOPFENSTEIN, C. E., COLMAN, P. M.: Computer-controlled Film Scanner for X-Ray Crystallography. J. Phys. E 5, 353 (1972).
51. BUSING, W. R., LEVY, H. A.: Angle Calculations for 3- and 4-Circle X-Ray and Newtron Diffractometers. Acta Crystallogr. 22, 457 (1967).
52. JAMES, R. W.: The Optical Principles of Diffraction of X-Rays p. 242ff. London: G. Bell and Sons Ltd. 1948.
53. BRAGG, W. L.: The Determination of Parameters in Crystal Structures by Means of Fourier Series. Phil. Mag. 10, 823 (1930).
54. JAMES, R. W.: Solid State Physics Vol. 15, p. 71. N. Y., London Academic Press (1963).
55. PATTERSON, A. L.: A Direct Method for the Determination of the Components of Interatomic Distances in Crystals. Phys. Rev. 46, 372 (1934); Z. Krist. 90, 517 (1935).
56. HARKER, D.: The Application of the Three-Dimensional Patterson-Method and the Crystal Structure of Proustite Ag_3AsS_3 and Pyrargit Ag_3SbS_3. J. Chem. Phys. 4, 381 (1936).
57. NOVACKI, W.: Beziehungen zwischen der Symmetrie des Kristall-Fourier und Pattersonraumes. Schweiz. miner. petr. Mitt. 30, 147 (1950).
58. WILSON, A. J. C.: The Probability Distribution of X-Ray Intensities. Acta Crystallogr. 2, 318 (1949).
59. SRINIVASAN, R., GUINDY, M.: Test for a New Statistical Formula for Distinguishing between Centrosymmetric and Noncentrosymmetric Structures. Acta Crystallogr. 13, 388 (1960).
60. SIM, G. A.: The Effect of Heavy Atoms on Wilson Ratio for Distinguishing between Centrosymmetric and Noncentrosymmetric Structures Acta Crystallogr. 11, 420 (1958).
60a. CRAMER, H.: The Elements of Probability Theory and some of its Applications. New York: J. Wiley & Sons Inc. 1962.
61. LIPSON, H., COCHRAN, W.: The Crystalline State, Vol. III, p. 175ff. London: G. Bell and Sons Ltd. 1953.
62. WOOLFSON, M. M.: An Improvement of the Heavy Atom Method of Solving Crystal Structures. Acta Crystallogr. 9, 804 (1956).
63. KOYAMA KOKADA, H., ITOH, C.: Automatic Heavy Atom Analysis of some Organic Compounds. Acta Crystallogr. 26, 444 (1970).

64. BUERGER, M. J.: Vector Space and its Application in Crystal Structure Investigation. New York: J. Wiley and Sons Inc. 1959.
65. BUERGER, M. J.: Image Functions. Z. Krist. *117*, 358 (1962).
66. HELLNER, E.: Structure Determination by Super Position Method. Z. Krist. *108*, 64 (1956).
67. FRIDRICHSONS, J., MATHIESON, A. McL.: Image Seeking, Its Scope and Limitation. Acta Crystallogr. *15*, 1065 (1962).
68. JOEL, N.: Image and Convolutions. Z. Krist. *117*, 312 (1962).
69. RAMAN, S.: Some Aspects of Minimum Function Diagrams. Acta Crystallogr. *15*, 283 (1962).
70. RAGHUPATHY SARMA, V., SRINIVASAN, A.: Principle of Maximum Superposition. A Method for Determining the Positions of Replaceable Atoms. Acta Crystallogr. *15*, 457 (1962).
71. RAMAN, S., KATZ, J. L.: Accumulation Function in X-Ray Determination of Crystal Structure. Z. Krist. *124*, 26 (1967).
72. LINDNER, H. J., GÖTTLICHER, S.: Die Kristall- und Molekülstruktur des Eisen(III)-benzhydroxamat-trihydrates. Acta Crystallogr. B *25*, 832 (1969).
73. RAMAN, S., LIPSCOMB, W. N.: Application of Fourier Transform Theory to Electron Density Extraction of Patterson Functions. Z. Krist. *119*, 30 (1963).
74. WITTACKER, E. J. W.: Evaluation of Fourier Transforms by a Fourier Syntheses Method. Acta Crystallogr. *1*, 165 (1948).
75. TAYLOR, L. A., MORLEY, K. A.: An Improved Method for Determing the Relative Positions of Molecules. Acta Crystallogr. *12*, 101 (1959).
76. HOPPE, W.: Die Faltmolekülmethode und ihre Anwendung in der röntgenographischen Strukturanalyse des Biflorin. Z. Elektrochem. *61*, 1076 (1957).
77. HOPPE, W., PAULUS, G.: New Development in Structure Determination by the Convolution Molecule Method. Acta Crystallogr. *23*, 339 (1967).
78. HUBER, R.: Die automatisierte Faltmolekülmethode. Acta Crystallogr. *19*, 353 (1965).
79. JAMES, R. W.: The Optical Principles of Diffraction of X-Rays p. 144. London: G. Bell and Sons 1948.
80. BIJVOET, J. M.: Structure of Optically Active Compounds in Solid State. Nature, *173*, 888 (1954).
81. PEERDEMAN, A. F., VAN BOMMEL, A. J., BIJVOET, J. M.: Determination of the Absolute Configuration of Optically Active Compounds in Solid State. Proc. Koninkl. Ned. Akad. Wetenshap (B) *54*, 16 (1951).
82. RAMAN, S.: Theory of Anomalous Dispersion Method and Absolute Configuration of Noncentrosymmetric Crystals. Proc. Indian Acad. Sci. *50A*, 95 (1959).
83. HERZENBERG, A., LOW, M. H.: Anomalous Scattering and Phase Problem. Acta Crystallogr. *22*, 24 (1967).
84. HARKER, D.: The Determination of Structure Factors of Noncentrosymmetric Crystals by the Method of Double Isomorphous Rplacement. Acta Crystallogr. *9*, 1 (1956).
85. HARGREAVES, A.: Application of Isomorphous Replacement Method in the Determination of Centrosymmetric Structures. Acta Crystallogr. *10*, 196 (1957).
86. SUTOR, D. J.: The Isomorphous Replacement Method Applied to Molecules Containing Like Atoms. Acta Crystallogr. *9*, 969 (1956).

87. HOPPE, W.: The Determination of the Exact Parameters of Heavy Atoms in Isomorphic Acentric Crystals. Acta Crystallogr. *12*, 665 (1959).
88. BLOW, D. M., CRICK, F. H. C.: The Treatment of Errors in Isomorphous Replacement Method. Acta Crystallogr. *12* 794 (1959).
89. KARTHA, G.: Isomorphous Replacement Method in Noncentrosymmetric Structure. Acta Crystallogr. *14*, 680 (1961).
90. PERUTZ, M. F.: Isomorphous Replacement and Phase Determination in Noncentrosymmetric Space Groups. Acta Crystallogr. *9*, 867 (1956).
91. BLOW, D. M., ROSSMANN, G.: The Single Isomorphous Replacement Method. Acta Crystallogr. *15*, 1060 (1962); *14*, 1195 (1961).
92. KARTHA, G., PARASARATHY, R.: Combination of Multiple Isomorphous Replacement and Anomalous Dispersion Data for Protein Structure.
   I. Determination of heavy Atom Position in Protein Derivatives. Acta Crystallogr. *18*, 745 (1965).
   II. Correlation of Heavy Atom Position in Different Isomorphous Protein Crystals. Acta Crystallogr. *18*, 749 (1965).
   III. Refinement of Heavy Atom Position by Least Squares. Acta Crystallogr. *19*, 883 (1965).
93. HARKER, D., KASPER, J. S.: Phase of Fourier Coefficients Directly from Diffraction Data. Acta Crystallogr. *1*, 70 (1948).
94. KARLE, J., HAUPTMANN, H.: The Phases and Magnitudes of Structure Factors. Acta Crystallogr. *3*, 181 (1950).
95. SAYRE, D.: The Squaring Method. A New Method for Phase Determination. Acta Crystallogr. *5*, 60 (1952).
96. HAUPTMANN, H., KARLE, J.: Solution of the Phase Problem of Centrosymmetric Crystals. ACA Monograph Nr. 3, Pittsburgh Polycrystal Book Service (1953).
97. WOOLFSON, M. M.: The Statistical Theory of Sign Relationships. Acta Crystallogr. *7*, 61 (1954).
98. COCHRAN, W., WOOLFSON, M. M.: The Theory of Sign Relation between Structure Factors. Acta Crystallogr. *8*, 1 (1955).
99. COCHRAN, W.: Relationships between the Phases of Structure Factors. Acta Crystallogr. *8*, 473 (1955).
100. KLUG, W.: Joint Probability Distribution of Structure Factors and the Phase Problem. Acta Crystallogr. *11*, 515 (1958).
101. WOOLFSON, M. M.: Direct Methods in Crystallography. Oxford at the Clarendon Press, 1961.
102. MAIN, P., WOOLFSON, M. M.: Direct Determination of Phase by the Use of Linear Equations between Structure Factors. Acta Crystallogr. *16*, 1046 (1963).
103. KARLE, J., KARLE, I. L.: The Symbolic Addition Procedure for the Phase Determination for Centrosymmetric and Noncentrosymmetric Crystals. Acta Crystallogr. *21*, 849 (1966).
104. KARLE, I. L., KARLE, J.: An Application of Symbolic Addition Procedure to Space Group $P2_1$ and the Structure of the Alkaloide Panamine. Acta Crystallogr. *21*, 860 (1966).
105. KARLE, J.: Partial Structural Information Combined with Tangent Formula. Acta Crystallogr. *B24*, 182 (1968).
106. GERMAIN, G., WOOLFSON, M. M.: On the Application of Phase Relationship on Complex Structures I. Acta Crystallogr. B *24*, 91 (1968).

107. WEINZIERL, J. E., EISENBERG, D., DICKERSON, R. E.: On the Use of Tangent Formula to Extend the Resolution of Protein Phases. Acta Crystallogr. B 25, 380 (1969).
108. GERMAIN, G., MAIN, P., WOOLFSON, M. M.: On the Application of Phase Relationship to Complex Structures II. Getting a Good Start. Acta Crystallogr. B 26, 274 (1970).
109. TSUCHARIS, G.: A New Method for Phase Determination. The Maximum Determination Rule. Acta Crystallogr. A 26, 492 (1970).
110. AENDRICKSON, W. A., LATTMANN, E. E.: Representation of Phase Probability Distribution for Simplified Combination of Independant Phase Information. Acta Crystallogr. B 26, 136 (1970).
111. COULTER, CH. L., DEWAR, R. B. K.: Tangent Formula Application in Protein Crystallography. Acta Crystallogr. B 27, 1730 (1971).
112. GERMAIN, G., MAIN, P., WOOLFSON, M. M.: On the Application of Phase Relationships to Complex Structures III. The Optimum Use of Phases. Acta Crystallogr. A 27, 368 (1971).
113. BÜNGI, H. B., Dunitz, J. D.: Multiple Solution of Crystal Structures by Direct Methods. Acta Crystallogr. A 27, 117 (1971).
114. KARLE, J.: A Generalisation of the Tangent Formula Acta Crystallogr. B 27, 2063 (1971).
115. HAUPTMANN, H., KARLE, J.: Structure Invariants and Seminvariants for Noncentrosymmetric Space Groups. Acta Crystallogr. 9, 45 (1956).
116. KARLE, J., HAUPTMANN, H.: A Theory of Phase Determination for the Four Types of Noncentrosymmetric Space Groups 1P 222, 2P 22, 3P$_1$ 2, 3P$_2$2. Acta Crystallogr. 9, 635 (1956).
117. HAUPTMANN, H., KARLE, J.: Seminvariants for Centrosymmetric Space Groups with Conventional Cells. Acta Crystallogr. 12, 93 (1959).
118. PREWITT, C. T.: Fortran Crystallographic Least Squares Program Report ORNL TM 305. Oak Ridge National Laboratory. Oak Ridge, Tennessee (1962).
119. BUSING, W. R., MARTIN, K. O., LEVY, H. A.: A Fortran Crystallographic Least Squares Program. Report TM 305 Oak Ridge National Laboratory, Oak Ridge, Tennessee (1962).
120. ERMER, O., DUNITZ, J. D.: Least Squares Refinement of Centrosymmetric Trial Structure in Noncentrosymmetric Space Groups — A Warning — Acta Crystallogr. A 26, 163 (1970).
121. CELLER, S., HILL, M.: Parameter Interaction in Least Squares Structure Refinement. Acta Crystallogr. 14, 1026 (1961).

VIII. Beispiele

Einleitung

Der Entschluß, ein organisches Molekül röntgenographisch zu untersuchen, kann sehr verschiedene Gründe haben:

1) Bei verhältnismäßig *kleinen Molekülen* ist neben der Kenntnis ihrer Konstitution und Konfiguration auch das Wissen um zwischen- oder innermolekulare Wechselwirkungen (z. B. Wasserstoffbrücken) interessant. Auch zur Überprüfung und Ergänzung von quantenchemisch — etwa durch *MO*-Berechnung — gewonnenen Daten ist das durch Röntgenstrukturanalyse erhaltene Bild eines Moleküls wichtig, denn aus ihm können Bindungslängen und Bindungswinkel entnommen werden; aus den Bindungslängen lassen sich die Bindungsordnungen bestimmen.

2) Bei *„großen Molekülen"*, worunter Moleküle vom Molekulargewicht über 1000 verstanden sein sollen, ist die Röntgenstrukturanalyse oft die einzige zuverlässige Methode der Strukturaufklärung; sie liefert auch Angaben über die äußere Gestalt des Moleküls (z. B. Sekundär- und Tertiärstruktur eines Proteins).

Die Frage, nach welcher Methode man arbeiten soll, wird immer wieder diskutiert werden. Leider gibt es dafür keine feste Regel. Die folgenden Beispiele können aber Hinweise bieten, die sich auf ähnliche Aufgaben übertragen lassen. Die Beispiele sollen zugleich die Möglichkeiten und Grenzen der Methoden zeigen.

1. Strukturen, die mit der Schweratom-Methode bearbeitet wurden

Die Schweratom-Methode wird sehr gerne zur Bestimmung der Konstitution und Konfiguration organischer Moleküle benutzt. Das hat zwei Gründe.

Einmal lassen sich von zu untersuchenden Verbindungen oft gut kristallisierende Salze oder Komplexe darstellen, seien es nun Metallsalze von Säuren, Additionsverbindungen mit Schwermetallsalzen oder Hydrohalogenide organischer Basen. Die Methode spielt deshalb z.B. eine hervorragende Rolle bei der Strukturaufklärung von Alkaloiden.

Zum anderen ist die Schweratom-Methode unter gewissen Voraussetzungen eine Methode, die *in kurzer Zeit* zum Ziel führt. Eine ihrer Voraussetzungen bleibt die richtige Wahl des Schweren Atoms. Die Strukturfaktor-Gleichung kann als die Summe aus den Strukturfaktoren der Schweren und Leichten Atome geschrieben werden: $F = F_S + F_L$. Das Schweratom muß nun in seinem Gewicht (= Streubeitrag) eine möglichst günstige Relation zum Restmolekül besitzen. Beispielsweise reicht für die meisten Alkaloide (die ein Molekulargewicht um 300 bis 400 besitzen) Chlor als Schweratom nicht aus. Brom kann günstig sein (vgl. S. 161). Jod dagegen ist evtl. zu schwer, d.h. ganz geringe Änderungen in den Jodpunktlagen machen sich auf das übrige Molekül stark bemerkbar. Das besagt zwar nicht, daß es unmöglich wäre, Schweratomstrukturen mit zu leichten oder zu schweren Atomen zu lösen, jedoch wird man immer versuchen, das Gewichtsverhältnis zwischen Schweratom und Molekül möglichst günstig zu gestalten.

In erster Näherung sollte je Elementarzelle die *Summe der Quadrate der Ordnungszahlen* (= Elektronenzahlen) der Schweren Atome gleich sein der Summe der Quadrate der Ordnungszahlen der Leichten Atome. Diese Regel stützt sich auf die Beziehung

$$I_{hkl} = g(f_i^2),$$

nach der der Streubeitrag I jedes einzelnen Atoms eine Funktion des Quadrates der Atomformamplitude f_i darstellt. Danach sind im statistischen Mittel schon $3/4$ der Vorzeichen der Gesamtstruktur identisch mit den Vorzeichen der durch das Schwere Atom allein bestimmten Strukturfaktoren. Tatsächlich liegt der Anteil jedoch höher, wie eine verfeinerte Betrachtung von SIM [1] beweist. Nach seinen Angaben ist *der Prozentsatz r* abhängig von einem Parameter

$$r = \frac{f^2\text{schwer}}{f^2\text{leicht}}$$

Der Prozentsatz der richtigen Vorzeichen in Abhängigkeit von r ergibt sich aus Abb. 8.1.

Daraus geht hervor, daß durchaus auch mit ungünstigeren Verhältnissen als $r = 1$ noch brauchbare Ergebnisse erzielt werden können. Das ist insofern wichtig, als ein zu großes Übergewicht des Schweren Atoms

160   Beispiele

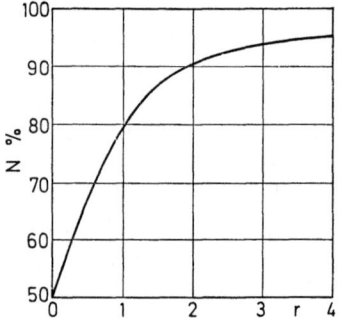

Abb. 8.1 Anteil der Strukturfaktoren, deren Vorzeichen allein durch das Schwere Atom bestimmt werden, in Abhängigkeit von r (Zentrosymmetrischer Fall)

die Verfeinerung der Punktlagen der Leichten Atome ganz erheblich stören kann. Kleine Variationen dieser Punktlagen beeinflussen dann weder Vorzeichen noch Beträge, so daß damit die Zuverlässigkeit einer Strukturbestimmung abnimmt.

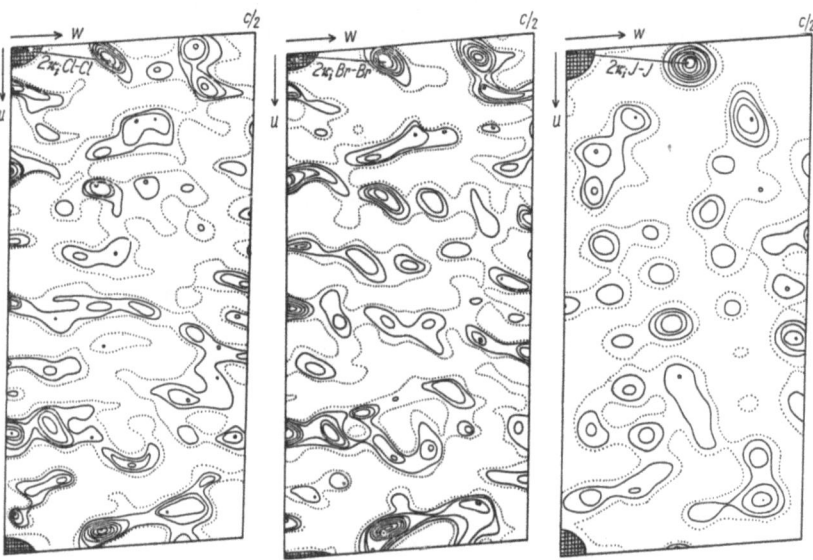

Abb. 8.2 Patterson-Projektionen P (uw) von a) Samandarin-hydrochlorid, b) Samandarin-hydrobromid, c) Samandarin-hydrojodid. Aus: Chem. Ber. *94* (1968) Verlag Chemie, Weinheim

Strukturen, die mit der Schweratom-Methode bearbeitet wurden   161

Ein Beispiel möge das Gesagte erläutern. Im Rahmen der *Strukturbestimmung des Samandarins* [2] wurden das Hydrochlorid, das Hydrobromid und das Hydrojodid vermessen. Die Punktlagen des Schweren Atoms wurden, wie S. 116 beschrieben, aus den Patterson-Funktionen erhalten.

Abb. 8.2 gibt nun die drei Patterson-Funktionen nebeneinander wieder.

Aus ihnen geht hervor, daß der *Cl-Cl*-Vektor sich kaum aus den übrigen Maxima hervorhebt, der *Br-Br*-Vektor tritt deutlich hervor, beim *J-J*-Vektor verschwinden die übrigen Maxima schon wieder. Das bedeutet, daß hier als Schweres Atom das *Brom* am geeignetsten ist. Dies ist auch in Übereinstimmung mit der Berechnung nach SIM:

$C_{19}H_{31}NO_2 \cdot CH_3OH$ HX
$20 \times 6^2 = 720$ $X = Cl, \ Br, \ J$
$36 \times 1^2 = 36$ $Z = 17 \quad 35 \quad 53$
$1 \times 7^2 = 49$ $Z_S^2 = 289 \quad 1.225 \, 2.809$
$3 \times 8^2 = 192$

$Z_L^2 = 997$

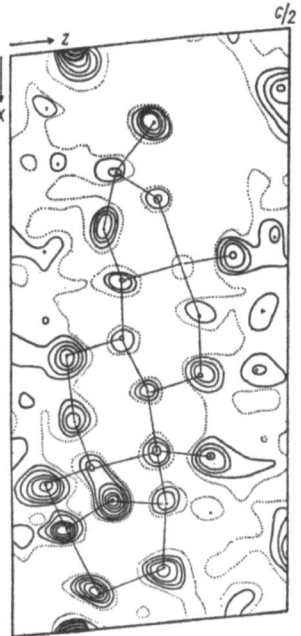 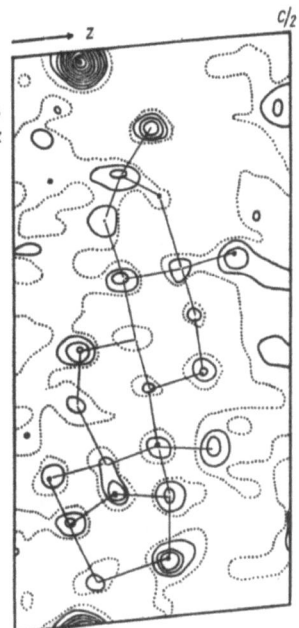

Abb. 8.3 Fourier-Projektionen $\varrho\,(x, z)$ von a) Samandarin-hydrobromid, b) Samandarin-hydrojodid. Aus: Chem. Ber. *94* (1968) Verlag Chemie, Weinheim

Auch nach dieser Berechnung ist das Gewicht des Chlors zu gering, das des Jods zu groß. Die 1. Fourier-Rechnung bestätigte dieses Ergebnis. Die Rechnung mit Cl als Schwerem Atom brachte keine Auflösung, die mit Br als Schwerem Atom zeigt alle Atome des Moleküls mit nur einer Ausnahme; beim Jod dagegen fehlen 4 Atome, von den übrigen heben sich 9 nur wenig aus dem Untergrund heraus.

a) Cholesterin

Eine sehr ausführliche Beschreibung des Ganges einer Strukturanalyse nach der Schweratom-Methode findet sich bei H. BÜRKI und W. NOWACKI [3]. Sie beschreiben die Untersuchung des *Cholesterylbromids*. Vermessen wurden

7 α-Brom-cholesterylbromid (I)
-cholesterylchlorid (II)
-cholesterylmethyläther (III)

Die drei Verbindungen kristallisieren monoklin, in der Raumgruppe $P2_1$ mit zwei Molekülen je Elementarzelle. Die Gitterkonstanten sind

	a	b	c	β
I	12,05	8,75	12,57	101° 19'
II	11,95	8.78	12,54	101° 11'
III	12,46	8,88	12,32	99° 10'

Aus dieser Aufstellung geht hervor, daß die drei Substanzen isotyp kristallisieren. Außer der Schweratom-Methode wurde daher auch die Methode des isomorphen Ersatzes angewandt (vgl. S. 132). Die Struktur wurde schließlich auch nach dem Superpositionsverfahren (vgl. S. 117) gelöst. Sehr instruktiv ist die Gegenüberstellung der drei angewandten Verfahren.

Die Beugungsaufnahmen wurden mit der Mehrfachfilm-Technik durchgeführt; die Intensitäten wurden visuell geschätzt. Die Brompunktlagen wurden anschließend aus Patterson-Projektionen längs a, b und c bestimmt. Mit ihrer Hilfe gelang es dann durch Fourier-Analysen, das gesamte Molekülbild zu erhalten. Die Untersuchungen wurden mit einem *Zuverlässigkeitsindex* $R = 0,2$ abgeschlossen.

b) 1.8-Diaza-cyclotetradecan · 2 HBr

Ein weiteres Beispiel für die Anwendung der Schweratom-Methode ist die Strukturermittlung des *1.8-Diaza-cyclotetradecan-dihydrobromids*

[4]. Die Verbindung kristallisiert orthorhombisch in der Raumgruppe *Pccn*. Die Gitterkonstanten sind

$$a = 13{,}58 \qquad b = 14{,}81 \qquad c = 8{,}01 \qquad Z = 4$$

Die Intensitäten der Reflexe hk0 bis hk9 wurden mit $MoK\alpha$-Strahlung vermessen. Insgesamt handelt es sich um 1500 Reflexe, von denen 734 als „zuverlässig" angesehen wurden, d. h. mindestens 4 mal größer als ihre Standardabweichungen waren.

Die Brompunktlage ergab sich wie üblich aus der Patterson-Projektion. Bereits die erste Fourier-Synthese führte zu einem Molekülmodell. Die Verfeinerung der Struktur geschah mit Hilfe der Methode der kleinsten Fehlerquadrate; der Ablauf dieser Verfeinerung ist aus der Tabelle ersichtlich.

Tabelle 8.1

Cyclus	Molekülmodell = eingegebene Atome	R-Faktor
I	*Br, C, N*, alle Atome isotrop	0,103
II	*Br, C, N, H*, alle Atome isotrop	0,097
III	*Br* anisotrop, alle anderen Atome isotrop	0,064
IV	alle Atome — außer *H* — anisotrop	0,061

Aus dieser Tabelle ist auch der vergleichsweise geringe Einfluß der Wasserstoffatome (Cyclus I → Cyclus II) auf den R-Faktor und damit auf die Zuverlässigkeit der gesamten Struktur abzulesen.

Dagegen spielt die Einführung anisotroper Temperaturfaktoren anstelle isotroper (II → III → IV) eine sehr viel entscheidendere Rolle.

c) Carnosin-Cu(II)-Komplex

Von Bedeutung für das Verständnis der chemischen Bindungsfragen ist die *Struktur von Komplexen*. Zu diesen zählen u. a. Komplexe zwischen Schwermetallen und Aminosäuren bzw. Peptiden, die besonders deswegen interessant sind, weil häufig auch in biologischen Systemen derartige Gruppierungen auftreten. Hier sind besonders Histidin-Reste zur Metallbindung befähigt.

Um derartige Bindungsverhältnisse zu studieren, wurde der erstmals von MAUNTHNER erhaltene [5] Carnosin-Kupfer(II)-Komplex dargestellt und röntgenographisch untersucht [6].

Das Carnosin ist ein Dipeptid (β-Alanyl-histidin); es ist in der Natur weit verbreitet (Muskelfasern, Hautdrüsensekrete von Amphibien). Es ist das Substrat des Enzyms Carnosinase; über seine biologische Funktion ist noch nichts bekannt [7, 8, 9].

Zur Darstellung des Komplexes wird eine alkalische, konzentrierte Lösung von $Cu(OH)_2$ und Carnosin im Wasser langsam eingedunstet. Dabei entstehen tiefblaue Kristalle der Summenformel $C_9H_{12}N_4O_3Cu \cdot 2H_2O$.

Die Verbindung kristallisiert trigonal in der Raumgruppe $P3_12$ mit 6 Molekülen je Elementarzelle. Die Gitterkonstanten sind

$$a = 8,641$$
$$c = 30,576$$

Mit der $CuK\alpha$-Strahlung wurden die Beugungsdiagramme in den Ordnungen $h=0$ bis $h=5$ aufgenommen. Insgesamt wurden 1319 un-

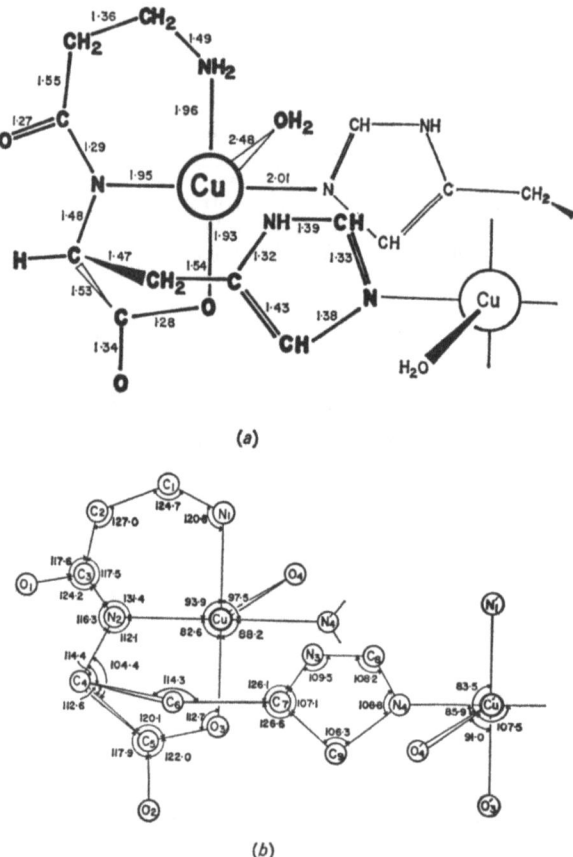

Abb. 8.4 Struktur des Carnosin-Kupfer(II)-Komplexes, a) Bindungslängen, b) Bindungswinkel

abhängige Reflexe beobachtet; bei 135 Reflexen ist die Intensität nahezu Null.

Aus einer Patterson-Funktion wurde zunächst die Punktlage des Kupfers, das hier als Schweratom dient, bestimmt. Die erste Fourier-Synthese besaß einen Zuverlässigkeitsindex $R = 0{,}26$, der in 7 Least-Squares-Cyclen auf 0.10 verbessert wurde.

Das Ergebnis der Strukturermittlung zeigt, daß das Kupfer an die Hydroxylgruppe der Carbonsäure-Funktion und an den deprotonierten Stickstoff der Amidgruppierung gebunden ist. Koordinative Bindungen bestehen zum Stickstoffatom der terminalen Aminogruppe sowie zum N—4 des Imidazol-Rings des nächsten Carnosin-Moleküls; damit wird eine Verknüpfung durch den ganzen Kristall erreicht (vgl. Abb. 8.4). Die Koordination des Kupfers ist praktisch quadratisch pyramidal.

d) Testosteron-$HgCl_2$-Komplex

Zur Komplexbildung mit organischen Molekülen ist $HgCl_2$ besonders befähigt. So bildet *Testosteron mit $HgCl_2$* in benzolischer Lösung einen 2:1-Komplex [10].

Der Komplex kristallisiert bei 50 °C aus benzolischer Lösung in monoklinen Prismen. Die Elementarzelle enthält zwei Formeleinheiten zu je 2 Testosteron · $HgCl_2$. Die Gitterkonstanten sind

$$a = 21{,}339$$
$$b = 7{,}784$$
$$c = 12{,}640$$
$$\beta = 120{,}00°$$

Die Raumgruppe ist $C2$, wie sich aus den Auslöschungen für die Reflexe $h + k = 2n + 1$ ergibt. Die Aufnahmen wurden mit $CuK\alpha$-Strahlung gemacht; insgesamt wurden 1940 unabhängige Reflexe vermessen.

Das Quecksilberatom (zusammen mit 2 Chlor-Atomen) ist im Verhältnis zum Restmolekül zu schwer, um die Schweratom-Methode in üblicher Weise anwenden zu können. Die Phasen werden praktisch ausschließlich vom Quecksilber bestimmt. In der Patterson-Synthese konnten 32 starke Vektoren (Hg—Cl, Hg—C) gefunden werden, die versuchsweise als Atompunktlagen angesetzt wurden. Sieben von ihnen erwiesen sich als richtig. Für die Fourier-Synthese wurde das Hg-Atom in den Koordinaten-Nullpunkt gesetzt; damit besitzt es keinen Einfluß mehr auf die Phasen. Die Fourier-Synthese wurde sodann mit den Punktlagen der beiden Chlor-Atome und der sieben Kohlenstoffatome be-

166   Beispiele

rechnet. Durch *LSQ*-Verfeinerung (Methode der kleinsten Fehlerquadrate) konnte ein *R*-Faktor von 0,064 erreicht werden. Die Struktur zeigt Abb. 8.5.

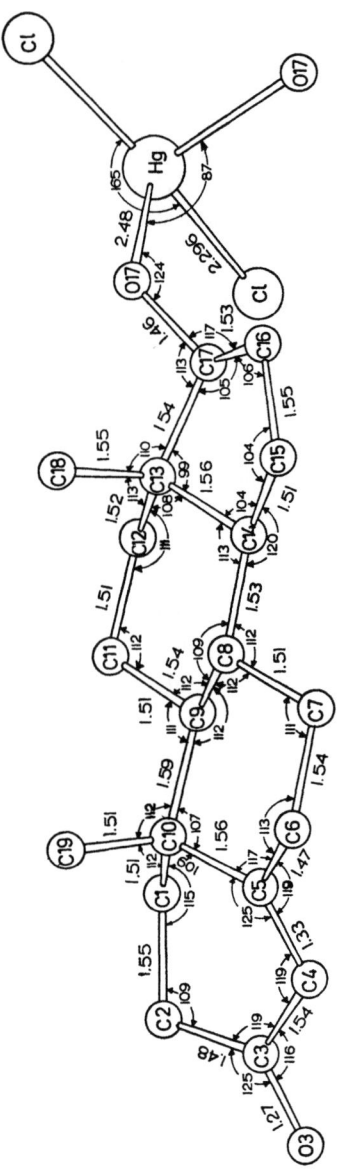

Abb. 8.5 Räumliches Modell des Komplexes 2 Testosteron · HgCl$_2$. Die Abbildung zeigt einen stark deformierten Tetraeder am Quecksilberatom

Abb. 8.6 Räumliche Verknüpfung der Testosteron-HgCl$_2$-Moleküle im Kristallgitter, Projektion längs der kurzen Achse. Projektion auf die 010-Ebene. Die Wasserstoffbrückenbindung ist punktiert. o = Sauerstoff der Hydroxylgruppe in 17-Stellung, ● = Sauerstoff in 3-Ketostellung

e) Diosgenin-jodacetat [11]

Ausgangsmaterial für die industrielle Herstellung vieler Steroidhormone ist das Diosgenin, das als Glycosid in *Dioscorea spp.* (Mittelamerika) vorkommt. Konstitution und Konfiguration des Moleküls konnte in zahlreichen Arbeiten auf chemischem Wege weitgehend bestimmt werden [12, 13, 14, 15, 16].

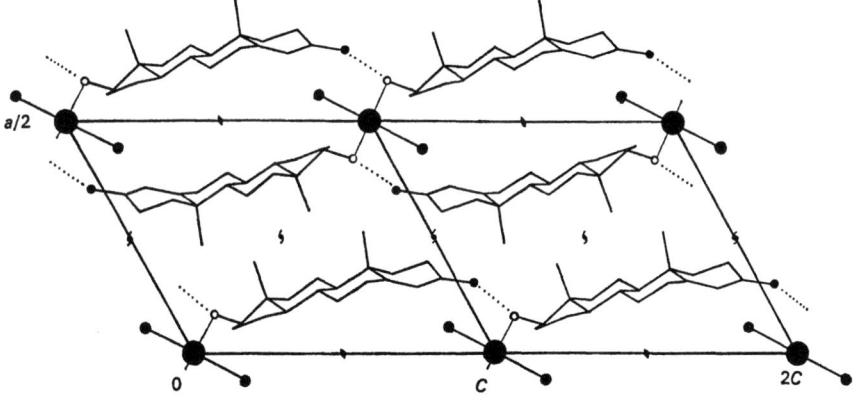

Unbekannt blieb bei diesen Untersuchungen die Konfiguration an den C-Atomen 22 und 25. Zur Klärung dieser Frage wurde eine Röntgenstrukturanalyse durchgeführt. Um die Schweratom-Methode anwenden zu können, wurde die *OH*-Gruppe in 3-Stellung mit Jodessigsäure verestert.

168 Beispiele

Das Diosgeninjodacetat kristallisiert monoklin in der Raumgruppe $P2_1$ mit 4 Molekülen in der Elementarzelle. Die Gitterkonstanten sind

$$a = 12{,}56$$
$$b = 6{,}16$$
$$c = 35{,}86$$
$$\beta = 92{,}0°$$

Die Jodpunktlagen wurden aus einer 3-dimensionalen Patterson-Synthese bestimmt. Da die J-Koordinaten in y-Richtung um $1/2$ differieren, zeigt eine Elektronendichteverteilung, die mit Phasenwinkeln berechnet wird, die auf diesen Jod-Koordinaten basieren, ein unzutreffendes Symmetriezentrum. Es wurde daher auf eine 3-dimensionale Fourier-Synthese verzichtet und lediglich eine 2-dimensionale Projektion längs b (entsprechend y), also auf die x, z-Ebene projiziert, gerechnet. Der R-Faktor betrug 18%.

Aus dieser Projektion (Abb. 8.7) ging die Konfiguration an den fraglichen Asymmetriezentren hervor; sie ist in der oben angegebenen Strukturformel wiedergegeben.

f) Ergoflavin

Aus dem Farbstoff der Sklerotien des Pilzes *Claviceps purpurea* wurden eine Reihe kristalliner Pigmente isoliert. Eines der ersten davon war das Ergoflavin: 1912 von FREEBORN [17] isoliert und WHALLEY et al. untersucht [18, 19]. Der endgültige Strukturbeweis gelang — wie in vielen Fällen — auch hier erst durch die Röntgenstrukturanalyse, die von J. M. ROBERTSON und Mitarb. durchgeführt wurde [20].

Strukturen, die mit der Schweratom-Methode bearbeitet wurden   169

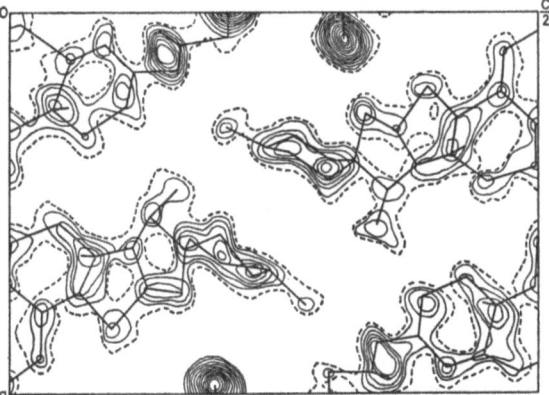

Abb. 8.7 Elektronendichte-Projektion ϱ (x, z) des Diosgeninjodacetats

Um die Schweratom-Methode benützen zu können, wurde das Ergoflavin in sein *Di-p*-jodbenzoat übergeführt:

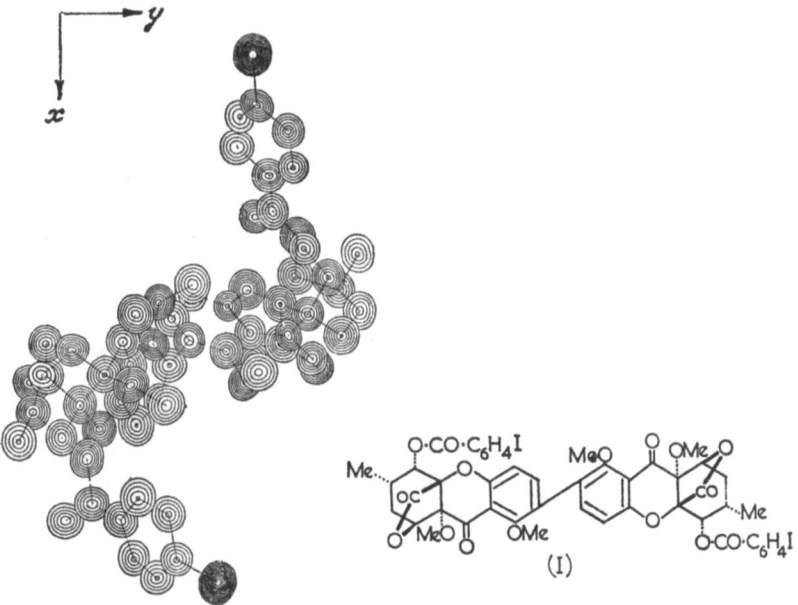

Abb. 8.8 3-Dimensionale Elektronendichteverteilung im Tetra-O-methylergoflavin-di-p-jodbenzoat (Blickrichtung längs der z-Achse)

Die Substanz kristallisiert orthorhombisch in der Raumgruppe $P2_12_12_1$ mit 4 Molekülen je Elementarzelle. Die Gitterkonstanten sind:

$$a = 13{,}23$$
$$b = 38{,}70$$
$$c = 9{,}37$$

Insgesamt wurden 2900 unabhängige Reflexe vermessen. Die Jod-Koordinaten wurden einer Patterson-Synthese entnommen, der Rest des Moleküls in der üblichen Weise durch Fourier-Synthesen bestimmt. Die Struktur wurde mit einem R-Faktor $= 21^0/_0$ abgeschlossen.

Anschließend wurde die absolute Konfiguration des Moleküls nach der Methode von BIJVOET [21] durch Auswertung der anomalen Streuung bestimmt.

g) Kreysiginin

Die Bestimmung der absoluten Konfiguration ist bei vielen Naturstoffen von großer Wichtigkeit, so auch bei dem Alkaloid Kreysiginin. Das Ergebnis der nachfolgend geschilderten Strukturanalyse ergab, daß das Kreysiginin die entgegengesetzte absolute Chiralität wie das Morphin besitzt.

Untersucht wurde das Kreysiginin-jodmethylat [22] $C_{21}H_{27}NO_5 \cdot CH_3J \cdot CH_3 \cdot CO \cdot CH_3$. Die Verbindung kristallisiert orthorhombisch in der Raumgruppe $P2_12_12_1$ mit 4 Molekülen je Elementarzelle. Die Gitterkonstanten sind $a = 8{,}366$, $b = 16{,}349$, $c = 18{,}606$. Die Intensitäten von 2058 Reflexen wurden mit $CuK\alpha$-Strahlung gemessen.

Die Kristallstruktur wurde nach der Schweratom-Methode bestimmt, die Verfeinerungen mit Hilfe von Differenz-Fourier-Synthesen und LSQ-Verfahren durchgeführt [1]. Der Zuverlässigkeitsfaktor betrug schließlich $11^0/_0$.

Die Ergebnisse stehen im Einklang mit früher gewonnenen chemischen Untersuchungen [23, 24].

Die absolute Konfiguration wurde nach der Methode von BIJVOET bestimmt [18, 25], die auf der anomalen Streuung der $CuK\alpha$-Strahlung durch die Jodatome beruht.

Zusätzlich wurde die absolute Chiralität des Morphins experimentell überprüft.

h) Morphin · HJ · 2H$_2$O

Morphin-hydrojodid [26] ($C_{17}H_{19}NO_3 \cdot HJ \cdot 2H_2O$) kristallisiert orthorhombisch in der Raumgruppe $P2_12_12_1$ mit 4 Molekülen in der Elementarzelle. Die Gitterkonstanten sind

$$a = 20{,}07$$
$$b = 12{,}75$$
$$c = 6{,}94$$

Die Jod-Koordinaten wurden aus zwei Patterson-Projektionen längs b (mit den h0l-Reflexen) und längs c (mit den hk0-Reflexen) bestimmt zu

$$x = 0{,}069$$
$$y = 0{,}058$$
$$z = 0{,}442$$

Mit diesen Werten wurden die übrigen Atompunktlagen bestimmt, die die chemisch gewonnenen Ergebnisse [27] bestätigten.

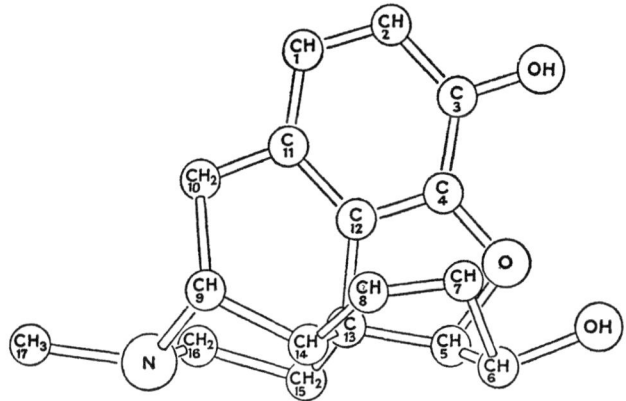

Abb. 8.9 Morphin-Molekül, gezeichnet auf der Basis der Atom-Koordinaten

172 Beispiele

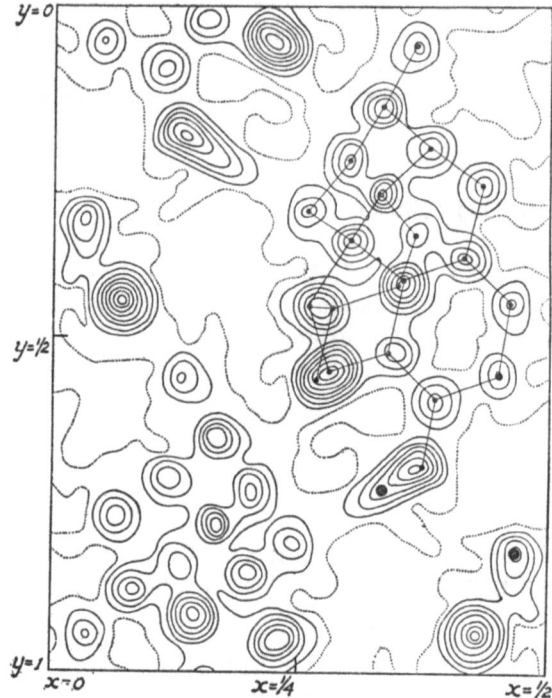

Abb. 8.10 Elektronendichte des Morphinhydrojodid-dihydrates, projiziert auf (001)

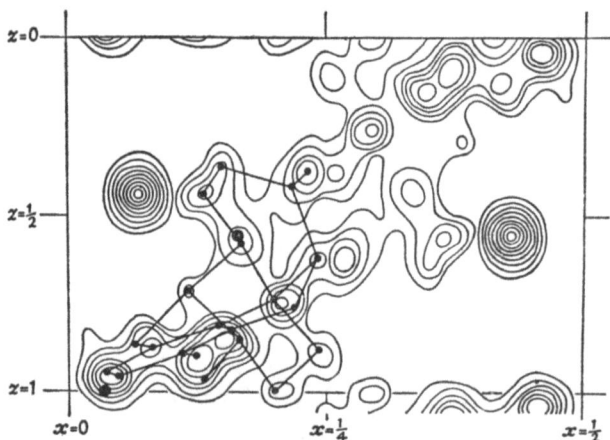

Abb. 8.11 Elektronendichte des Morphinhydrojodid-dihydrates, projiziert auf (010)

i) Samandarin

Im Falle des Samandarins [28] konnte die Konstitution und Konfiguration des Moleküls erst nach einer Röntgenstrukturanalyse festgelegt werden. Untersucht wurden die drei isomorphen Hydrohalogenide.

Sie kristallisieren monoklin in der Raumgruppe $P2_1$ mit 2 Molekülen je Elementarzelle. Die Gitterkonstanten sind

	a	b	c	β
Samandarin · HCl	12,83	6,15	12,47	93°
Samandarin · HBr	12,98	6,28	12,43	95°
Samandarin · HJ	13,10	6,50	12,53	97°

Mit $CuK\alpha$-Strahlung wurden die Reflexe h00 bis h04 aufgenommen. Die Lage der Halogen-Ionen ergab sich aus Patterson-Projektionen längs der 2_1-Achse. Ein Vergleich der drei Patterson-Projektionen zeigt besonders deutlich das Gewicht des Schweratoms zum Gesamtstreubeitrag (vgl. S. 159). Während der Cl-Cl-Vektor sich kaum heraushebt, ist der J-J-Vektor deutlich von den übrigen Maxima der Projektion zu unterscheiden.

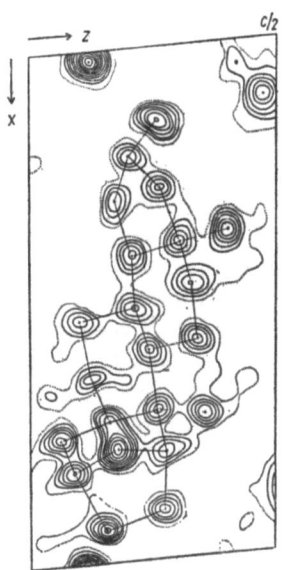

Abb. 8.12 Fourier-Projektion (x,z) des Samandarin-hydrobromids längs der kurzen (b) Achse. Aus: Chem. Ber. *94* (1968) Verlag Chemie, Weinheim

Die Vorzeichen der 350 gemessenen Strukturamplituden wurden nach zwei Verfahren berechnet:

1. Nach der Methode des isomorphen Ersatzes.
   Das Ergebnis der so erhaltenen Fourier-Synthese ließ sich nur schwer deuten;
2. nach der Schweratom-Methode.
   Hier ergab sich bereits aus der ersten Fourier-Synthese ein rohes Molekülmodell, das in der üblichen Weise verfeinert wurde.

Darauf basierend wurde eine dreidimensionale Fourier-Synthese mit 1424 Strukturamplituden gerechnet und ebenfalls verfeinert. Das Ergebnis zeigt die Abbildung 8.12.

j) Der π-Komplex Pikrinsäure/1-Brom-2-aminonaphthalin

Zur Frage von Bindungsverhältnissen in π-Komplexen wurde der π-Komplex aus Pikrinsäure und 1-Brom-2-amino-naphthalin untersucht [29]. Die Substanz kristallisiert monoklin in der Raumgruppe $P2_1/n$ mit 4 Molekülen je Elementarzelle. Die Gitterkonstanten sind

$$a = 14,24$$
$$b = 16,99$$
$$c = 7,01 \text{Å}$$
$$\beta = 96,63°.$$

Die Struktur wurde auch hier nach der Schweratom-Methode bestimmt; die Verfeinerung erfolgte durch Differenzfourier- und LSQ-Methoden.

Das Ergebnis zeigt, daß die Struktur aus Stapeln von alternierenden Donator- und Acceptor-Molekülen besteht, die 3,55 Å Abstand voneinander haben. Es gibt keinen Hinweis darauf, daß je ein Donator- und ein Acceptor-Molekül zu einem Paar vereinigt sind. Bemerkenswert ist, daß die Struktur *statistisch ungeordnet* ist, und zwar zu 17%. Solche statistische Unordnungen finden sich auch in den π-Komplexen von Indol bzw. Azulen mit Trinitrobenzol [30, 31].

k) $AgClO_4$/Benzol-Komplex

Der Komplex aus Silberperchlorat und Benzol (1:1) entsteht beim Umkristallisieren von $AgClO_4$ aus Benzol. Er kristallisiert orthorhombisch in der Raumgruppe $C2\ cm$ [32] mit 4 Molekülen je Elementarzelle.

Die Gitterkonstanten sind

$$a = 7,96$$
$$b = 8,34$$
$$c = 11,7$$

Die Röntgenstrukturanalyse [33] wurde mit Hilfe von Patterson- und Fourierprojektionen längs der drei Achsen nach der Schweratom-Methode vorgenommen. Danach besteht die Struktur aus —Ag—Benzol—Ag—Benzol-Ketten und getrennt davon ClO_4^--Ionen. Die Positionen der Silber-Ionen sind ungeordnet mit Ag—C-Abständen von 2,50 bzw. 2,63Å. Der Benzolring ist verzerrt; die dem Ag-Ion am nächsten liegenden C—C-Abstände betragen 1,35, die übrigen 1,43 Å. Offensichtlich führt die Polarisierung des π-Bindungssystems zu einem Wachsen der Elektronendichte in der Nähe der Silber-Ionen. Diese Erscheinung ist stärker als eine Charge-transfer-Bindung. Für letztere wurde ein Betrag von 15,7 kcal/Mol berechnet.

Die Verfeinerungen der Struktur wurden mit 522 Reflexen nach der LSQ-Methode durchgeführt; der R-Faktor betrug am Ende 9,4%.

1) Vitamin B_{12}

Ein besonders eindrucksvolles Beispiel für die Leistungsfähigkeit der Schweratom-Methode ist die Strukturbestimmung des Vitamins B_{12}, die Dorothy CROWFOOT-HODGKIN und Mitarb. gelang [34, 35, 36, 37, 38, 39]. Zur Phasenbestimmung diente das Kobalt-Atom.

Kobalt ist kein sehr schweres Atom verglichen mit der Gesamtmasse des Vitamin B_{12}-Moleküls. Der Streubeitrag ist nur 14% des Gesamtstreubetrags des Moleküls. Es ist daher überraschend, daß es trotzdem gelang, das Elektronendichtebild, das ausschließlich auf den mit dem Co-Atom-Beiträgen berechneten Phasen basierte, zu interpretieren. Es handelt sich dabei zunächst vor allem um Atome in der Nähe des Kobalt-Atoms.

Tabelle 8.2. Die wichtigsten Aufnahmedaten von Vitamin B_{12} und Derivaten

	a	b	c	Beobachtete Reflexe
Vit B_{12}, „naß"	25,33	22,32	15,92	2927
Vit B_{12}, „trocken"	24,35	21,29	16,02	2696/2082 (Princeton/Oxford)
B_{12}, SeCN, „naß"	25,63	22,45	15,78	—
B_{12}SeCN, „trocken"	23,98	21,46	16,02	2229
Hexacarbonsäure	24,58	15,52	13,32	3351

Es war allerdings nicht möglich, diese Punktlagen ausschließlich aus den Vitamin B_{12}-Kristallen zu erhalten. Vielmehr resultierte die Gesamtstruktur aus immer neuen Vergleichen der Befunde an 4 verschiedenen Verbindungen die das Corrin-Gerüst des Vitamins enthielten.

Alle diese Substanzen kristallisieren orthorhombisch in der Raumgruppe $P2_12_12_1$; die Elementarzellen enthalten vier Moleküle.

Die dreidimensionalen Daten wurden photographisch aufgenommen, die Intensitäten visuell geschätzt. Die Arbeitsgruppe in Oxford arbeitete, um Dispersionseffekte möglichst gering zu halten, mit CrK_α-Strahlung. Die Aufnahmen in Princeton wurden mit Kupfer-$K\alpha$-Strahlung gemacht.

Die Strukturermittlung begann mit Patterson-Synthesen zur Punktlagenbestimmung der Schweren Atome. Anschließend wurden die Elektronendichtefunktionen berechnet. Die Phasen hierfür basierten ausschließlich auf den Schweratom-Beiträgen. Wegen des geringen Streubeitrags des Co-Atoms konnten die Maxima der übrigen Atome nur schwer lokalisiert werden. Vielfach waren Vergleiche der verschiedenen Strukturen, bzw. der Ergebnisse, nötig,

Zugleich konnte auch die absolute Konfiguration des Vit. B_{12}- Moleküls bestimmt werden. Aus Arbeiten von PEERDEMANN, VAN BOMMEL und BIJVOET [40] war nämlich die absolute Konfiguration der Ribose bekannt. Da diese aber ein Bestandteil des Vit. B_{12} ist, läßt sich daraus ohne weiteres auch die absolute Konfiguration des Vit. B_{12} ableiten. Die Struktur wurde schließlich durch weitere Elektronendichterechnungen und durch LSQ-Verfahren verfeinert. Auf die einzelnen Überlegungen, die im Laufe dieser Verfeinerungen angestellt wurden, soll hier nicht eingegangen werden; sie sind sehr ausführlich in der Originalarbeit wiedergegeben [41].

m) Cephalosporin C

Dieses Beispiel soll zeigen, daß als Schweratom nicht unbedingt ein Halogen- oder Schwermetallatom notwendig ist.

Strukturen, die mit der Schweratom-Methode bearbeitet wurden 177

Als Schweratom dient in diesem Beispiel Schwefel. Er trägt etwa 1/7 zur Röntgenbeugung des gesamten Moleküls bei. Das reicht, um die Struktur nach der Schweratom-Methode zu lösen.

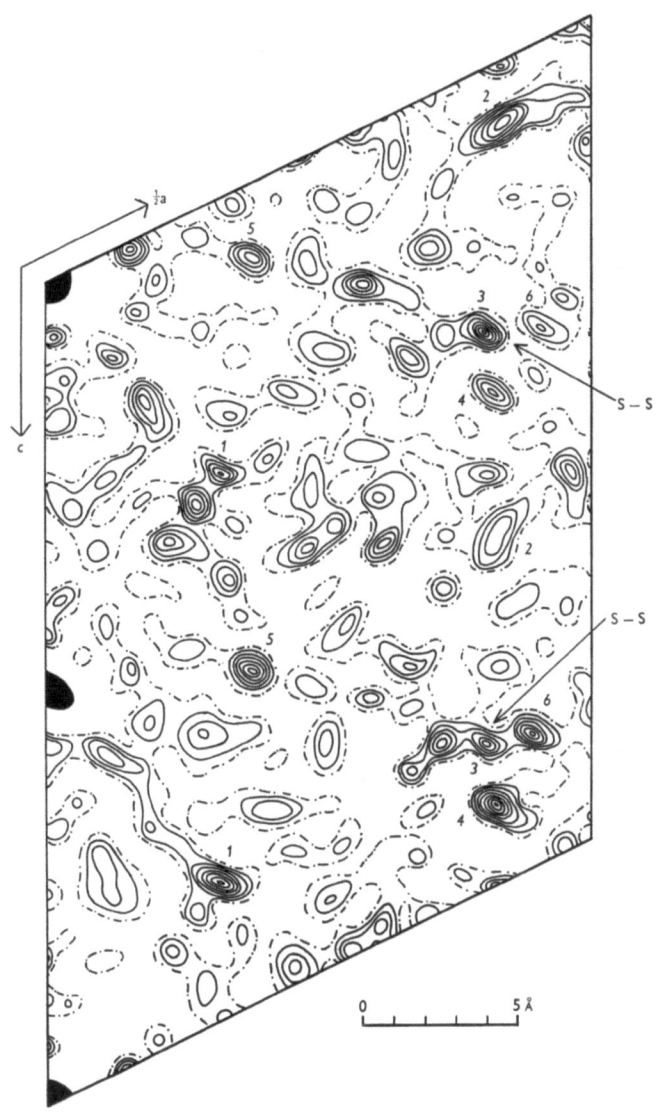

Abb. 8.13 Schnitt bei $y = 0$ in der dreidimensionalen Patterson-Funktion. S-S bezeichnet einen peak, der dem Schwefel-Schwefel-Vektor zuzuordnen ist

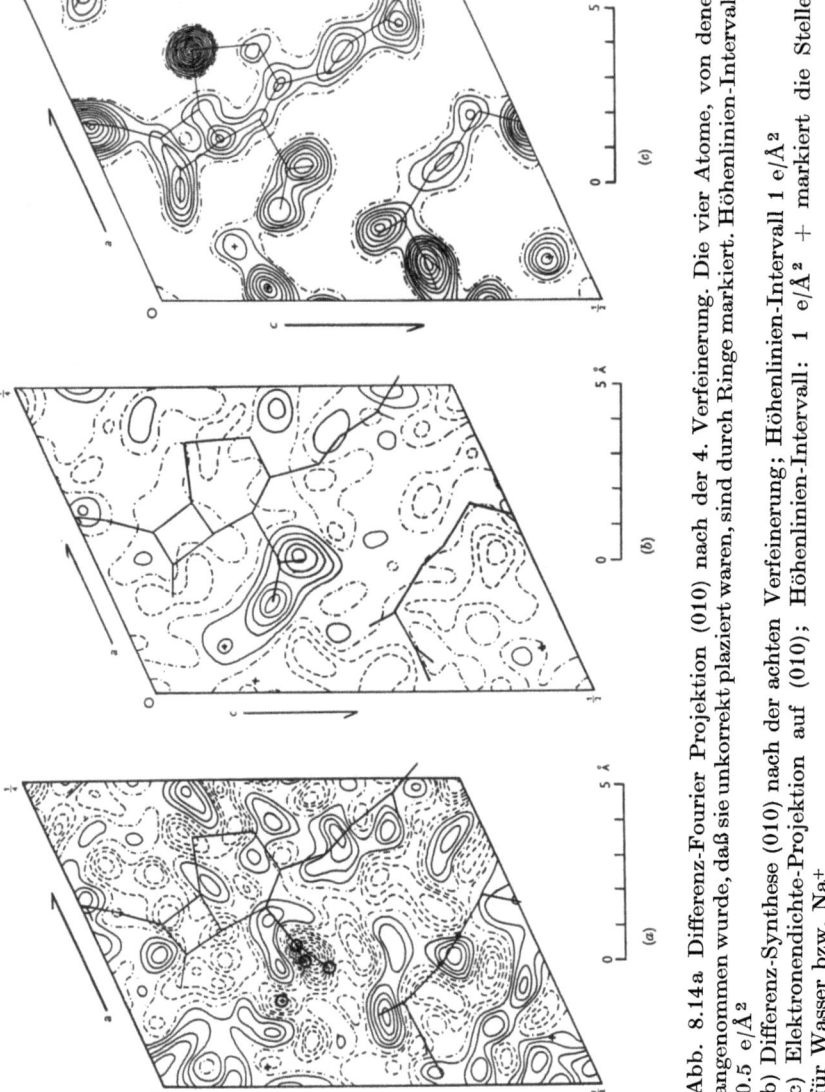

Abb. 8.14 a) Differenz-Fourier Projektion (010) nach der 4. Verfeinerung. Die vier Atome, von denen angenommen wurde, daß sie unkorrekt plaziert waren, sind durch Ringe markiert. Höhenlinien-Intervall: 0.5 e/Å²
b) Differenz-Synthese (010) nach der achten Verfeinerung; Höhenlinien-Intervall 1 e/Å²
c) Elektronendichte-Projektion auf (010); Höhenlinien-Intervall: 1 e/Å² + markiert die Stellen für Wasser bzw. Na⁺

Untersucht wurde das *Na*-Salz des Cephalosporins *C* [42]. Es kristallisiert monoklin in der Raumgruppe *C*2 mit vier Molekülen je Elementarzelle.

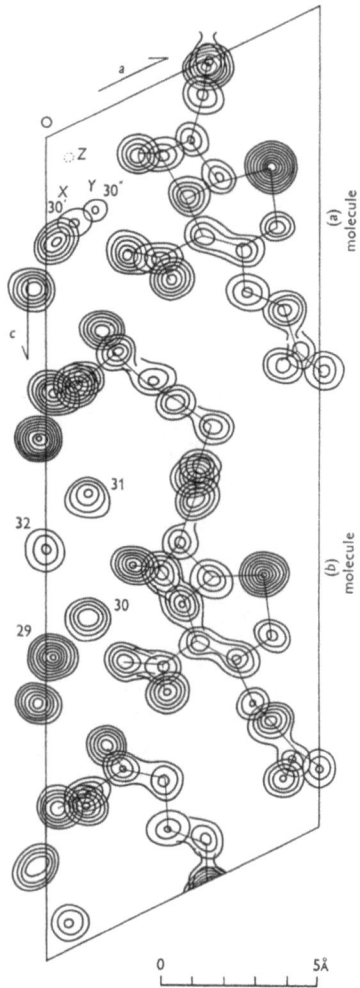

Abb. 8.15 Elektronendichteprojektion (x,z) längs der kurzen (b) Achse von Natriumcephalosporin

Die Gitterkonstanten sind

$$a = 38{,}88$$
$$b = 4{,}99$$
$$c = 25{,}65$$
$$\beta = 115° \ 25'$$

Zur Strukturanalyse wurden mit Hilfe der Vektor-Methode außer dem Schwefel-Atom noch einige weitere Atome festgelegt. Mit diesen Daten

180 Beispiele

wurden sodann die Vorzeichen der Strukturamplituden bestimmt und die Elektronendichte wie üblich durch Fourier-Synthese berechnet. Der R-Faktor betrug für die h0l-Reflexe nach dem Refinement 19,7%.

2. Strukturaufklärungen nach der Methode des isomorphen Ersatzes

Die Methode des isomorphen oder isotypen Ersatzes läßt sich in vielen Fällen dann anwenden, wenn Salze oder Komplexverbindungen des gleichen Moleküls mit etwa gleichen Gitterkonstanten in der gleichen Raumgruppe kristallisieren. Dies gilt beispielsweise für die Hydrohalogenide von organischen Basen (Alkaloiden), die Alkalisalze von Säuren und ähnliche Verbindungen.

Besonders bewährt hat sich die Methode in Fällen, bei denen die Schweratom-Methode wegen des vergleichsweise geringen Streuanteils des Schweren Atoms am Gesamtstreuvermögen des Moleküls ausscheidet. Das ist bei großen Molekülen der Fall, beispielsweise bei Peptiden biologischer Herkunft, also etwa Enzymen oder dergleichen.

In diesen Fällen besteht die erste und meist auch schwierigste Aufgabe darin, geeignete Kristalle zu züchten. Geeignet sind in der Regel Kristallisate des Peptids mit Salzen schwerer Atome; als Salze kommen infrage vor allem KJ, $KAuCl_4$, $KAuJ_4$, HgJ, Natrium- und Kaliumquecksilberjodid, p-Chlormercuri-benzolsulfonat, KJ_3 und $AgNO_3$. Man läßt am besten wäßrige Lösungen (mit oder ohne Zusatz von Puffer) von Peptid und Salz langsam eindunsten oder man dialysiert gegen eine Pufferlösung [43, 44, 45, 46].

Die Lage der Schweren Atome läßt sich nunmehr aus Differenz-Patterson-Synthesen bestimmen, in denen als Koeffizienten die Werte $|F_{H1}|^2 - |F_{H2}|^2$ verwendet werden. F_{H1} und F_{H2} sind die Strukturfaktoren zweier verschiedener, aber isomorpher Schweratom-Derivate der zu untersuchenden Substanz.

Der Phasenbestimmung liegt die Überlegung zugrunde, daß die Strukturamplitude des Metall-Derivates als Summe oder Differenz zweier Strukturamplituden (des Metalls und des Molekülrestes) aufgefaßt werden kann. Jeder einzelne Reflex muß daraufhin untersucht werden. Diese Untersuchung wird dadurch erleichtert, daß die Strukturamplituden für das Metall allein berechnet werden können. Man kann so aus den absoluten Größen der Strukturamplituden von Metall und Metall-Derivat bzw. metallfreier Verbindung die Phasen mit hoher Wahrscheinlichkeit bestimmen. Der weitere Gang der Strukturbestimmung verläuft dann wie bei der Schweratom-Methode über Fourier- und Differenzfourier-Synthesen.

a) Phthalocyanin

Das klassische Beispiel für die Strukturermittlung nach der Methode des isomorphen Ersatzes ist das Phthalocyanin [47]. Die Arbeit von J. M. Robertson ist außerordentlich instruktiv geschrieben und gibt eine ausführliche und gut verständliche Einführung und Anleitung zu dieser Methode.

Untersucht wurden das metallfreie Phthalocyanin und das Nickelphthalocyanin [48]. Beide Verbindungen wie auch die später nicht näher untersuchten Kupfer- und Platin-Derivate kristallisieren monoklin in der Raumgruppe $P2_1/a$ mit 2 Molekülen je Elementarzelle.

Die Reflexe wurden mit $CuK\alpha$-Strahlung gemessen; für 400 Strukturamplituden mußten die Vorzeichen durch Vergleich der beiden Werte für freies und Nickel-Phthalocyanin bestimmt werden, um eine Projektion

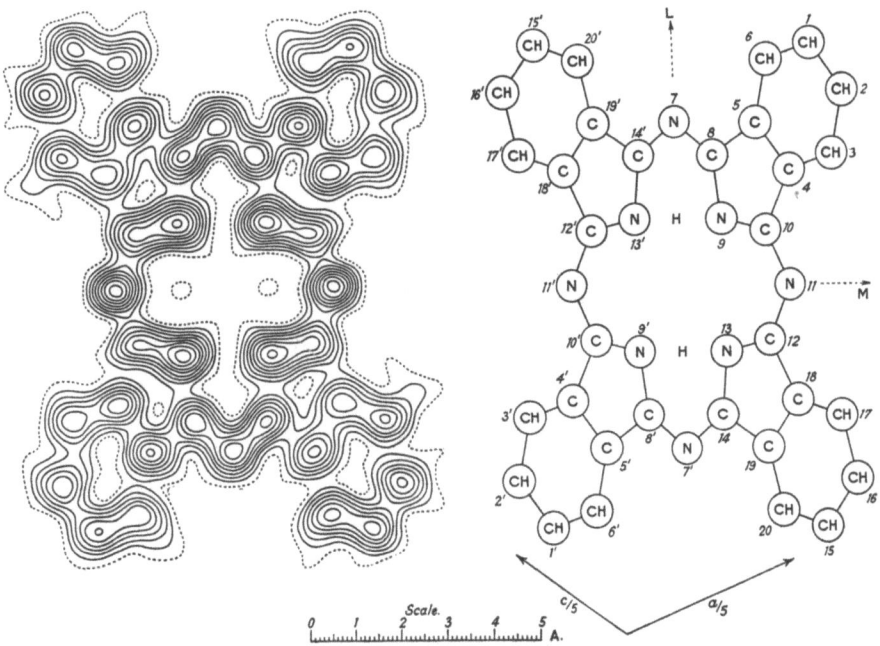

Abb. 8.16 Elektronendichteprojektion des Phthalocyanin-Moleküls längs der b-Achse

182 Beispiele

Tabelle 8.3. Gitterkonstanten von Phthalocyanin und Metall-Derivaten

	a	b	c	β
Phthalocyanin	19,85	4,72	14,8	122,25°
Ni-Phthalocyanin	19,9	4,71	14,9	121,9°
Cu-Phthalocyanin	19,6	4,79	14,6	120,6°
Pt-Phthalocyanin	23,9	3,81	16,9	129,6°

längs der kurzen Achse rechnen zu können. Aus dieser Struktur geht dann ganz eindeutig der Aufbau des Moleküls hervor.

b) L-Ephedrin

Die Struktur des Ephedrins wurde ebenfalls mit Hilfe der Methode des isomorphen Ersatzes gelöst [49], und zwar durch das Paar Hydrochlorid und Hydrobromid. Beide kristallisieren monoklin in der Raumgruppe $P2_1$ mit zwei Molekülen je Elementarzelle. Die Gitterkonstanten folgen aus der Tabelle 8.4.

Tabelle 8.4

	a	b	c	β
Ephedrin—HCl	12,65	6,09	7,32	102° 15′
Ephedrin—HBr	12,74	6,20	7,62	100° 48′

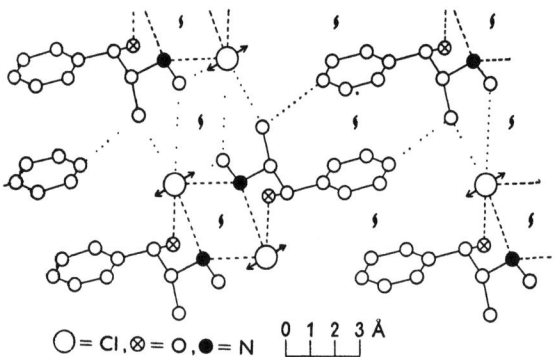

$\bigcirc$ = Cl, $\otimes$ = O, $\bullet$ = N

Abb. 8.17 Blick auf die Struktur entlang der b-Achse mit ionischen und Wasserstoffbrücken-Bindungen (Gestrichelte Linien) und van der Waals Beziehungen (punktierte Linien). Die Richtung der bevorzugten thermischen Bewegung des Chloratoms ist durch einen Pfeil gekennzeichnet

Strukturaufklärungen nach der Methode des isomorphen Ersatzes 183

Die Vorzeichen für die Strukturamplituden wurden nach den Beziehungen zwischen den beiden isomorphen Verbindungen bestimmt (vgl. S. 132).

Es wurde zunächst eine Fourier-Projektion längs der kurzen (b) Achse gerechnet. Für die Projektion längs der c-Achse wurde, basierend auf der zuerst gerechneten Elektronendichtefunktion, ein Strukturmodell aufgestellt und in einem Trial-and-Error-Verfahren auf Richtigkeit geprüft. Die Ergebnisse der beiden Projektionen brachten schließlich die 3-dimensionalen Atomkoordinaten und damit die räumliche Struktur des Moleküls.

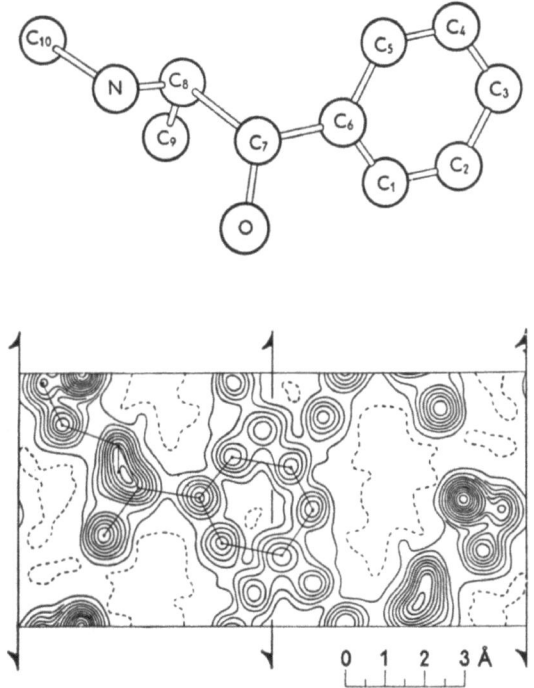

Abb. 8.18 Elektronendichte projiziert auf (001). Die Höhenlinien sind in Intervallen von 1 e/Å^2 gezeichnet, außer beim Chloratom, wo Intervalle von 2 e/Å^2 angegeben sind. Die gestrichelte Linie ist die 1 e/Å^2-Linie

c) Codein

Ein recht instruktives Beispiel stellt auch die Strukturermittlung des Codeins dar [50].

Codein-hydrobromid · 2 H$_2$O kristallisiert orthorhombisch mit den Gitterkonstanten $a = 13{,}10$, $b = 20{,}83$, $c = 6{,}83$. Es ist isomorph mit dem

184 Beispiele

Hydrojodid, das die Gitterkonstanten $a = 13,44$, $b = 21,38$, $c = 6,83$ besitzt. Beide Verbindungen besitzen die Raumgruppe $P2_12_12_1$ mit vier Molekülen je Elementarzelle.

Mit $CuK\alpha$-Strahlung wurden Aufnahmen der 0-Schicht um die drei Achsen gemacht. Die Intensitäten der erhaltenen Reflexe 0kl, h0l und hk0 wurden visuell geschätzt. Die Schweratompunktlagen ergaben sich aus den Patterson-Projektionen. Die Vorzeichen wurden aus der Differenz $F_J(hk0) - F_{Br}(hk0)$, entsprechend der Projektionsachse c, hergeleitet.

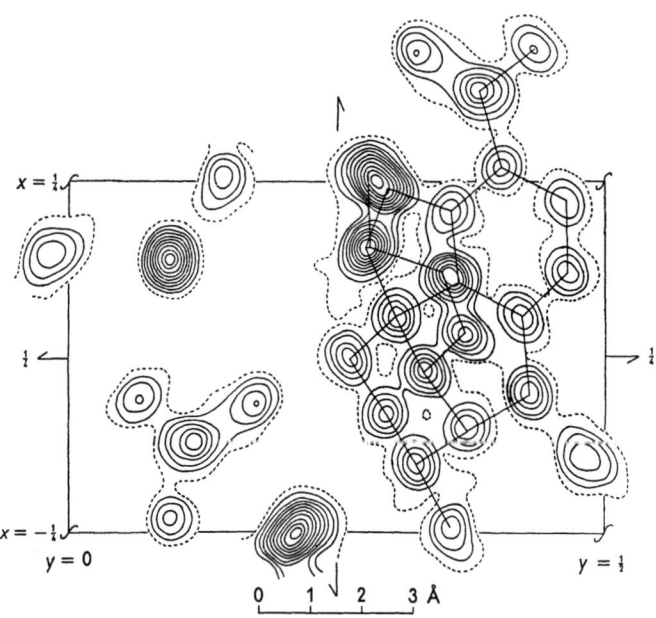

Abb. 8.19 Endgültige Elektronendichteprojektion auf (001); Höhenlinien in Abständen von 2 e/Å^2 (8 e/Å^2 beim Brom); unterbrochene Linie bei 2 e/Å^2

In der ersten Fourier-Synthese konnten bereits 13 der 25 Atome gefunden werden. Die weiteren Rechnungen wurden mit dem Hydrobromid durchgeführt, analog der Schweratom-Methode, also Phasenbestimmung mit Hilfe von Br und den 13 gefundenen Atomen. Nach 4 Cyclen war die Struktur gelöst. Die Verfeinerung gelang mit Hilfe von Differenzfourier-Synthesen. Entsprechend wurde mit den Projektionen längs a und längs b verfahren.

Damit konnte die chemisch gefundene Struktur [51, 52, 53] unabhängig gesichert werden.

d) Proteine

Auch für Proteine ist die Röntgenstrukturanalyse eine sehr wertvolle Methode zur Strukturbestimmung. Im Vergleich zu den niedermolekularen Verbindungen bieten die hochmolekularen Proteine eine Reihe zusätzlicher Probleme.

Zunächst ist zu erwähnen, daß Protein-Kristalle aufgrund ihrer chemischen Eigenschaften in der Lage sind, große Mengen an Lösungsmittel zu binden, d.h. Wasser und Alkohole. Diese Lösungsmittelmengen sind jedoch nicht fest gebunden und können stark variieren, je nach dem Trocknungsgrad der Substanz. Mit dem Verlust von Lösungsmittel schrumpft die Elementarzelle, aber das geschieht nicht kontinuierlich, sondern in bestimmten Schritten. Dabei verändern sich die Beugungsbilder. Im allgemeinen sind die Aufnahmen der ,,nassen" Modifikationen von besserer Qualität als die der ,,trockenen", da der Ordnungsgrad der Moleküle beim Trocknen abnimmt.

Ein besonderes instruktives Beispiel für die Veränderung des Kristallgitters durch Aufnahme oder Abgabe von Lösungsmittel bietet das *Hämoglobin*. Menschliches Hämoglobin kristallisiert in drei, das reduzierte Human-Hämoglobin in sechs verschiedenen Formen [54, 55]. Abb. 8.20 zeigt die Dampfdruckisotherme des Hämoglobins; die einzelnen Stufen repräsentieren die verschiedenen Formen.

Dieses Phänomen ließ sich übrigens zur Phasenbestimmung der Reflexe verwenden [56, 57, 58, 59].

Ein weiteres Problem besteht darin, daß die Reflexe der Beugungsbilder hochmolekularer Stoffe sehr viel schwächer und sehr viel zahlreicher sind als bei niedermolekularen Substanzen. Das ist bedingt durch die verhältnismäßig großen Kanten der Elementarzellen, die bei ,,kleineren" Proteinen, etwa dem Insulin, in der Größenordnung von 30—50 Å liegen, bei den größten bis in die Größenordnung der Wellenlänge des sichtbaren Lichts reichen können. Hier ist eine Röntgenstrukturanalyse nicht mehr sinnvoll, weil — bedingt durch die großen Zellkonstanten — die Röntgenreflexe enger als die Auflösungsgrenze beieinander liegen.

186 Beispiele

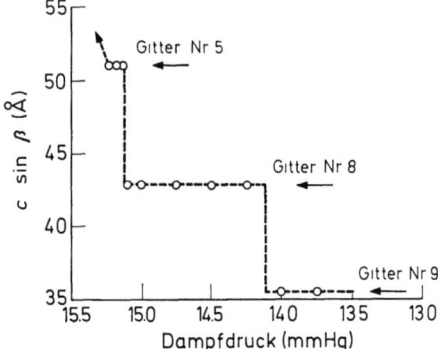

Abb. 8.20a: Dampfdruckisotherme von salzfreiem Pferde-Methämoglobin bei 18°C

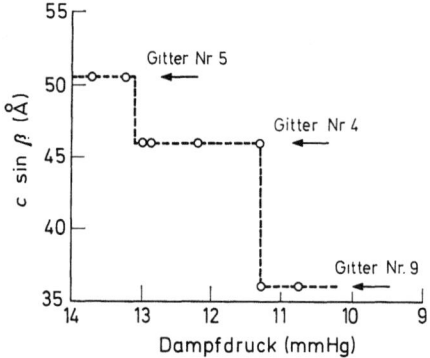

Abb. 8.20 b: Dampfdruckisotherme von salzhaltigem Pferde-Methämoglobin bei 18°C

In solchen Fällen treten dann Bragg-Reflexe beim Einstrahlen von sichtbarem oder UV Licht auf. Ein Beispiel hierfür bietet das *Tipula Iridescent*-Virus [60], dessen [111] und [200] Reflexe mit sichtbarem Licht Bragg-Reflexion zeigen, und zwar im Bereich um 500 mμ Wellenlänge. Das Virus kristallisiert kubisch mit einer Zellkonstanten von 3580 Å. Das bedeutet bei einem Durchmesser von 1800 Å je Partikel, daß zwischen den einzelnen Viren Abstände von 500 Å nur durch Wasser überbrückt werden. Diese als „long-range-form" bezeichneten Bindungskräfte [61] werfen Fragen bezüglich des Aufbaus und Zusammenhalts von Virus-Kristallen wie auch von kolloidalen Teilchen auf.

Die geringe Intensität der Reflexe hochmolekularer Verbindungen verlangt entsprechend längere Belichtungszeiten, die höhere Zahl von Reflexen (Größenordnung 10^4) spezielle Aufnahmeverfahren, die es erlauben, die Reflexe gut voneinander zu trennen und ihre Intensitäten automatisch zu registrieren.

Schließlich dürfte gelegentlich auch der Einfluß der Temperatur nicht zu unterschätzen sein, wie das Beispiel der Ribonuklease zeigt, die nach Austausch des Wassers gegen 2-Methyl-2,4-pentandiol bei -27 °C mehr Reflexe zeigt als bei $+20$ °C [62].

Zur Röntgenstrukturermittlung von Proteinen benötigt man — wie schon oben erwähnt und wie aus den nachfolgenden Beispielen ersichtlich — eine große Zahl von Reflexen, insbesondere dann, wenn man die Auflösung so weit treiben will, daß die einzelnen Atome sichtbar werden (Auflösung: 2 Å). Zweckmäßigerweise gliedert man die Strukturermittlung in drei Abschnitte, wobei man sich zunächst mit einer Auflösung von 6 Å begnügt; hierfür genügen ca. 10% der Reflexe.

Bei dieser Auflösung erhält man die *Tertiärstruktur*, d.h. ein grobes räumliches Bild des Moleküls und die Art wie die Polypeptidkette im Protein angeordnet ist.

Die *Sekundärstruktur* (Auflösung ca. 4 Å) vermittelt ein Bild über die Art der Faltung und die Helixanteile des Moleküls.

Die *Primärstruktur* (Auflösung ca. 2 Å) endlich läßt das Molekül hinunter bis zu den einzelnen Bausteinen deutlich werden.

Für die Röntgenstrukturuntersuchung sind die Tertiär- und die Sekundärstruktur ganz besonders interessant, da sie das räumliche Bild des Moleküls erkennen lassen; dieses Bild ist auf keine andere Weise erhältlich. Dagegen läßt sich die Aminosäuresequenz (Primärstruktur) ja auch chemisch schnell und zuverlässig bestimmen.

e) Hühnereiweiß-Lysozym

Dieses Peptid [63] besteht aus einer Kette von 129 Aminosäure-Resten, die in sich über vier Disulfidbrücken verknüpft ist. Das Molekulargewicht liegt bei 15.600. Die Primärstruktur des Moleküls ist bebereits früh bestimmt worden [64, 65, 66].

Zu Röntgenstrukturuntersuchungen wurden Kristalle bei pH 4,7 gezüchtet [67]. Sie sind tetragonal und besitzen die Gitterkonstanten $a = b = 79,1$ Å; $c = 37,9$ Å. Die Raumgruppe ist $P4_32_12$; jede Elementarzelle enthält 8 Moleküle.

Zunächst wurde eine Strukturermittlung bei einer Auflösung von 6 Å durchgeführt [68]. Hierzu genügten isomorphe Schweratom-Derivate mit Quecksilberjodid, $PdCl_4$ und o-Mercuri-hydroxy-toluol-3-sulfonsäure. Für die höhere Auflösung bei 2 Å waren weitere Derivate erforder-

188 Beispiele

lich: $UO_2F_5^{3-}$ und $UO_2(OH)_n^{(n-2)-}$ erwiesen sich als ebenso brauchbar wie $PtCl_6^{2-}$ und p-Chlormercuribenzosulfonsäure. Auch native Kristalle wurden verwendet. Zur Strukturermittlung wurden mehr als 9000 Reflexe vermessen. Der Gang der Strukturermittlung ist in der Originalarbeit sehr ausführlich beschrieben worden.

Das Ergebnis der dreidimensionalen Fourier-Analyse zeigt, daß das Molekül etwa ellipsoidal ist (Abmessungen $45 \times 30 \times 30$ Å). Die Ergebnisse der Röntgenstrukturanalyse decken sich mit den chemisch gewonnenen Daten. Im einzelnen gehen darüber hinaus die Faltung des Moleküls und die Disulfidbrücken klar hervor (vgl. Abb. 8.21). Auch die Stelle an der Inhibitoren angreifen, konnte bestimmt werden [69] (Abb. 8.23). Es ist dies eine Mulde an der Oberfläche des Moleküls; die Stelle ist jedoch nicht identisch mit der, an welcher die Schweratome fixiert sind.

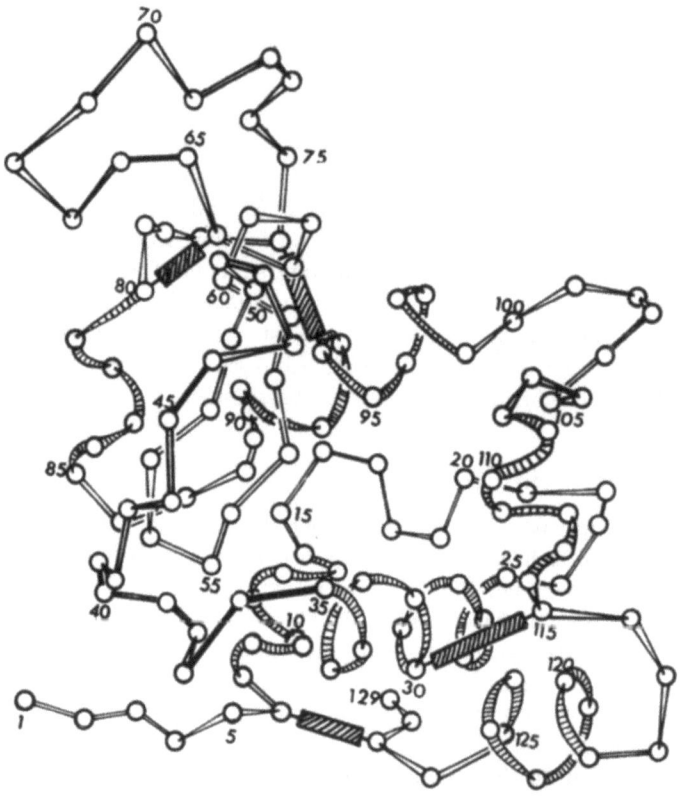

Abb. 8.21 Schematische Zeichnung des Lysozym-Moleküls, aus der die Konformation hervorgeht

Strukturaufklärungen nach der Methode des isomorphen Ersatzes 189

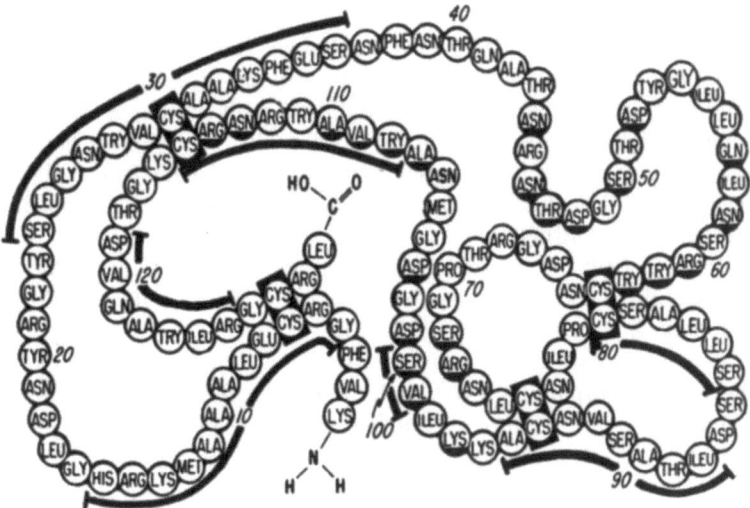

Abb. 8.22 Primärstruktur des Lysozyms. Helix-Teile sind mit durchgehenden Linien versehen; die Aminosäuren an der Inhibitorstelle sind unterstrichen

Abb. 8.23 Modell des Lysozym-Moleküls bei niederer Auflösung. Die Inhibitorstelle ist schraffiert

190 Beispiele

f) Ribonuclease

Wie schwierig die Deutung der Ergebnisse von Röntgenuntersuchungen komplizierter Moleküle ist, zeigte sich bei der Untersuchung der Rinder-Pankreas-Ribonuclease. Die Primärstruktur dieses Enzyms ist schon 1956/63 chemisch bestimmt worden [70, 71]. Danach handelt es sich um eine aus 124 Aminosäure-Resten bestehende Kette, die über viele Disulfidbrücken nochmals intern verknüpft ist. Das Molekulargewicht beträgt 13 683.

Röntgenstrukturuntersuchungen wurden von zwei Arbeitskreisen durchgeführt, und zwar eine bei niederer Auflösung (5,5 Å) [72], die andere bei höherer Auflösung (2 Å) [73].

In beiden Fällen wurde Rinder-Pankreas-Ribonuclease verwendet. Die kristallographischen Daten der Kristalle der freien Ribonuclease stimmen für beide Untersuchungen praktisch überein. Die Substanz

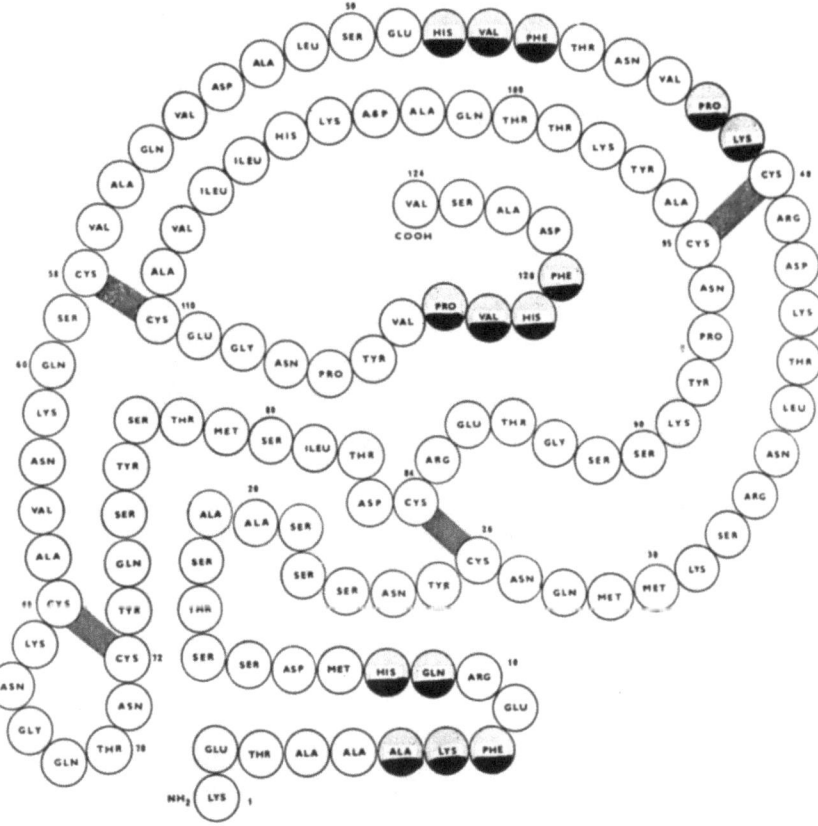

Abb. 8.24 Aminosäuresequenz der Ribonuclease

Strukturaufklärungen nach der Methode des isomorphen Ersatzes 191

Tabelle 8.5. Gitterkonstanten der Ribonuclease

loc. cit. 72	loc. cit. 73
$a = 30{,}31$ Å	$30{,}13$ Å
$b = 38{,}26$ Å	$38{,}11$ Å
$c = 52{,}91$ Å	$53{,}29$ Å
$\beta = 105° \ 55'$	$105{,}75$ Å

kristallisiert monoklin in der Raumgruppe $P2_1$ mit zwei Molekülen je Elementarzelle. Die Gitterkonstanten sind in Tabelle 8.5 einander gegenübergestellt.

Die Arbeit mit 2 Å Auflösung wurde zunächst mit geringer Auflösung gestartet (mit 3 Å), wozu 2340 Reflexe in die Rechnungen eingegeben wurden. Das stellt eine wesentliche Ersparnis an Rechenzeit dar; trotzdem läßt sich eine Reihe von Informationen gewinnen. Für die 2 Å-Rechnung waren rund 7300 Reflexe erforderlich.

Die Resultate der Arbeiten stimmen für einige Bereiche des Moleküls nicht überein. Es sei auf die Diskussion der noch nicht endgültig abgeklärten Detailfragen in den Originalarbeiten verwiesen.

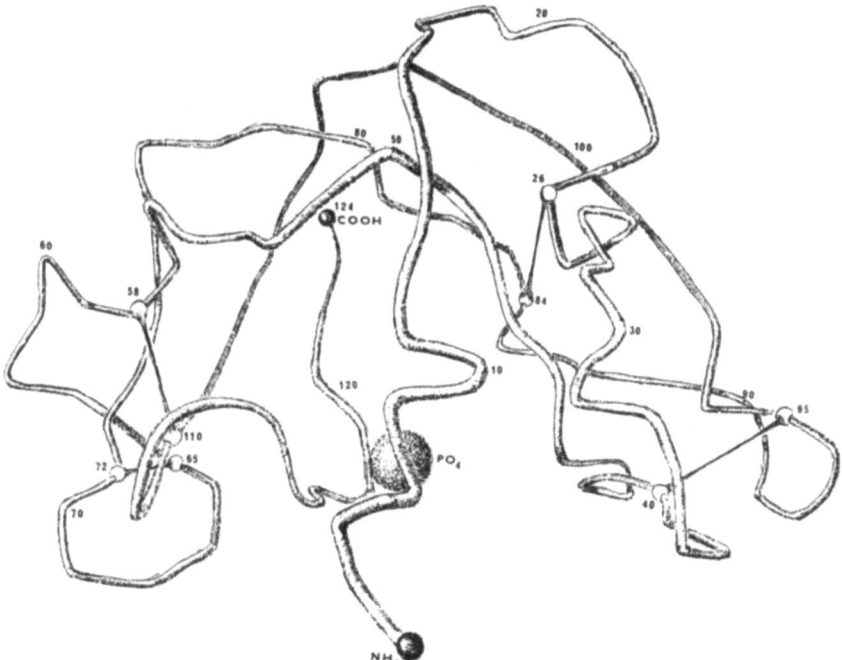

Abb. 8.25 Räumliches Modell der Ribonuclease-Peptid-Kette

g) Myoglobin

Von besonderem Interesse war die Strukturanalyse des Myoglobins, die den Arbeitskreis um J. C. KENDREW lange Jahre (1956—1961) beschäftigte [74—79].

Das Myoglobin-Molekül besteht aus einer einfachen Polypeptidkette mit 153 Aminosäuren. Diese Kette trägt als prosthetische Gruppe einen Eisen-Porphyrin-Komplex, die Hämgruppe. Das Molekulargewicht liegt bei 18000. Insgesamt sind die Punktlagen von 1200 Atomen (H-Atome nicht eingerechnet) zu bestimmen.

Myoglobin kristallisiert in zwei Typen. Der *Typ A* ist monoklin und besitzt die Raumgruppe $P2_1$. Die Elementarzelle enthält zwei Moleküle.

Kristalle des Typs A erhält man aus Ammonsulfat-Lösung. Sie kristallisieren in einer „nassen" und einer „trockenen" Modifikation. Die Gitterkonstanten der beiden Modifikationen sind:

„naß" $a = 64{,}6$; $b = 31{,}1$; $c = 34{,}8$ Å; $\beta = 105{,}5°$
„trocken" $a = 61{,}6$; $b = 26{,}9$; $c = 33{,}9$ Å; $\beta = 105{,}5°$

Schrumpfungs- und Übergangszustände zwischen beiden Formen wurden nicht beobachtet.

Der *Typ B* wurde aus Phosphatpuffer ($NaH_2PO_4 \cdot 2H_2O$: K_2HPO_4 wie 1:1) erhalten. Die Kristalle sind orthorhombisch, kristallisieren in der Raumgruppe $P2_12_12_1$ und besitzen 4 Moleküle je Elementarzelle. Auch hier kann man zwischen einer „nassen" und „trockenen" Form unterscheiden.

Die Gitterkonstanten betragen:

„naß" $a = 48{,}9$; $b = 40{,}2$; $c = 79{,}3$
„trocken" $a = 44{,}4$; $b = 39{,}0$; $c = 66{,}9$

Derivate für den isomorphen Ersatz wurden dargestellt mit K_2HgJ_4, $KAuJ_4$ und J_2. Die Einlagerung wurde an nativen Kristallen in der entsprechenden Pufferlösung durch Zugabe der betreffenden Komponente bei Raumtemperatur vorgenommen. Zur Jodierung wurde in kleinen Anteilen Jod—Alkali-Lösung zugegeben, wobei jedesmal gewartet wurde bis die Jodfärbung verschwunden war. Es fanden weiter Verwendung $AuCl_3$ sowie das p-Chlormercuribenzolsulfonat und das Quecksilberdiammin-Derivat.

Patterson-Projektionen lieferten nur unsichere Vorstellungen über die Gestalt des Moleküls. Auch Fourier-Projektionen bei 6 (400 Reflexe notwendig) und bei 4 Å Auflösung ließen keine Interpretation zu. Das ist

Strukturaufklärungen nach der Methode des isomorphen Ersatzes 193

verständlich, wenn man bedenkt, daß die Projektionsachse 31 Å lang ist. Hier überdecken sich zu viele Atome.

Dagegen ging aus der 3-dimensionalen Fourier-Synthese bei 6 Å Auflösung die Gestalt des Peptids als Kette hoher Elektronendichte hervor. Auch die Häm-Gruppe konnte in ihrer Lage bestimmt werden; sie gab sich als Scheibe hoher Elektronendichte zu erkennen. Die Peptidkette besitzt große Ähnlichkeit mit den einzelnen Untereinheiten des Hämoglobins.

Zur Auflösung von 2 Å waren 9000 Reflexe, zur Auflösung von 1,5 Å waren 20000 Reflexe nötig. Diese Auflösung genügte, um einen sauberen Vergleich mit chemischen Daten [80] zu ermöglichen und den Aufbau des gesamten Moleküls zu vergleichen.

Die geraden Abschnitte des Moleküls sind hohle zylindrische Röhren von Helixcharakter. Der Durchmesser dieser Röhren beträgt 4 bis 5 Å. Daß es sich um eine rechtsläufige α-Helix handelt, ergab sich aus der absoluten Konfiguration, die aus der bekannten absoluten Konfiguration der Aminosäuren hergeleitet wurde.

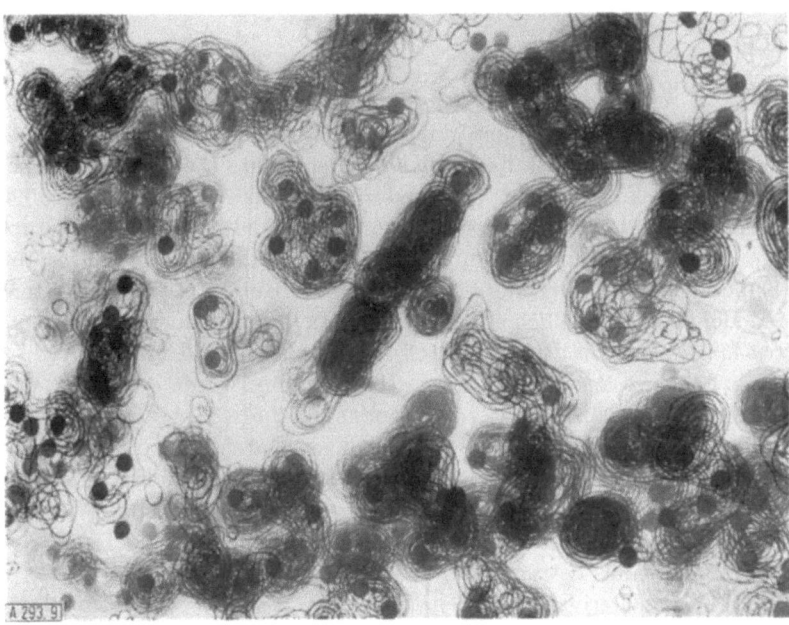

Abb. 8.26 Teil der 1.4-Å-Fourier-Synthese. Mitte: die Häm-Gruppe von der Seite gesehen mit Histidin. Am Eisen-Atom ist rechts ein Wassermolekül gebunden. Oben rechts: Blick auf das Ende einer Helix. Unten: Helix von der Seite gesehen mit einigen Seitenketten. Aus: Angew. Chem. 75, (1963) Verlag Chemie, Weinheim

13 Habermehl et al., Röntgenstrukturanalyse

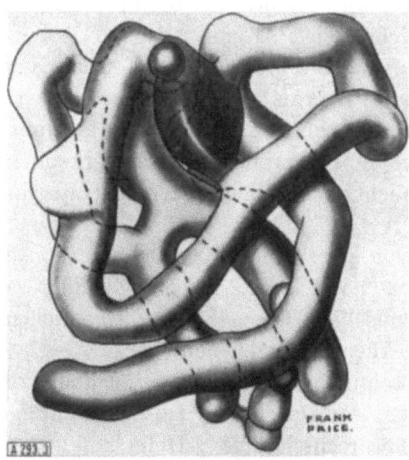

Abb. 8.27 Modell des Myoglobin-Moleküls aus der 6-Å-Fourier-Synthese. Die Häm-Gruppe ist die dunkelgraue Scheibe in der Mitte oben. Aus: Angew. Chemie, 75, (1963) Verlag Chemie, Weinheim

h) Hämoglobin

Der Molekülbau des Hämoglobins war wegen der physiologischen Bedeutung dieser Substanz besonders interessant. Die Verbindung besitzt ein Molekulargewicht von rund 7000 und besteht aus etwa 10000 Atomen. Vier davon sind Eisenatome als Bestandteile von Häm-Gruppen. Jede Häm-Gruppe ist mit einer Polypeptidkette von 140 bis 150 Aminosäure-Resten verknüpft. Je zwei dieser Ketten (α- und β-Ketten) sind identisch. Schließlich unterscheidet man das mit Sauerstoff beladene *Oxy-hämoglobin* von dem Sauerstoff-freien *reduzierten Hämoglobin*.

Die Sequenz des menschlichen Hämoglobins wurde chemisch von BRAUNITZER et al. [81] sowie von KONIGSBERG et al. [82] bestimmt.

Die röntgenographischen Untersuchungen durch PERUTZ et al. befaßten sich mit menschlichem [83] und Pferde-Hämoglobin. Hier soll vor allem auf die letzteren Untersuchungen eingegangen werden.

Die Einkristalle wurden aus Pufferlösung gezüchtet; die Dauer des Kristallwachstums betrug 1 Monat [84].

Schweratom-Derivate wurden durch Zusatz von Quecksilber(II)-acetat, p-Chlormercuribenzoat und Dimercuriessigsäure dargestellt; auch Silber wurde als Schweratom eingeführt.

Das reduzierte Pferdehämoglobin [85] wurde bei pH 6,4 aus einer 2,5 m Lösung von K_2HPO_4 und NaH_2PO_4 unter Zusatz von 10^{-2} Mol-Fe(II)citrat kristallisiert. Die Kristalle sind orthorhombisch, Raumgruppe $C222_1$, mit 4 Molekülen je Elementarzelle. Die Gitterkonstanten betragen $a = 77{,}0$, $b = 81{,}8$; $c = 92{,}7$ Å.

Ein Vergleich der Projektionen längs der Symmetrieachse zeigte die große Ähnlichkeit von reduziertem Hämoglobin bei Pferd und Mensch. Ähnlich sind auch die Abstände der beiden im Molekül fixierten Quecksilberatome, die 37,3 bzw. 37,7 Å betragen. (Im Oxyhämoglobin (Pferd) beträgt der Abstand nur 30,0 Å).

Oxy-hämoglobin (Pferd) [86] kristallisiert aus einer 1,9 m Ammonsulfat-Lösung (pH: 7) monoklin in der Raumgruppe $C2$ mit zwei Molekülen je Elementarzelle. Die Gitterkonstanten sind $a = 108{,}95$; $b = 63{,}51$; $c = 54{,}92$ Å; $\beta = 110° 53'$.

Sechs isomorphe Derivate wurden zur Festlegung der Phasen verwendet. Zur Bestimmung der Schweratom-Koordinaten genügte die Auswertung von 1200 Reflexen. Aus dieser Fourier-Synthese mit 5,5 Å Auflösung war bereits die Gestalt des Moleküls abzuleiten (vgl. Abb. 8.28). Ein Vergleich mit dem Myoglobin erwies sich in diesem Stadium als sehr hilfreich.

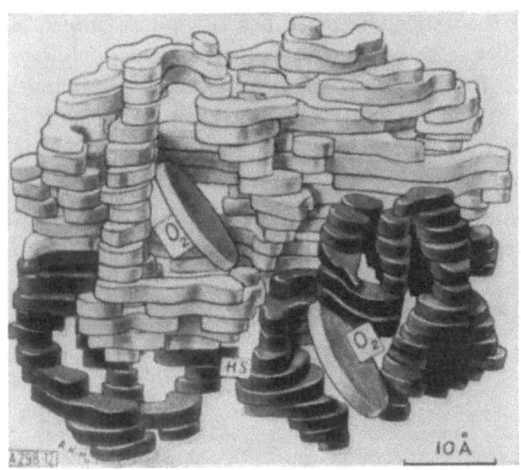

Abb. 8.28 Vollständiges Modell eines Hämoglobin-Moleküls. Die grauen Scheiben bezeichnen zwei Hämgruppen. In der Mitte unten ist die SH-Gruppe eines Cystein-Restes angedeutet. Aus: Angew. Chemie, 75 (1963) Verlag Chemie, Weinheim

Die unterschiedliche Struktur des reduzierten und des Oxy-hämoglobins beruht auf einer Umlagerung der β-Ketten während der Oxygenierungs-Reaktion [85]. In diesem Zusammenhang verdient auch die Beobachtung von Perutz Erwähnung, daß sich reduziertes und Oxyhämoglobin bei der Kristallisation verschieden verhalten. Oxyhämoglobin ist schwerer löslich und kristallisiert zuerst aus.

Die Untersuchungen zeigten auch, daß selbst kristallisiertes reduziertes Hämoglobin mit Sauerstoff (Luft) unter Bildung von Oxyhämoglobin zu reagieren vermag; die Aufnahmen mußten daher in Glaskapillaren unter N_2-Atmosphäre gemacht werden. Diese Reaktion im Festkörper, bei der ja eine Konformationsänderung der β-Kette auftritt, zeigt zugleich, daß die intramolekularen Kräfte viel stärker sind als die intermolekularen Kräfte zwischen den einzelnen Molekülen. Zugleich läßt sich daraus folgern, daß Proteine in Lösung die gleiche Struktur wie im kristallisierten Zustand besitzen.

3. Faltmolekülmethode

a) Bullvalen

Ein von der theoretischen Seite her besonders interessantes Molekül ist das Bullvalen. Seine Valenzisomerisierungsmöglichkeiten wurden von DOERING und ROTH [85] vorausgesagt. Die Verbindung selbst hat G. SCHRÖDER synthetisiert [86]. NMR-Spektren in Lösung [87] und in festem Zustand [88] bestätigen die vorausgesagte Valenzisometrie (fluktuierende Bindungen).

Nach DOERING und ROTH sollen sich die C-Atome statistisch auf einer Kugeloberfläche bewegen; die Bindungsabstände sollten daher sämtlich gleich sein.

Zur Prüfung wurde eine Röntgenstrukturanalyse des Bullvalens durchgeführt [89].

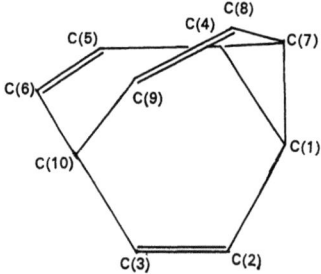

Abb. 8.29a Modell von Bullvalen

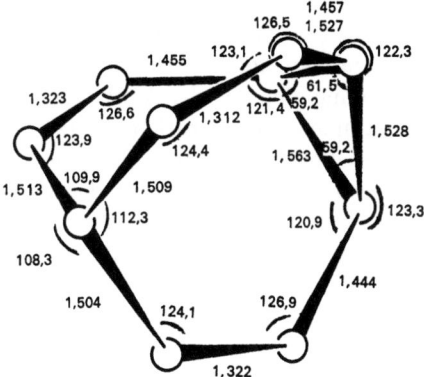

Abb. 8.29b Abstände und Winkel im Bullvalen

Bullvalen kristallisiert monoklin in der Raumgruppe $P2_1/c$ mit 4 Molekülen je Elementarzelle.
Die Gitterkonstanten sind:

$$a = 6{,}207$$
$$b = 20{,}785$$
$$c = 10{,}518$$
$$\beta = 148{,}34°$$

Mit $MoK\alpha$-Strahlung wurden 2094 unabhängige Reflexe vermessen. Zur Strukturermittlung wurde die Faltmolekülmethode benutzt, anschließend folgte die Verfeinerung nach der Methode der kleinsten Fehlerquadrate.

Das Ergebnis zeigt die Fixierung von Doppelbindungen. Auffällig ist dabei, daß die vom Cyclopropan-Ring ausgehenden Bindungen mit 1,45 Å Länge relativ kurz sind. Sie besitzen die gleiche Größenordnung wie die Einfachbindung im Butadien. Das zeigt, daß der Dreiring offenbar den gleichen Konjugationseffekt wie eine Doppelbindung ausübt.

b) Ecdyson

Das Verpuppungshormon der Insekten wurde ebenfalls nach der Faltmolekülmethode aufgeklärt [90, 91, 92]. Die Substanz kristallisiert orthorhombisch in der Raumgruppe $P2_12_12_1$ mit den Gitterkonstanten

$$a = 35{,}56 \pm 0{,}02 \text{ Å}$$
$$b = 9{,}92 \pm 0{,}02 \text{ Å}$$
$$c = 7{,}73 \pm 0{,}02 \text{ Å}$$

Die Elementarzelle enthält 4 Moleküle. Die Reflexe wurden auf photographischem Wege bestimmt. Aus den Schichten hk0 bis hk6 und h0l bis h7l konnten 3400 unabhängige Strukturamplituden ermittelt werden.

Die Strukturbestimmung ging von der Annahme aus, daß das Molekül eine Trimethylsterin-ähnliche Konstitution besitzen sollte. Dieses Modell bestimmte für die Fourier-Synthese (mit den schon festgelegten Orientierungs- und Translationsparametern) die Phasen. Die Fourier-Synthese war jedoch noch nicht interpretierbar. Es durfte allerdings daraus vermutet werden, daß das Molekül die Konfiguration des Koprostans besitzen würde. Nun wurde also mit einem Koprostan-Modell die Translationsfunktion berechnet. Weitere Fourier-Synthesen mit dem Modell ergaben schließlich die Struktur des Moleküls. Die Verfeinerung geschah mit Hilfe von Kleinste-Quadrate-Verfeinerungen und Differenz-Fourier-Synthesen und ergab schließlich einen R-Faktor von $15^0/_0$.

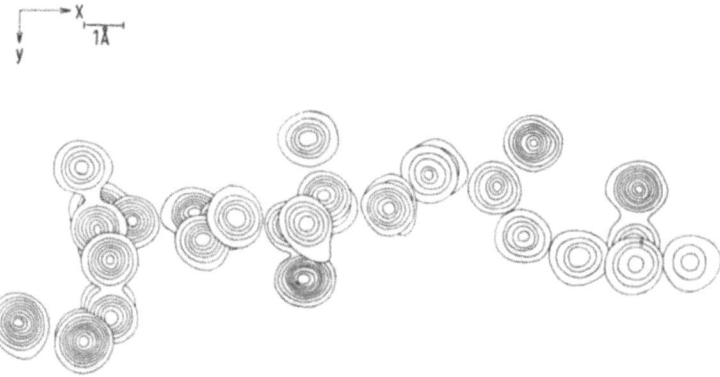

Abb. 8.30 Dreidimensionale Fourier-Synthese des Ecdysons. Aus: Chem. Ber. *98* (1965) Verlag Chemie, Weinheim

4. Bildsuchfunktionen und Vektorkonvergenzmethode

In einer Reihe von Fällen, bei denen Moleküle mit einem oder mehreren schweren Atomen untersucht werden sollen, treten Schwierigkeiten auf; insbesondere dann, wenn sich das Schweratom in der Nähe einer speziellen Punktlage befindet. Dann nämlich kann sein Beitrag zur Vorzeichenbestimmung praktisch gleich Null sein. In diesen Fällen bringt auch die Anwendung einer direkten Methode keinen Fortschritt, da hierbei das Schweratom störend wirkt. Man wird daher versuchen, mit Hilfe von Vektormethoden (Bildsuchfunktionen) die Struktur zu lösen. Alle diese Methoden basieren auf der Patterson-Funktion, sei sie als Projektion oder dreidimensional gerechnet.

Bei flachen Molekülen die in etwa parallel zu einer Seite der Elementarzelle liegen, gewinnt man schon durch die Superposition [93] von zwei Patterson-Projektionen ein angenähertes Strukturbild.

a) Samandaridin

Ein Beispiel aus der Naturstoffchemie bietet das *Samandaridinhydrobromid*, bei dem nach einmaliger Superposition (Analyse der Pattersonprojektion mit dem Br–Br-Vektor) praktisch alle Atome des Moleküls (außer H) erkannt waren [94]. Die Positionen einzelner Atome waren zwar noch nicht exakt ersichtlich, doch betrug der Zuverlässigkeitsindex immerhin 36%, genug als Ausgangsbasis für eine Verfeinerung. (vg. Abb. 8.31 und 8.32).

Die Verbindung kristallisiert monoklin in der Raumgruppe $C2$ mit den Gitterkonstanten $a = 13{,}63$, $b = 6{,}06$, $c = 22{,}52$ Å; $\beta = 94°$, $z = 4$.

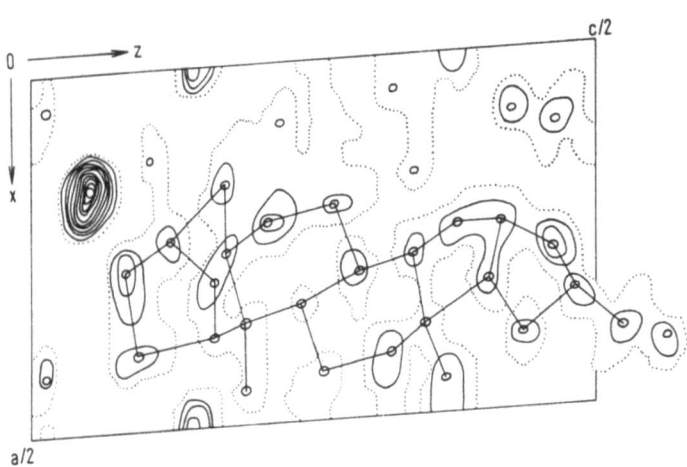

Abb. 8.31 Strukturbild des Samandaridins, gewonnen durch Superposition aus der Patterson-Projektion. Aus: Chem. Ber. *96* (1963) Verlag Chemie, Weinheim

Abb. 8.32 Fourier-Projektion des Samandaridinhydrobromids nach der Verfeinerung. Aus: Chem. Ber. *96* (1963) Verlag Chemie, Weinheim

b) Annonitin

Im Falle des *Annonitin-bromhydrins* [95] war die Schweratom-Methode nicht brauchbar, da das Bromid-Ion nahe bei $y=1/4$, $z=0$ lag. Die Substanz kristallisiert orthorhombisch mit den Gitterkonstanten $a=11{,}98$, $b=13{,}40$, $c=9{,}68$, $z=4$. Die Raumgruppe ist $P2_12_12_1$.

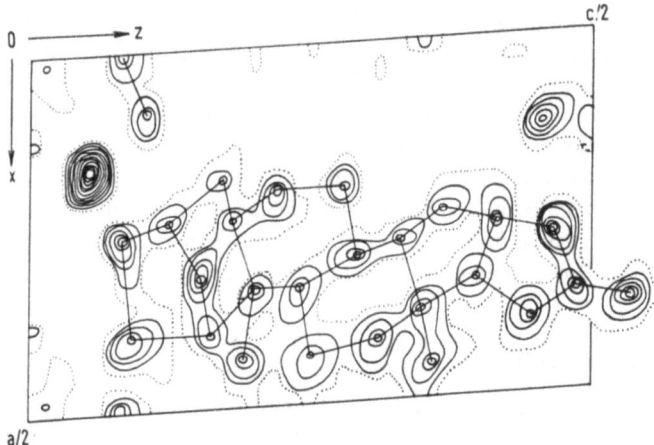

Aus dreidimensionalen Daten (2000 Reflexe) wurde eine dreidimensionale Patterson-Funktion berechnet. Deren Interpretation nach der Vektor-Konvergenz-Methode [96] ergab zunächst 10 Atome des Moleküls und schließlich noch weitere fünf. Der Rest des Moleküls ergab sich aus Fourier-Projektionen bzw. Differenz-Fourier-Projektionen entlang den drei Achsen. Der R-Faktor betrug 21%.

c) Rubidiumbenzyl-penicillin

Ein weiteres, sehr instruktives Beispiel für die Vektor-Konvergenz-Methode bietet das Rubidium-benzylpenicillin [97]. Diese Untersuchungen benutzten die experimentellen Daten von D. CROWFOOT et al. [98], die die Struktur vorher nach der trial-and-error-Methode gelöst hatten. Die zitierte Arbeit [97] stellt die Vektor-Konvergenz-Methode und den Gang der Strukturermittlung sehr klar dar.

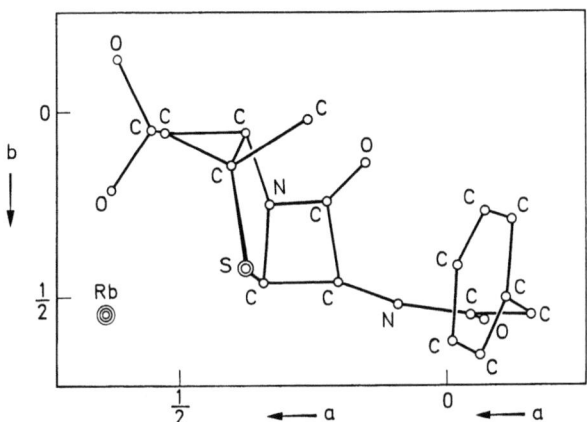

Abb. 8.33 Projektion des Rubidiumbenzyl-penicillins entlang der c-Achse

d) Eisen(III)-benzhydroxamat-trihydrat

Vom Prinzip her sehr ähnlich ist die Lösungsmethode der dreidimensionalen Minimumfunktion [99], nach der die Struktur des Eisen(III)-

benzhydroxamat-trihydrats gelöst [100] wurde. Die Einkristalle sind monoklin, Raumgruppe $P2_1/n$, mit den Gitterkonstanten $a = 11,03$,

$b = 13{,}17$, $c = 12{,}94$, $\beta = 90{,}6°$. In der Elementarzelle befinden sich vier Moleküle. Das Eisenatom ist oktaedrisch von sechs Sauerstoff-Atomen umgeben.

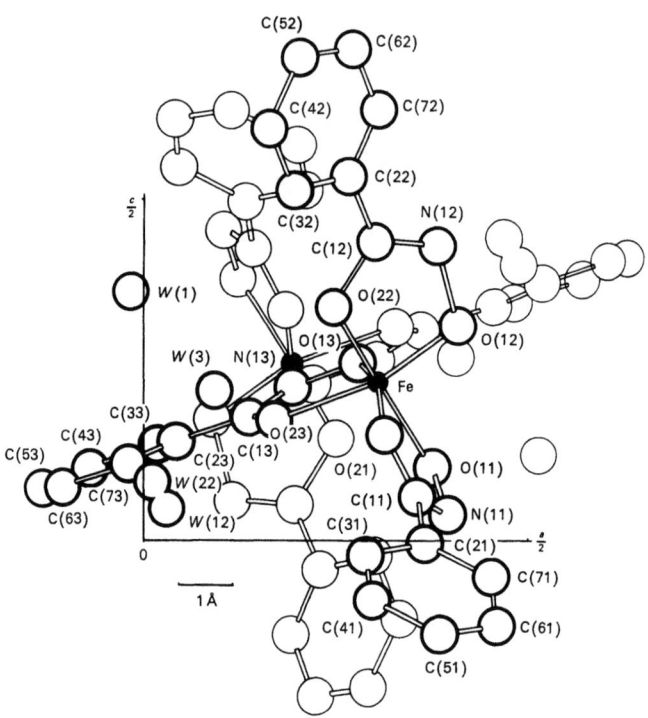

Abb. 8.34 Lage von zwei Molekülen Eisen(III)-benhydroxamat-trihydrat in der Elementarzelle (Projektion längs der b-Achse)

Aus der dreidimensionalen Patterson-Funktion konnten die Koordinaten des Eisenatoms bestimmt werden. Es gelang jedoch nicht, mit Hilfe der Schweratom-Methode das vollständige Strukturmodell zu finden. Einer der drei Liganden wie auch Kristallwassermoleküle konnten nicht lokalisiert werden. Die Struktur ließ sich jedoch durch die Berechnung der Minimumfunktion bestimmen. Die Verfeinerung wurde auch hier durch Differenz-Fourier-Synthese und LSQ-Rechnungen erzielt; der R-Faktor betrug 7%.

5. Direkte Methoden

In neuerer Zeit gewinnen die direkten Methoden der Phasenbestimmung mehr und mehr an Bedeutung. Der augenfällige Vorteil liegt darin, daß jeder Einfluß des Schweren Atoms auf die Anordnung der Moleküle im Kristall und damit auch auf die Konformation vermieden wird. Die Breite des Anwendungsgebiete ergibt sich aus den folgenden Beispielen.

a) Digitoxigenin

Zur Überprüfung der auf chemischem Wege gewonnenen Strukturformel des Digitoxigenins, $C_{23}H_{34}O_4$, und der Konformation des Cardenolid-Ringes untersuchten I. L. KARLE und J. KARLE [102] dessen Struktur. Hierzu wurde mit $CuK\alpha$-Strahlung die 0.—4. Schicht entlang der a-Achse und die 0.—8. Schicht entlang der b-Achse aufgenommen: insgesamt 2129 unabhängige Reflexe.

Die Substanz kristallisiert orthorhombisch in der Raumgruppe $P2_12_12_1$.

Die Gitterkonstanten betragen

$$a = 7{,}24 \pm 0{,}2 \text{ Å}$$
$$b = 15{,}01 \pm 0{,}03 \text{ Å}$$
$$c = 18{,}48 \pm 0{,}03 \text{ Å}$$

Zur Strukturbestimmung wurde eine Kombination der symbolischen Additionsmethode für nichtzentrosymmetrische Raumgruppen [101]

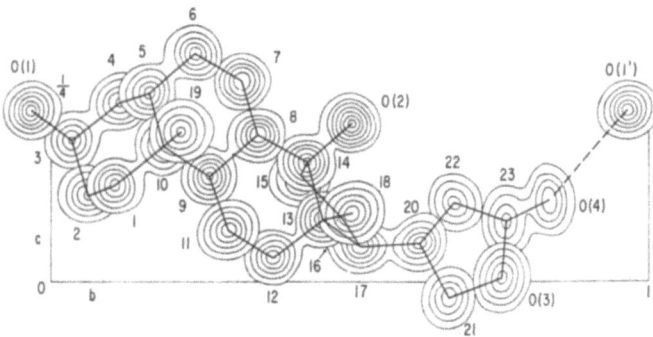

Abb. 8.35 Dreidimensionale Elektronendichte-Projektion des Digitoxigenins längs der a-Achse

angewandt, wobei ein Teil der Molekülstruktur erhalten wurde. Durch Phasenverfeinerung in mehreren Cyclen unter Verwendung der Tangens-Formel [103, 104] wurde der Rest der Struktur bestimmt.

Von den 23 Kohlenstoff-Atomen und den vier Sauerstoff-Atomen der asymmetrischen Einheit wurden mit Hilfe der symbolischen Additionsmethode der Ring C sowie 5 mit diesem verknüpfte Atome lokalisiert. Aus diesen Punktlagen wurden nun die Phasen für die Reflexe mit den höchsten E-Werten bestimmt und in die Tangens-Formel eingesetzt, um die Phasen für weitere Reflexe zu erhalten. Nach drei Cyclen waren alle Atome lokalisiert. Bemerkenswert ist, daß die Atome in den starren Teilen des Moleküls sofort gefunden werden, diejenigen mit größerer thermischer Beweglichkeit erst am Ende. Dementsprechend wurden die Atome des Lacton-Rings als letzte gefunden.

Die Verfeinerung geschah nach der Methode der kleinsten Fehlerquadrate (ORFLS-Programm [105]).

Die Röntgenstrukturanalyse bestätigte die chemisch gewonnene Konfiguration des Digitoxigenins. Die Ringe A, B und C besitzen Sessel-Konformation, der Ring D die α-Briefumschlag-Konformation. Die Ringverknüpfungen A/B und C/D sind cis, B/C trans; der Lacton-Ring ist planar.

Die *Karle'sche Methode* besitzt weite Anwendungsbreite; sie ist auch auf Moleküle aus vielen Atomen anwendbar.

b) Reserpin

Ein Beispiel ist das Alkaloid Reserpin, $C_{33}H_{40}N_2O_9$ [106]. Es kristallisiert in der Raumgruppe $P2_1$ mit 2 Molekülen in der Elementarzelle. Die Gitterkonstanten sind $a = 14{,}45$, $b = 8{,}98$, $c = 13{,}37$ Å, $\beta = 115{,}2°$.

Die Struktur wurde wiederum durch Kombination der symbolischen Additionsmethode und der Tangens-Formel ermittelt. Sie bestätigte vorangehende chemische Befunde [107, 108, 109, 110, 111].

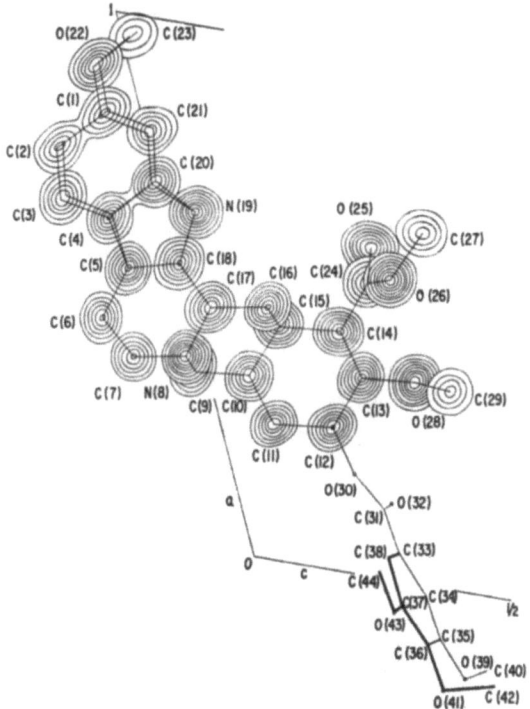

Abb. 8.36 Dreidimensionale Elektronendichte-Projektion entlang der b-Achse

c) Batrachotoxin

Auch der Grundkörper der aktiven Substanz des Pfeilgift-Frosches *Phyllobates aurotaenia*, das *Batrachotoxinin A* wurde nach dieser Methode in seiner Struktur aufgeklärt [112, 113, 114, 115].

Untersucht wurde das O-p-Brombenzoat, von dem nach vielen Schwierigkeiten Einkristalle erhalten werden konnten. Der zur Strukturanalyse verwendete Kristall hatte Abmessungen von nur $0,05 \times 0,03 \times 1,0$ mm. Entsprechend lange (40 Stdn.) dauerten die Weißenberg-Aufnahmen. Die Aufnahmen wurden um die *b*-Achse als Drehachse für die 0. bis 4.-Schicht aufgenommen. Es konnten 830 unabhängige Reflexe vermessen werden. Die Raumgruppe war $P2_12_12_1$ mit den Gitterkonstanten $a = 15,42$, $b = 7,05$ und $c = 26,50$ Å.

206 Beispiele

Die Schweratom-Methode schied hier aus, weil das Brom-Atom auf einer speziellen Punktlage (1/5, 0,0) saß. Die Struktur wurde daher mit Hilfe der Tangens-Formel hergeleitet, nachdem ein Strukturteil in der üblichen Weise bestimmt worden war. Durch Verfeinerungen mit Differenz-Fourier-Synthesen und nach der Methode der kleinsten Fehlerquadrate wurde ein R-Faktor von 9,7% erreicht.

In diesem Beispiel zeigt sich ganz besonders die Bedeutung der Röntgenstrukturanalyse. Ohne sie wäre es angesichts der winzigen zur Verfügung stehenden Substanzmenge wohl kaum möglich gewesen, die Struktur zu ermitteln.

Abb. 8.37 zeigt das Ergebnis der Röntgenstrukturanalyse sowie die Formel dieses Toxins, das ein modifiziertes Steroid ist.

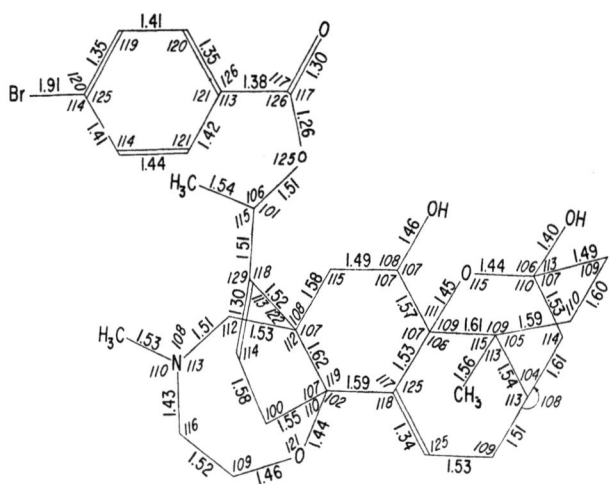

Abb. 8.37 Bindungslängen und Winkel von BatrachotoxininA p-Brombenzoat

Für den Chemiker besonders auffällig sind in diesem Molekül der mit den C-Atomen 13 und 14 verknüpfte heterocyclische 7-Ring sowie das Vorliegen des Toxins als Pyrrol-carbonsäure-ester.

d) L-5-Carboxy-7-formyl-1,2,5,6-tetrahydro-3H-pyrrolo [1,2a] azepin-3-on

Bei der Bestrahlung von N-Chloracetyl-O-methyl-L-tyrosin wurde ein Umlagerungsprodukt erhalten [116], dessen Methylester röntgenographisch aufgeklärt wurde [117]. Die Gitterkonstanten wurden aus Präzessions-Aufnahmen mit $CuK\alpha$-Strahlung bestimmt.

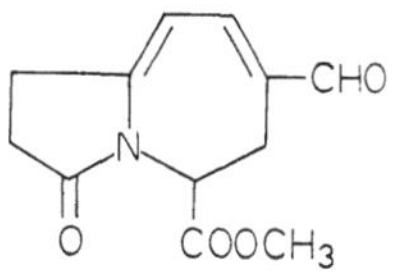

$$a = 7{,}17 \pm 0{,}02 \text{ Å}$$
$$b = 10{,}08 \pm 0{,}02 \text{ Å}$$
$$c = 15{,}99 \pm 0{,}03 \text{ Å}$$
$$\alpha = \beta = \gamma = 90°$$

Systematische Abwesenheit von Reflexen wurde für h00, 0k0 sowie 00l-Reflexe mit ungeraden hkl gefunden. Daraus resultierte die Raumgruppe $P2_12_12_1$.

990 unabhängige Reflexe wurden mit Hilfe der Mehrfilm-Technik aufgenommen und ihre Intensität visuell bestimmt. Mit Hilfe der symbolischen Additionsmethode [101] wurden 6 Maxima erhalten. Mit 5 von ihnen

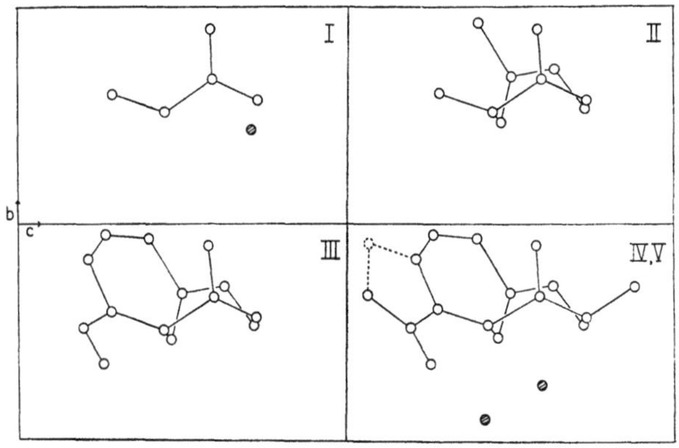

Abb. 8.38 Teil I gibt die sechs höchsten Punkte der E-Fourier-Synthese wieder; sie wurde berechnet aus den durch symbolische Addition erhaltenen Phasen. Die fünf durch offene Kreise dargestellten Atome wurden verwendet um die Anfangs-Phasen für die Tangens-Formel zu erhalten. Eine zweite E-Funktion die auf den mit Hilfe der Tangens-Formel verbesserten Phasen beruhte, ergab die 10 Atompunktlagen von II. Eine Wiederholung der Verfeinerung ergab 14 Atome (III), 16 Atome (IV) und schließlich 17 Atome in V. Die punktierten Kreise stellen Neben-peaks dar, die von der gleichen Größenordnung wie einige der richtigen Punkte waren

wurden die Phasen für die Tangens-Formel berechnet. Ein zweites Elektronendichtebild aus Phasen, die aus der Anwendung der Tangens-Formel stammten, enthielt 10 starke Peaks. Wiederholung des Vorgangs lieferte 14, dann 16 und schließlich 17 Atome. Die Abb. 8.38 veranschaulichen die Verbesserungen.

Der erste Verfeinerungscyclus wurde mit den Koordinaten der Atome und mit isotropen Temperaturfaktoren für alle Atome gerechnet; dabei wurden zunächst alle Atome als C-Atome angesehen. Hierdurch wurden die Temperaturfaktoren für die 5 Atome, die Stickstoff bzw. Sauerstoff waren, sehr klein. Diese Atome wurden nunmehr als N bzw. O-Atome eingegeben. Unter Verwendung anisotroper Temperatur-Faktoren gelangte man in mehreren Cyclen zu einem R-Faktor von 9,6%. Nun wurde mit Hilfe einer Differenz-Fourier-Synthese die Lage der Wasserstoff-Atome bestimmt. Unter Einbeziehung dieser Punktlagen wurde schließlich bei der letzten Verfeinerung nach der Methode der kleinsten Fehlerquadrate ein R-Faktor von 7,8% erreicht.

e) 6-Hydroxycrinamin

Im Falle des Amaryllidaceen-Alkaloids 6-Hydroxycrinamin [118, 119], war die zu lösende Frage die nach der Stereochemie an C-6, d.h. nach der Konfiguration der Hydroxygruppe. Zur Untersuchung [120] dienten Kristalle der freien Base. Die Verbindung kristallisiert mit 8 Molekülen je Elementarzelle in der orthorhombischen Raumgruppe $P2_12_12_1$. Die Gitterkonstanten betragen $a = 19,33$, $b = 7,63$ und $c = 21,18$ Å. Da die Summenformel $C_{17}H_{19}NO_5$ ist, waren die Punktlagen von 184 Atomen (außer Wasserstoff) zu bestimmen.

Zunächst wurden wieder einige wenige Atome lokalisiert mit Hilfe von Phasen, die direkt nach der symbolischen Additionsmethode bestimmt wurden [101]. Der Rest der Atome wurde mit der Tangens-Formel und der bekannten Partialstruktur bestimmt. Der Fortschritt der Strukturanalyse ergibt sich aus Abb. 8.39.

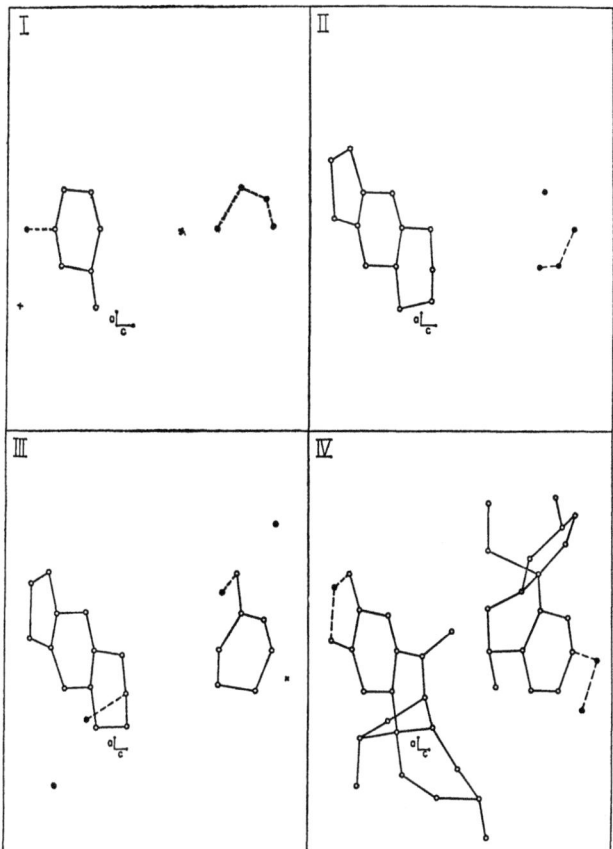

Abb. 8.39a Folge verschiedener Atomlagen-Berechnungen im Verlauf der Strukturbestimmung des 6-Hydroxy-crinamins. Die offenen Kreise in I repräsentieren die sieben höchsten Spitzen der E-Funktion, die aus der mit Hilfe der Symbolischen-Additionsmethode berechneten Phasen erhalten wurden. Nach drei Zyklen ergaben sich die Atomlagen III bis IV

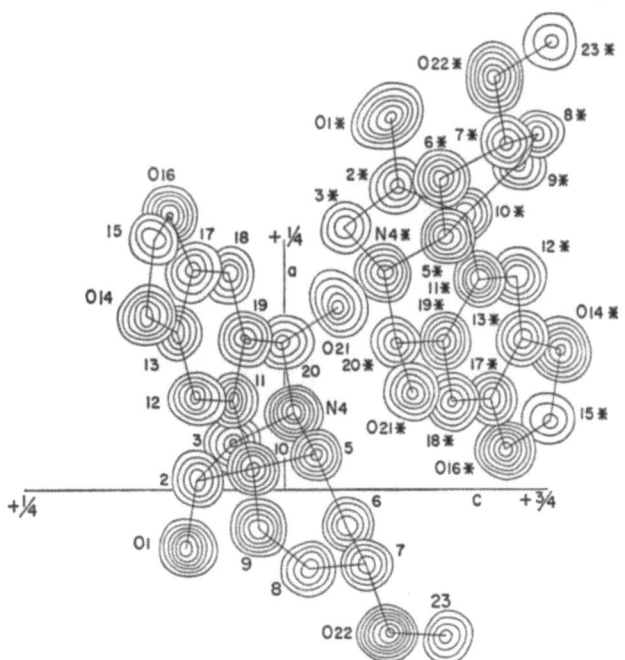

Abb. 8.39b Elektronendichte einer asymmetrischen Einheit von 6-Hydroxycrinamin. Die Konturlinien bezeichnen Abstände von 1.5 e/Å^3

f) 4-Methyl-pentaleno[6.6a. 1.2-def]heptalen

Besondere Bedeutung besitzen die direkten Methoden für aromatische Verbindungen. Die Bindungszustände solcher Verbindungen lassen sich quantenmechanisch berechnen. Diese Rechnungen sind aber immer Näherungsverfahren. Die direkten Röntgenmethoden lassen nun eine Überprüfung solcher Berechnungen zu, da die Bindungslängen von Kohlenstoff-Kohlenstoff-Bindungen verschieden sind, je nachdem, ob es sich um C—C-Einfachbindungen, -Doppelbindungen oder um aromatische Bindungen handelt. Zwischenzustände (Doppelbindungsanteile) lassen sich entsprechend feststellen.

Besonders interessant sind in diesem Zusammenhang konjugierte, nichtbenzoide π-Elektronsysteme, wie es z.B. das 4-Methyl-pentaleno [6.6a.1.2-def]heptalen ist [121]. Die Struktur wurde nach dem symbolischen Additionsverfahren bestimmt und durch LSQ-Rechnungen verfeinert [122]. Die Substanz kristallisiert monoklin in der Raumgruppe $P2_1$ mit 2 Molekülen je Elementarzelle.

Die Gitterkonstanten sind

$$a = 8{,}04 \pm 0{,}015 \text{ Å}$$
$$b = 6{,}67 \pm 0{,}01 \text{ Å}$$
$$c = 10{,}94 \pm 0{,}015 \text{ Å}$$
$$\beta = 106{,}9 \pm 0{,}1°$$

Die Intensitäten von 984 unabhängigen Reflexen der Schichten h01 bis h04 wurden mit $CuK\alpha$-Strahlung gemessen.

Das Ergebnis (R-Faktor = 0,047) zeigt, daß das Molekül nicht ganz eben ist. Die Abweichungen der Atomlagen sind teilweise außerhalb der Fehlergrenze; das Heptalen-System ist z.T. propeller-artig verdreht. Die Siebenringe besitzen leicht wannenförmige Gestalt. Das Pentalen-System ist ebenfalls verdrillt. Die sattelförmige Form des Moleküls dürfte wohl auf den sehr gespannten Bau des Moleküls zurückzuführen sein.

Aus SCF-Rechnungen war eine im ganzen Molekül etwa gleich große Alternanz der Bindungslängen vorausgesagt worden. Das Ergebnis der Röntgenstrukturanalyse zeigt jedoch ein davon abweichendes Ergebnis. Das Molekül besteht aus einem weitgehend aromatischen Azulen-Teil mit einem angegliederten olefinischen System (Abb. 8.40).

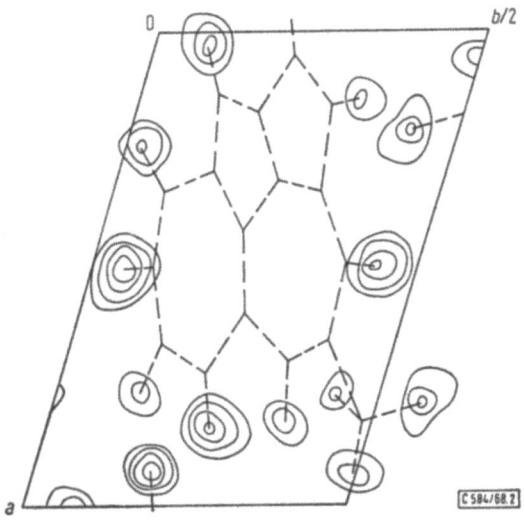

Abb. 8.40a Differenz-Fourier-Synthese mit Wasserstofflagen. Aus: Chem. Ber. *102*, 2458 (1969) Verlag Chemie, Weinheim

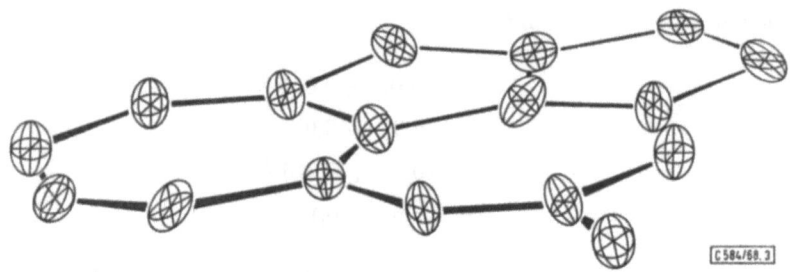

Abb. 8.40b Kohlenstoffgerüst des 4-Methyl-pentaleno [6.6a.1.2-def]heptalens mit Schwingungsellipsoiden. Aus: Chem. Ber. *102*, 2458 (1969) Verlag Chemie, Weinheim

g) 6.6-Dimethylamino-5-aza-azulen

Der Einfluß von *Heteroatomen* auf die Bindungsverhältnisse und damit auf die Molekülstruktur ist von großer Bedeutung, u.a. im Zusammenhang mit quantenchemischen Berechnungen an nichtbenzoiden Aromaten.

So wurde das 6.6-Dimethylamino-5-aza-azulen [123] untersucht.

Die Verbindung kristallisiert aus Petroläther in monoklinen Nadeln; die Raumgruppe ist $P2_1/n$. Die Gitterkonstanten betragen

$$a = 11{,}89 \pm 0{,}01 \text{ Å}$$
$$b = 6{,}01 \pm 0{,}01 \text{ Å}$$
$$c = 13{,}15 \pm 0{,}01 \text{ Å}$$
$$\beta = 92{,}9 \pm 0{,}1°$$

Die Intensitäten von 1459 Reflexen der Schichten h0l bis h4l wurden gemessen. Die Strukturaufklärung erfolgte nach der symbolischen Additionsmethode [124]. Die Verfeinerung wurde nach der Methode der kleinsten Fehlerquadrate und mit Hilfe von Differenz-Fourier-Synthesen durchgeführt. Der R-Faktor betrug schließlich 0,064.

Die Strukturanalyse ergibt, daß das Molekül nahezu eben ist. Der Siebenring zeigt eine leichte Abweichung von der Ebene. (vgl. Abb. 8.41, 8.42, 8.43).

Die Übereinstimmung der beobachteten und der aus quantenchemisch berechneten Bindungsordnungen abgeleiteten Bindungslängen ist im Fünfring sehr gut; auch im Siebenring findet sich im wesentlichen eine gute Übereinstimmung, ausgenommen im Bereich der Stickstoffatome. Hier sind die Bindungslängen ausgeglichen. Die quantenchemische Rechnung liefert somit ein etwas zu hohes Gewicht der Resonanzstruktur.

Direkte Methode 213

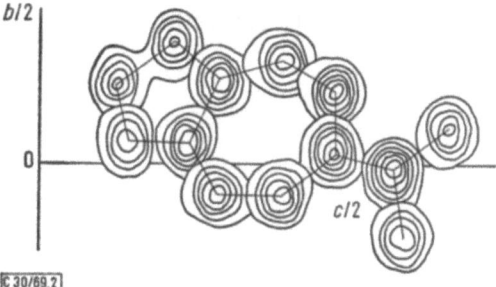

Abb. 8.41 Elektronendichtebild des Moleküls. Die Elektronendichte ist in einem relativen Maßstab angegeben. Die Schichtlinie bei Höhe 0 ist weggelassen

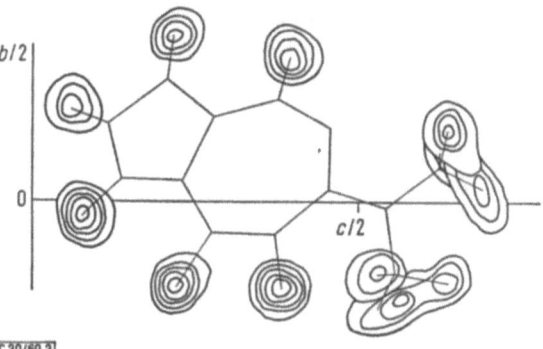

Abb. 8.42 Lage der Wasserstoffatome in der Differenz-Fourier-Synthese. Die Elektronendichte ist in einem relativen Maßstab angegeben. Die Schichtlinien bei 0 und 1 sind nicht gezeichnet

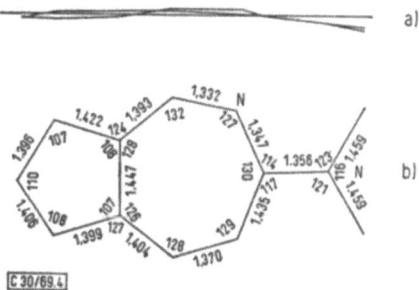

Abb. 8.43 Molekülgeometrie. Abweichungen der Atomlagen von der besten Ebene (a) Moleküldiagramm mit Bindungslängen und -winkeln (b)

Literaturverzeichnis zu Kapitel VIII

1. SIM, G. A.: "Aspects in the Heavy Atom Method" in Computing Methods and The Phase Problem in X-Ray Crystal Analysis, Pergamon Press, 1961, S. 227.
2. WÖLFEL, E., SCHÖPF, C., WEITZ, G., HABERMEHL, G.: Chem. Ber. *94*, 2361 (1961).
3. BÜRKI, H., NOWACKI, W.: Z. Krist. *108*, 206 (1956).
4. DUNITZ, J. D., MEYER, E. F. JR.: Helv. Chim. Acta *48*, 1441 (1965).
5. MAUNTHNER, M.: S. B. Akad. Wiss. Wien *122*, Abt. IIb; Mh. Chem. *34*, 883 (1913).
6. FREEMAN, H. C., SZYMANSKI, J. T.: Acta Cryst. *22*, 406 (1967).
7. ROSENBERG, A.: Arch. Biochem. Biophys. *88*, 83 (1960).
8. ROSENBERG, A.: Biochim. Biophys. Acta *45*, 297 (1960).
9. ROSENBERG, A.: Ark. Kemi *17*, 25 (1961).
10. COOPER, A., GOPALAKRISHNA, E. M., NORTON, D. A.: Acta Cryst. *B 24*, 935 (1968).
11. O'DONNELL, E. A., LADD, M. F. C.: Chem. and Ind. *1963*, 1984.
12. MARKER, R. E., TURNER, D. L.: J. Amer. chem. Soc. *63*, 767 (1941).
13. SCHEER, J., ROHRMANN, E.: ibid. *61*, 864 (1939).
14. SCHEER, J., KOSTIC, R. B., MOSETTIG, E.: ibid. *75*, 4871 (1953).
15. JAMES, V. H. T.: Chem. and Ind. *1953*, 1388.
16. ROSEN, W. E., SHABICA, A. C.: J. Amer. chem. Soc. *76*, 3865 (1954).
17. FREEBORN, A.: Pharm. J. *88*, 568 (1912).
18. EGLINTON. G., KING, F. E., LLOYD, G., LODER, J. W., MARSHALL, J. A., ROBERTSON, A., WHALLEY, W. B.: J. chem. Soc. *1958*, 1833.
19. APSIMON, J. W., CORVAN, J. A., CREASEY, N. GR., SIM, K. Y., WHALLEY, W. B.: Proc. Chem. Soc. *1963*, 209.
20. ASHER, J. D. M., MCPHAIL, A. T., ROBERTSON, J. M., SILVERTON, J. V., SIM, G. A.: Proc. Chem. Soc. *1963*, 210.
21. BIJVOET, J. M., PEERDEMAN, A. F., VAN BOMMEL, A. J.: Nature *168*, 271 (1951).
22. FRIDRICHSONS, J., MACKAY, M. F., MATHIESON, A. McL.: Tetrahedron Letters *1968*, 2887.
23. HART, N. K., JOHNS, S. R., LAMBERTON, J. A., SAUNDERS, J. K.: Tetrahedron Letters *1968*, 2891.
24. BATTERSBY, A. R., MUNRO, M. H. G., BRADBURG, R. B., SANTAVY, F.: Chem. Commun. *1968*, 695.
25. PATTERSON, A. L.: Acta Cryst. *16*, 1255 (1963).

26. MACKAY, M., CROWFOOT-HODGKIN, D.: J. chem. Soc. (London) *1955*, 3261.
27. vgl. hierzu die Zusammenfassung von H. RAPOPORT und J. B. LAVIGNE: J. Amer. chem. Soc. *75*, 5329 (1953); dort auch Hinweise auf frühere chemische Arbeiten.
28. WÖLFEL, E., SCHÖPF, C., WEITZ, G., HABERMEHL, G.: Chem. Ber. *94*, 2361 (1961).
29. CARSTENSEN-OESER, E., GÖTTLICHER, S., HABERMEHL, G.: Chem. Ber. *101*, 1648 (1968).
30. HANSON, A. W.: Acta Cryst. *17*, 519 (1964).
31. HANSON, A. W.: Acta Cryst. *19*, 19 (1965).
32. RUNDLER, R. E., GORING, J. R.: J. Amer. chem. Soc. *72*, 5337 (1950).
33. SMITH, H. G., RUNDLER, R. E.: J. Amer. chem. Soc. *80*, 5075 (1958).
34. CROWFOOT-HODGKIN, D., KAMPER, J., LINDSAY, J., MACKAY, N., PICKWORTH. J., ROBERTSON, J. H., SHOEMAKER, C. B., WHITE, J. G., PROSEN, R. J., TRUEBLOOD, K. N.: Proc. Roy. Soc. (London) A, *242*, 228 (1957).
35. CROWFOOT-HODGKIN, D., PICKWORTH, J., ROBERTSON, J. H., PROSEN, R. J., SPARKS, R. A., TRUEBLOOD, K. N.: ibid. *251*, 306 (1959).
36. DALE, D., CROWFOOT-HODGKIN, D., VENKATESAN, K.: Crystallography and Crystal Reflection, S. 237. London: Academic Press, 1963.
37. BRINK-SHOEMAKER, C., CRUIKSHANK, D. W. J., CROWFOOT-HODGKIN, D., KEMPER, M. J., PILLIG, D.: Proc. Roy. Soc. (London) *A, 278*, 1 (1964).
38. WHITE, J. G.: Proc. Roy. Soc. (London), *A, 266*, 440 (1962).
39. CROWFOOT-HODGKIN, D., LINDSAY, J., MACKAY, N., TRUEBLOOD, K. N.: Proc. Roy. Soc. (London), *A, 266*, 475 (1962).
40. PEERDEMAN, A. F., VAN BOMMEL, A. J., BIJVOET, J. M.: Proc. Acad. Sci. Amst. *B 54*, 16 (1951). vgl. hierzu auch: A. F. PEERDEMAN und J. M. BIJVOET, Acta Cryst. *9*, 1012 (1956).
41. CROWFOOT-HODGKIN, D., LINDSAY, J., SPARKS, R. A., TRUEBLOOD, K. N., WHITE, J. G.: Proc. Roy. Soc. (London) *A 266*, 494 (1962).
42. CROWFOOT-HODGKIN, D., MASLEN, E. N.: Biochem. J. *79*, 393 (1961).
43. SHALL, S., BARNARD, E. A.: Nature *213*, 562 (1967).
44. BODO, G., DINTZIS, H. M., KENDREW, J. C., WYCKOFF, H. W.: Proc. Roy. Soc. (London) *A 253*, 70 (1959).
45. CULLIS, A. F., MUIRHEAD, H., PERUTZ, U. F., ROSSMANN, M. JR., NORTH, A. C. T.: Proc. Roy. Soc. (London), *A 265*, 15 (1961).
46. BLUHM, U. U., BODO, G., DINTZIS, H. M., KENDREW, J. C.: Proc. Roy. Soc. (London) *A 246*, 369 (1958).
47. ROBERTSON, J. M.: J. chem. Soc. (London) *1936*, 1195.
48. ROBERTSON, J. M.: J. chem. Soc. (London) *1935*, 615.
49. PHILLIPS, D. C.: Acta Cryst. *7*, 159 (1954).
50. LINDSAY, J. M., BARNES, W. H.: Acta Cryst., *8*, 227 (1953).
51. GULLAND, J. M., ROBINSON, R.: Nature *115*, 625 (1925.)
52. GATES, M., TSCHUDI, G.: J. Amer. chem. Soc. *74*, 1109. (1952).
53. BENTLEY, K. W.: "The Chemistry of the Morphine Alkaloids". Oxford: Clarendon Press.
54. HUXLEY, H. B., KENDREW, J. C.: Acta Cryst. *6*, 76 (1953).

55. PERUTZ, M. F., TROTTER, J. F., HOWELLS, E. R., GREEN, D. W.: Acta Cryst. *8*, 241 (1955).
56. BRAGG, W. L., PERUTZ, M. F.: Acta Cryst. *5*, 277, 323 (1952).
57. PERUTZ, M. F.: Acta Cryst. *6*, 859 (1953).
58. BRAGG, W. L., PERUTZ, M. F.: Proc. Roy. Soc. A *213*, 425 (1952).
59. PERUTZ, M. F.: Proc. Roy. Soc. A *225*, 264 (1954).
60. KLUG, A., FRANKLIN, R. E., HUMPHREY-OWENS, S. P. F.: Biochim. Biophys. Acta *32*, 203 (1959).
61. BERNAL, J. D., FANKUCHEN, I.: J. Gen. Physiol. *25*, 111 (1941).
62. KING, M. V.: Nature *181*, 263 (1958).
63. BLAHE, C. C. F., KOENIG, D. F., MAIR, G. A., NORTH, A. C. T., PHILLIPS, D. C., SARMA, V. R.: Nature *206*, 757 (1965).
64. JOLLES, J., JAUREGNI-ACELL, J., JOLLES, P.: Biochim. Biophys. Acta *78*, 68 (1968).
65. CANFIELD, R. E.: J. Biol. Chem. *238*, 2698 (1963).
66. CANFIELD, R. E., LIN, A. K.: J. Biol. Chem. *240*, 1997 (1965).
67. ALDERTON, G., FEVOLD, J.: J. Biol. Chem. *164*, 1 (1946).
68. BLAHE, C. C. F., FENN, R. H., NORTH, A. C. T., PHILLIPS, D. C., POLYAK, R. J.: Nature *196*, 1173 (1962).
69. JOHNSON, N. L., PHILLIPS, D. C.: Nature *206*, 761 (1965).
70. BENESCH, R., BENESCH, R. E.: J. Amer. chem. Soc. *78*, 1597 (1956).
71. SMYTH, D. G., STEIN, W. H., MOORE, S. J.: J. Biol. Chem. *238*, (1963).
72. AVEY, H. P., BOLES, M. O., CARLISLE, C. H., EVANS, G. A., MORRIS, S. J., PALMER, R. A., WOOLHOUSE, B. A.: Nature *213*, 557 (1967).
73. KARTHA, G., BELLO, J., HARBER, D.: Nature *213*, 862 (1967).
74. KENDREW, J. C., PARRISH, R. G.: Proc. Roy. Soc. (London) A *238*, 305 (1956).
75. BLUHM, M. M., BODO, G., DINTZIS, H. M., KENDREW, J. C.: Proc. Roy. Soc. (London) A *246*, 369 (1958).
76. KENDREW, J. C., BODO, G., DINTZIS, H. M., PARRISH, R. G., WYCKOFF, H, PHILLIPS, D. C.: Nature *181*, 662 (1958).
77. BODO, G., DINTZIS, H. M., KENDREW, J. C., WYCKOFF, H.: Proc. Roy. Soc. (London) A *253*, 70 (1959).
78. KENDREW, J. C., DICKERSON, R. E., STRANDBERG, B. E., HART, R. G., DAVIES, D. R., PHILLIPS, D. C., SHORE, V. C.: Nature, *185*, 422 (1960).
79. KENDREW, J. C., WATSON, H. C., STRANDBERG, B. E., DICKERSON, R. E., PHILLIPS, D. C., SHORE, V. C.: Nature *190*, 666 (1961).
80. EDMUNDSON, A. B., HISS, C. H. W.: Nature *190*, 663 (1961).
81. BRAUNITZER, G., GEHRING-MÜLLER, R., HÜBSCHMANN, H., HILSE, K., HOBORN, G., RUDLOFF, V., WITTMANN-LICHOLD, B.: Hoppe-Seyler's Z. physiol. Chem. *325*, 283 (1961).
82. KONIGSBERG, W., GUIDOTTI, G., HILL, R. J.: J. biol. Chem. *236*, 55 (1961).
83. MUIRHEAD, H., PERUTZ, M. F.: Nature *199*, 633 (1963).
84. CULLIS, A. F., MUIRHEAD, H., PERUTZ, M. F., ROSSMANN, M. G., NORTH, A. C. T.: Proc. Roy. Soc. (London) A *265*, 15 (1961).
85. DOERING, W. v. E., ROTH, W. R.: Angew. Chem. *75*, 27 (1963); Int. Ed. *2*, 115 (1963).

86. SCHRÖDER, G.: Chem. Ber. *97*, 3140 (1964).
87. MERINYI, R., OTH, J. F. M., SCHRÖDER, G.: Chem. Ber. *97*, 3150 (1964).
88. GRAHAM, J. D., SANTEE, E. R.: J. Amer. chem. Soc. *88*, 3453 (1966).
89. AMIT, A., HUBER, R., HOPPE, W.: Acta Cryst. *B 24*, 865 (1968).
90. HOPPE, W.: Acta Cryst. *10*, 750 (1957).
91. HOPPE, W.: Die thermische Untergrundstreuung und ihre Anwendung zur Strukturuntersuchung von Molekülen in Kristallen. In: Fortschritte der Strukturforschung und Beugungsmethoden. Braunschweig: Ferd. Vieweg u. Sohn 1964.
92. a) KARLSON, P., HOFFMEISTER, H., HOPPE, W., HUBER, R.: Liebigs Ann. Chem. *662*, 1 (1963)
    b) HOPPE, W., HUBER, R.: Chem. Ber. *98*, 2353 (1965)
    c) HUBER, R., HOPPE, W.: Chem. Ber. *98*, 2403 (1965).
93. HELLNER, E.: Z. Krist. *108*, 64 (1956).
94. HABERMEHL, G.: Chem. Ber. *96*, 143 (1963).
95. PRZYBYLSKA, M., MARION, L.: Canad. J. Chem. *35*, 1075 (1957).
96. a) BEEVERS, C. A., ROBERTSON, J. H.: Acta Cryst. *3*, 164 (1950).
    b) BUERGER, M. J.: Acta Cryst. *3*, 87 (1950).
97. ROBERTSON, J. H.: Acta Cryst. *4*, 63 (1951).
98. CROWFOOT, D., BLUM, C. W., ROGERS-LOW, B. W., TURNER-JONES, A.: The X-ray Crystallographic Investigation of the Structure of Penicillin. Oxford: University Press, 1949.
99. BUERGER, M. J.: Vector Space, pp. 218, 327, New York: John Wiley 1959.
100. LINDNER, H.-J., GÖTTLICHER, S.: Acta Cryst. *B 25*, 832 (1969).
101. a) KARLE, J., KARLE, I. L.: Acta Cryst. *21*, 849 (1966).
     b) KARLE, I. L., KARLE, J.: Acta Cryst. *21*, 860 (1966).
     c) KARLE, I. L., KARLE, J.: Acta Cryst. *17*, 835 (1964).
102. KARLE, I. L., KARLE, J.: Acta Cryst. *B 25*, 434 (1969).
103. KARLE, J.: Acta Cryst. *B 24*, 182 (1968).
104. KARLE, J., HAUPTMAN, H.: Acta Cryst. *9*, 635 (1956).
105. BUSING, W. R., MARTIN, K. O., LEVI, A. H.: ORFLS, Oak Ridge National Laboratory, Oak Ridge, Tennessee, USA.
106. KARLE, I. L., KARLE, J.: Acta Cryst. *B 24*, 81 (1968).
107. MÜLLER, J. M., SCHLITTLER, E., BEIN, H. J.: Experientia *8*, 338 (1952).
108. DORFMAN, L., HUEBNER, C. F., MACPHILLANY, H. B., SCHLITTLER, E., ST. ANDRÉ, A. F.: Experientia *9*, 368 (1953).
109. DORFMAN, L., FURLENMEIER, A., HUEBNER, C. F., LUCAS, R., MACPHILLANY, H. B., MUELLER, J. M., SCHLITTLER, E., SCHWYZER, R., ST. ANDRÉ, A. F.: Helv. chim. Acta *37*, 59 (1954).
110. ALDRICH, P. E., *et al.*: J. Amer. chem. Soc. *81*, 2481 (1959).
111. WOODWARD, R. B., BADER, F. E., BICHEL, F., FRYE, A. J., KIESTEAD, R. W.: Tetrahedron *2*, 1 (1958).
112. MÄRKI, F., WITKOP, B.: Experientia (Basel) *19*, 239 (1963).
113. TOKUYAMA, T., DALY, J., WITKOP, B., KARLE, I. L., KARLE, J.: J. Amer. chem. Soc. *90*, 1917 (1968).
114. KARLE, I. L., KARLE, J.: Acta Cryst., *B 25*, 428 (1964).

115. Tokuyama, T., Daly, J., Witkop, B.: J. Amer. chem. Soc. *91*, 3931 (1969).
116. Yonemitsu, O., Witkop, B., Karle, I. L.: J. Amer. chem. Soc. *89*, 1039 (1967).
117. Karle, I. L., Karle, J., Estlin, J. A.: Acta Cryst. *23* 494 (1967).
118. Fales, H. Ch., Wildman, W. C.: J. Amer. Chem. Soc. *82*, 197 (1960).
119. King, R. W., Murphy, C. F., Wildmann, W. C.: ibid. *87* 4912 (1965).
120. Karle, J., Estlin, J. A., Karle, I. J.: J. Amer. chem. Soc. *89*, 6510 (1967).
121. Hafner, K., Fleischer, R., Fritz, K.: Angew. Chem. *77*, 42 (1965).
122. Lindner, H. J.: Chem. Ber. *102*, 2456 (1969).
123. Müller-Westerhoff, U., Hafner, K.: Tetrahedron Letters (London) *44*, 4341 (1967).
124. Lindner, H. J.: Chem. Ber. *102*, 2464 (1969).

Mathematischer Anhang

1. Vektoren

In Naturwissenschaft und Technik treten Begriffe auf, wie Kraft, Geschwindigkeit, elektrische Feldstärke, die nicht nur ihrer absoluten Größe nach, sondern auch ihrer *Richtung* nach bestimmt sind. Man zeichnet z.B. in der Statik eine Kraft als eine *Strecke mit Pfeilspitze*. Die Länge der Strecke gibt die Größe der Kraft an, die Richtung der Strecke gibt die Kraftrichtung an, der Pfeil gibt den Richtungssinn, d.h. Zug oder Druck an. Eine solche „gerichtete Strecke" wird *Vektor* genannt. Man unterscheidet den „freien" Vektor, wenn es auf den Anfangspunkt nicht ankommt, und den „gebundenen" Vektor, wenn der Anfangspunkt wichtig ist.

Wir müssen uns im Folgenden nur mit freien Vektoren befassen.

1.1. Definition und Veranschaulichung von Vektoren

Wir wollen in den Raum der „Elementargeometrie" Vektoren einführen. Dieser Raum ist dreidimensional (Länge, Breite, Höhe), und dementsprechend können wir alle Tatsachen auf ein rechtwinkliges Koordinatensystem beziehen. Wir setzen also für die folgenden Ausführungen den *Euklidischen Raum* voraus, ohne diesen Begriff näher zu definieren. Wir beschränken uns zunächst auf den zweidimensionalen Euklidischen Raum, die „*Euklidische Ebene*". Jeder Punkt in dieser Ebene sei durch Koordinaten x_1 und x_2 festgelegt. Jedem Wertepaar (x_1, x_2) entspricht genau ein *Punkt* der Ebene. Die Gesamtheit dieser Punkte ergibt dann genau diese Euklidische Ebene E_2. Wir ordnen diesem „Raum" E_2 durch die folgenden fünf Definitionen *Vektoren* zu:

1) Dem Punkt A mit dem Wertepaar (Koordinaten) (a_1, a_2) und dem Punkt B mit dem Wertepaar (Koordinaten) (b_1, b_2) soll ein *Vektor* $\boldsymbol{x} = \boldsymbol{AB}$ zugeordnet werden mit den *Komponenten*

$$x_1 = b_1 - a_1 \qquad x_2 = b_2 - a_2.$$

Man schreibt

$$\boldsymbol{x} = (x_1, x_2) = \boldsymbol{AB} = (b_1 - a_1, b_2 - a_2)$$

2) Zwei Vektoren $\boldsymbol{AB}$ und $\boldsymbol{CD}$ sind genau dann *gleich*, wenn ihre Komponenten gleich sind:

$$\begin{aligned} b_1 - a_1 &= d_1 - c_1 \\ b_2 - a_2 &= d_2 - c_2 \end{aligned}$$

3) Als *Länge* oder *Betrag* eines Vektors $x = (x_1, x_2)$ bezeichnet man die Größe

$$x = |\boldsymbol{x}| = \sqrt{x_1^2 + x_2^2}$$

Nach dem Satz des Pythagoras (Abb. 1) ist die Länge AB des Vektors $\boldsymbol{AB}$ gleich der Strecke von A nach B:

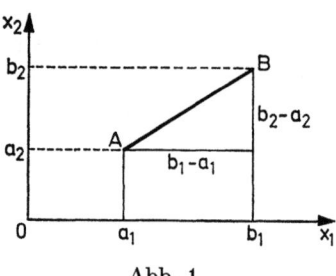

Abb. 1

$$AB = \sqrt{(b_1 - a_1)^2 + (b_2 - a_2)^2}.$$

4) Die *Summe* zweier Vektoren $\boldsymbol{a} = (a_1, a_2)$, $\boldsymbol{b} = (b_1, b_2)$ wird definiert durch

$$\boldsymbol{a} + \boldsymbol{b} = (a_1 + b_1, a_2 + b_2)$$

5) Die *Multiplikation eines Vektors $\boldsymbol{a}$ mit einer reellen Zahl* α (in der Vektorrechnung *Skalar* genannt) wird definiert durch:

$$\alpha \boldsymbol{a} = (\alpha a_1, \alpha a_2)$$

Wir wollen nun zeigen, daß die so definierten Vektoren den eingangs an sie gestellten Forderungen genügen.

Zunächst interessieren wir uns für den *Nullvektor $\boldsymbol{0}$*, der erklärt ist durch

$$\boldsymbol{a} + \boldsymbol{0} = \boldsymbol{a}.$$

Aus 4), der Regel für die Bildung von Summen, folgt

$$\boldsymbol{0} = (0,0),$$

denn

$$\boldsymbol{a} + \boldsymbol{0} = (a_1 + 0, a_2 + 0) = (a_1, a_2) = \boldsymbol{a}$$

Den *negativen Vektor* $b = -a$ des Vektors a bestimmen wir durch

$$a + b = 0$$

Daraus folgt

$$a_1 + b_1 = 0$$
$$a_2 + b_2 = 0.$$

Der Vektor $b = -a$ wird damit

$$-a = (-a_1, -a_2).$$

Dieses Ergebnis ist in Übereinstimmung mit 5) für $\alpha = -1$. (Die Definitionen 1) bis 5) widersprechen sich nicht, was man hier am Einzelfall bestätigt sieht).

Gemäß Definition 1) gilt:

$$AB = (b_1 - a_1, b_2 - a_2)$$
$$BA = (a_1 - b_1, a_2 - b_2)$$

Daraus folgt

$$AB = -BA$$

Der negative Vektor hat also gleiche Länge aber entgegengesetzte Richtung.

Damit ist aber unsere eingangs erhobene Forderung, den Vektoren einen Richtungssinn (Pfeil) beizugeben, erfüllt (Abb. 2):

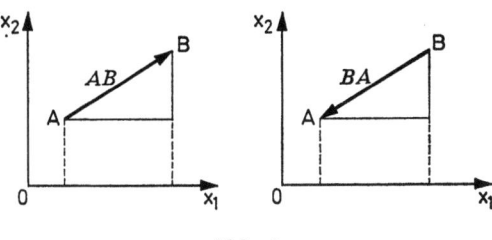

Abb. 2

Definition 2) erfüllt uns auch die dritte und letzte Forderung an den „freien" Vektor (Abb. 3):

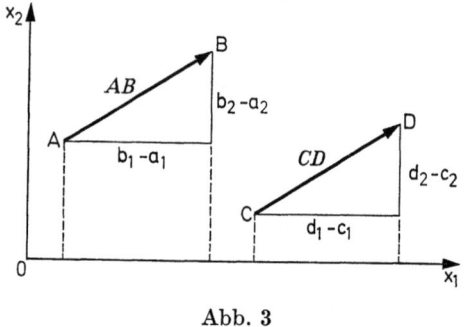

Abb. 3

$$AB = CD$$

wenn

$$d_1 - c_1 = b_1 - a_1$$
$$d_2 - c_2 = b_2 - a_2.$$

Demnach sind Vektoren gleich, wenn sie parallel sind, gleichgerichtet sind und gleiche Länge haben. Vektoren sind also hinsichtlich Parallelverschiebung *invariant*.

Die Definitionen 1) bis 5) erfüllen uns somit die an die Vektoren von der Anwendung her gestellten Forderungen.

Wir wollen uns noch die Addition von Vektoren veranschaulichen und addieren zwei aneinander anschließende Vektoren **AB** und **BC**:

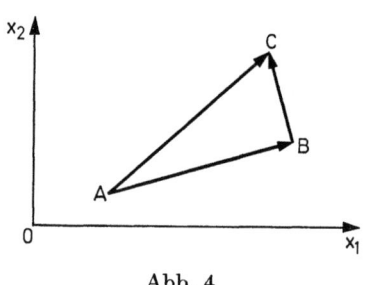

Abb. 4

$$AB = (b_1 - a_1, b_2 - a_2)$$
$$BC = (c_1 - b_1, c_2 - b_2)$$
$$AB + BC = (c_1 - a_1, c_2 - a_2) = AC.$$

Ergebnis:

Die Summe $AB + BC$ ist der Vektor AC vom Anfangspunkt A des ersten zum Endpunkt C des letzten Vektors. (Abb. 4). Das gilt natürlich auch für die Addition von mehreren Vektoren:

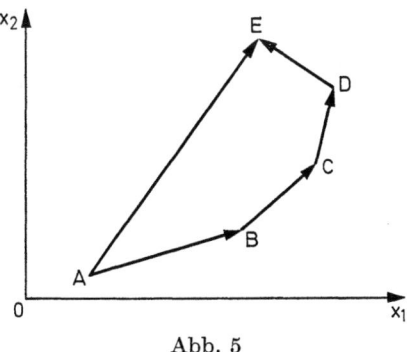

Abb. 5

$$AE = AB + BC + CD + DE.$$

(Siehe Abb. 5)

Weil Vektoren hinsichtlich Parallelverschiebung invariant sind, können wir die Addition zweier Vektoren auch ausführen, wenn die Vektoren nicht aneinander anschließen. Untersuchen wir ein Beispiel (Abb. 6)

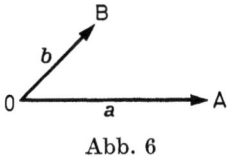

Abb. 6

Wir verschieben b parallel mit dem Anfangspunkt nach A und erhalten so den Vektor $a + b$ (Abb. 7):

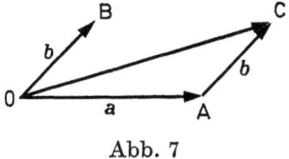

Abb. 7

Diese Konstruktion entspricht dem „Kräfteparallelogramm".

226 Vektoren

Zwischenbemerkung:

Einen Vektor, der vom Nullpunkt des Koordinatensystems zum Raumpunkt $(x_1 x_2)$ führt (Abb. 8), der also den Ort des Punktes (x_1, x_2) festlegt, bezeichnet man als *Ortsvektor*. Der Ortsvektor ist also ein (an den Nullpunkt) gebundener Vektor.

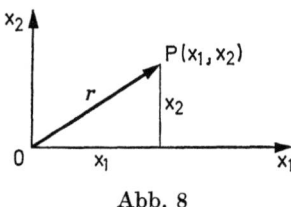

Abb. 8

Die Frage ist nun: Warum gaben wir eigentlich die Definitionen 1) bis 5) ? Antwort: Um Rechenregeln zu erhalten! Denn was nützen uns mathematische Größen, wenn wir nicht damit rechnen können?

Die Rechenregeln werden uns von einigen Sätzen der Elementargeometrie geliefert.

Zwei Beispiele sollen das erläutern:

1) Aufgrund des „Strahlensatzes" (Abb. 9)

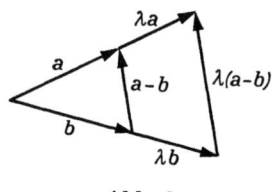

Abb. 9

gilt
$$\lambda(\boldsymbol{a} - \boldsymbol{b}) = \lambda \boldsymbol{a} - \lambda \boldsymbol{b}$$

Setzen wir $-\boldsymbol{b} = \boldsymbol{c}$, so ergibt sich die Rechenregel

$$\lambda(\boldsymbol{a} + \boldsymbol{c}) = \lambda \boldsymbol{a} + \lambda \boldsymbol{c},$$

die *distributives Gesetz* genannt wird.

2) Das *kommutative Gesetz*

$$\boldsymbol{a} + \boldsymbol{b} = \boldsymbol{b} + \boldsymbol{a}$$

ergibt sich, wie man leicht am „Kräfteparallelogramm" sieht, aufgrund des elementargeometrischen Satzes: Die Gegenseiten im Parallelogramm sind einander gleich.

Insgesamt erhalten wir folgende *Rechenregeln*:

(1) Summe:

a) $a+b=b+a$ (kommutatives Gesetz)
b) $a+(b+c)=(a+b)+c=a+b+c$
(assoziatives Gesetz)
c) Es gibt einen Nullvektor 0, so daß $a+0=a$
d) Zu jedem Vektor a gibt es einen dazu negativen Vektor $(-a)$, so daß $a+(-a)=0$

(2) Produkt eines Vektors mit einem Skalar.

a) Es gilt $1 \cdot a = a$
b) $\alpha(\beta a) = (\alpha\beta) \, a$ (assoziatives Gesetz)
c) $(\alpha + \beta)a = \alpha a + \beta a$ (distributives Gesetz für skalare Addition)
d) $\alpha(a+b) = \alpha a + \alpha b$ (distributives Gesetz für die Vektoraddition).

Hiermit sind die Vektoren der Euklidischen Ebene nicht nur definiert, und veranschaulicht, sondern es wurden auch Rechenregeln für sie gegeben.

Vektoren im dreidimensionalen Raum

Ganz entsprechend kann man auch dem dreidimensionalen Euklidischen Raum E_3 Vektoren zuordnen. Man braucht dann nur zu berücksichtigen, daß dann drei Komponenten vorliegen. Anstelle der Definition 1) tritt dann:

1*) Je zwei Punkten A mit den Koordinaten (a_1, a_2, a_3) und B mit den Koordinaten (b_1, b_2, b_3) soll ein Vektor $x = AB$ zugeordnet werden mit den Komponenten

$$x_1 = b_1 - a_1, \quad x_2 = b_2 - a_2, \quad x_3 = b_3 - a_3$$

Man schreibt

$$x = (x_1, x_2, x_3) = AB = (b_1 - a_1, b_2 - a_2, b_3 - a_3)$$

Die weiteren Definitionen 2) bis 5) analogisieren sich ganz entsprechend.

Hiernach scheint es, als ob zwischen dem E_2 und dem E_3 kein wesentlicher Unterschied besteht. Das ist aber nicht der Fall! Denn rein anschaulich gesehen, können wir einen Vektor im zweidimensionalen E_2

228 Vektoren

auf 2 „Grundvektoren" beziehen (z.B. auf einen Vektor in der x_1-Achse und auf einen Vektor in der x_2-Achse). Einen Vektor im dreidimensionalen E_3 können wir dagegen durch drei Grundvektoren darstellen. Diese Tatsache hat axiomatischen Charakter. Um sie zu formulieren, benötigen wir die folgenden beiden Definitionen:

1) Die Vektoren $\boldsymbol{x}_1, \boldsymbol{x}_2, \ldots, \boldsymbol{x}_n$ heißen linear abhängig, wenn sich Zahlen $\alpha_1, \alpha_2, \ldots, \alpha_n$ angeben lassen, die nicht alle verschwinden, so daß

$$\alpha_1 x_1 + \alpha_2 x_2 + \ldots + \alpha_n x_n = 0.$$

2) Lassen sich keine solchen Zahlen $\alpha_1, \alpha_2, \ldots, \alpha_n$ finden, so heißen die Vektoren $\boldsymbol{x}_1, \boldsymbol{x}_2, \ldots, \boldsymbol{x}_n$ linear unabhängig.

Hiermit können wir die *Dimension* eines „Vektorraums" definieren (Dimensionsaxiom):

Ein Vektorraum ist n-dimensional, wenn es n linear unabhängige Vektoren gibt und je $(n+1)$ Vektoren linear abhängig sind.

Nehmen wir den 3-dimensionalen Raum, so sind je 4 Vektoren linear abhängig. Wir nennen sie x, x_1, x_2, x_3.
Dann gilt:
$$\alpha \boldsymbol{x} + \alpha_1 \boldsymbol{x}_1 + \alpha_2 \boldsymbol{x}_2 + \alpha_3 \boldsymbol{x}_3$$
oder
$$\boldsymbol{x} = -\frac{1}{\alpha}(\alpha_1 \boldsymbol{x}_1 + \alpha_2 \boldsymbol{x}_2 + \alpha_3 \boldsymbol{x}_3)$$

Jeder 4. Vektor $\boldsymbol{x}$ ist also durch drei andere darstellbar. Wir wählen die Vektoren $\boldsymbol{x}_1, \boldsymbol{x}_2, \boldsymbol{x}_3$ als *Basis* und bezeichnen sie mit $\boldsymbol{g}_1, \boldsymbol{g}_2, \boldsymbol{g}_3$. Bemerkenswert ist die Tatsache, daß die *Basisvektoren* $\boldsymbol{g}_1, \boldsymbol{g}_2, \boldsymbol{g}_3$ keineswegs rechte Winkel miteinander einschließen müssen. Unsere Ausführungen lassen sich also auch auf „schiefwinklige" Koordinatensysteme übertragen.

Beispiel

Satz: Die drei Verbindungsgeraden der Mittelpunkte der Gegenkanten eines Tetraeders schneiden sich in einem Punkt.
Beweis: Man verwendet einen Eckpunkt als Koordinatenanfangspunkt (siehe Abb. 10). Dann ist das Tetraeder durch die Vektoren

$$\boldsymbol{a} = \boldsymbol{OA}, \ \boldsymbol{b} = \boldsymbol{OB}, \ \boldsymbol{c} = \boldsymbol{OC}$$

gegeben. Jeder beliebige Punkt der eingezeichneten Verbindungslinie hat dann den „Ortsvektor"

$$\boldsymbol{x}_1 = \frac{1}{2}(\boldsymbol{c} + \boldsymbol{a}) + \lambda_1 \left(\frac{\boldsymbol{b}}{2} - \frac{\boldsymbol{c} + \boldsymbol{a}}{2}\right)$$

Definition und Veranschaulichung von Vektoren 229

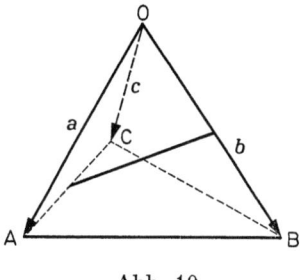

Abb. 10

Dabei ist λ_1 der veränderliche Parameter der Verbindungslinie. (Für $\lambda_1 = 0$ erhält man den Mittelpunkt von AC, für $\lambda_1 = 1$ den Mittelpunkt von OB). Durch zyklische Vertauschung erhält man die Gleichungen der beiden anderen Verbindungslinien:

$$x_2 = \frac{1}{2}(a+b) + \lambda_2 \left(\frac{c}{2} - \frac{a+b}{2}\right)$$

$$x_3 = \frac{1}{2}(b+c) + \lambda_3 \left(\frac{a}{2} - \frac{b+c}{2}\right)$$

Für den Schnittpunkt der beiden letzten Verbindungslinien gilt:

$$x_2 = x_3.$$

Daraus folgt:

$$a(1 - \lambda_2 - \lambda_3) + b(\lambda_2 - \lambda_3) + c(\lambda_2 + \lambda_3 - 1) = 0$$

Weil das Tetraeder dreidimensional ist, müssen die drei Vektoren a, b, c, linear unabhängig sein. Das ist aber nur der Fall, wenn alle Koeffizienten verschwinden:

$$1 - \lambda_2 - \lambda_3 = 0$$
$$\lambda_2 - \lambda_3 = 0$$
$$\lambda_2 + \lambda_3 - 1 = 0$$

Das sind drei Gleichungen für die zwei Unbekannten λ_2 und λ_3. Glücklicherweise sind die erste und die dritte Gleichung identisch miteinander. Man erhält:

$$\lambda_2 = \lambda_3 = \frac{1}{2}$$

Als Schnittpunkt erhält man:

$$x = \frac{1}{4}(a + b + c)$$

Der Schnittpunkt erfüllt, wie man leicht nachrechnet, auch die Gleichung für x_1 für $\lambda_1 = \frac{1}{2}$. Damit ist der Satz bewiesen.

Denken wir uns die drei Vektoren a, b, c in einer Ebene liegend. Sie beschreiben dann ein ebenes Viereck. Wir bringen dann unsere Gleichung $x_2 = x_3$ auf die Form

$$(a - c)(1 - \lambda_2 - \lambda_3) + b(\lambda_2 - \lambda_3) = 0$$

In der Ebene müssen bereits die zwei Vektoren $(a-c)$ und b linear unabhängig sein, woraus folgt:

$$1 - \lambda_2 - \lambda_3 = 0$$
$$\lambda_2 - \lambda_3 = 0$$

Auch hier erhält man

$$\lambda_2 = \lambda_3 = \frac{1}{2}.$$

Der Tetraedersatz gilt aufgrund des Dimensionsaxioms auch im ebenen Viereck. Er muß noch gedeutet werden. Die Gegenkanten haben keinen Eckpunkt gemein. Das entspricht im Viereck den Gegenseiten. Eines der Paare von Gegenkanten wird im Viereck zu Diagonalen.
Damit lautet der Satz für das ebene Viereck:

In einem ebenen Viereck gehen die zwei Verbindungsgeraden der Mittelpunkte der Gegenseiten und die Verbindungsgerade der Mittelpunkte der Diagonalen durch einen Punkt.

1.2. Skalarprodukt, Vektorprodukt, orthonormierte und schiefwinklige Basis

Wir definieren jetzt ein Produkt von Vektoren, das „Skalarprodukt":
Als *Skalarprodukt* $a \cdot b$ zweier Vektoren a und b bezeichnet man das Produkt der Länge a des einen Vektors mal der Länge der senkrechten Projektion des anderen Vektors b auf den Vektor a. (Abb. 11).

Skalar-, Vektorprodukt, orthonormierte, schiefwinklige Basis 231

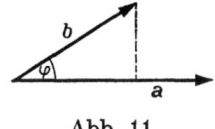

Abb. 11

Ist φ der Winkel zwischen den Vektoren $\boldsymbol{a}$ und $\boldsymbol{b}$, so gilt demnach

$$\boldsymbol{a} \cdot \boldsymbol{b} = ab \cos \varphi$$

Wie der Name sagt, ist also das Skalarprodukt kein Vektor, sondern ein Skalar.

Aufgrund elementargeometrischer Sätze ergeben sich für das *Skalarprodukt* folgende *Rechenregeln*:

a) $\boldsymbol{a} \cdot \boldsymbol{b} = \boldsymbol{b} \cdot \boldsymbol{a}$ (kommutatives Gesetz)
b) $(\alpha \boldsymbol{a}) \cdot \boldsymbol{b} = \boldsymbol{a} \cdot (\alpha \boldsymbol{b}) = \alpha (\boldsymbol{a} \cdot \boldsymbol{b})$ (assoziatives Gesetz für die Multiplikation mit einem Skalar)
c) $\boldsymbol{a} \cdot (\boldsymbol{b} + \boldsymbol{c}) = \boldsymbol{a} \cdot \boldsymbol{b} + \boldsymbol{a} \cdot \boldsymbol{c}$ (distributives Gesetz)
d) Wenn $\boldsymbol{a} \cdot \boldsymbol{b} = 0$ für beliebigen Vektor $\boldsymbol{b}$, dann gilt $\boldsymbol{a} = 0$

Hiermit ergibt sich eine Darstellung der Länge eines Vektors als Skalarprodukt.

Es ist nämlich

$$\boldsymbol{a} \cdot \boldsymbol{a} = |\boldsymbol{a}| \cdot |\boldsymbol{a}| = a^2$$

weil $\boldsymbol{a}$ mit sich den Winkel $\varphi = 0$ einschließt. Damit wird

$$a = |\boldsymbol{a}| = \sqrt{\boldsymbol{a} \cdot \boldsymbol{a}}$$

Entsprechend ergibt sich

$$\boldsymbol{a} \cdot (-\boldsymbol{a}) = a^2 \cdot \cos(180°) = -\boldsymbol{a}^2$$

Stehen zwei Vektoren $\boldsymbol{a}$ und $\boldsymbol{b}$ aufeinander senkrecht, so ist wegen $\cos 90° = 0$:

$$\boldsymbol{a} \cdot \boldsymbol{b} = 0.$$

Beispiele:

1) Satz des Thales (Abb. 12):

Der Peripherie-Winkel über dem Durchmesser eines Kreises ist ein rechter Winkel.

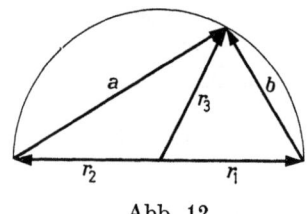

Abb. 12

Voraussetzungen:
$$|r_1| = |r_2| = |r_3| = r$$
$$r_2 = -r_1 \quad a = r_3 - r_2$$
$$b = r_3 - r_1$$

Behauptung:
$$a \perp b, \text{ d.h. } \boldsymbol{a} \cdot \boldsymbol{b} = 0$$

Beweis:

$$\boldsymbol{a} \cdot \boldsymbol{b} = (r_3 - r_2) \cdot (r_3 - r_1) = r_3 \cdot r_3 - r_2 \cdot r_3 - r_3 \cdot r_1 + r_2 \cdot r_1 =$$
$$r^2 - r_3(r_2 + r_1) - r^2 = 0$$

2) Satz des Pythagoras (Abb. 13):

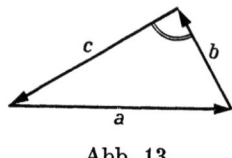

Abb. 13

Voraussetzungen:
$$a + b + c = 0$$
$$\boldsymbol{b} \cdot \boldsymbol{c} = 0$$

Behauptung:
$$a^2 = b^2 + c^2$$

Beweis:
$$\boldsymbol{a} \cdot \boldsymbol{a} = \boldsymbol{b} \cdot \boldsymbol{b} + 2\boldsymbol{b} \cdot \boldsymbol{c} + \boldsymbol{c} \cdot \boldsymbol{c}$$
$$a^2 = b^2 + c^2$$

Skalar-, Vektorprodukt, orthonormierte, schiefwinklige Basis   233

Nun sei ein weiteres Produkt von Vektoren definiert, das Vektorprodukt:

Wie der Name sagt, ist das Vektorprodukt ein Vektor, im Gegensatz zum Skalarprodukt, das ein Skalar ist.

Wir definieren als *Vektorprodukt* ($c = a \times b$) zweier Vektoren a und b den Vektor, der auf beiden Vektoren senkrecht steht und dessen Länge zahlenmäßig gleich der Fläche des von beiden Vektoren aufgespannten Parallelogrammes ist. Der Richtungssinn bestimmt sich aus der Forderung, daß a, b und c ein Rechtssystem bilden sollen.

Man kann sich das z.B. mit der „Schraubenzieherregel" veranschaulichen:

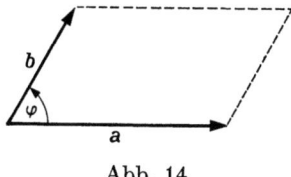

Abb. 14

In Abb. 14 setze man den Schraubenzieher senkrecht auf a und b an und über die kürzeste Drehung von a nach b aus. Die (rechtsgängige) Schraube bewegt sich dann aus der Zeichenebene heraus auf den Betrachter zu. Der Vektor $a \times b$ steht also senkrecht auf der Zeichenebene und zeigt auf den Betrachter. (siehe Schrägriß von Abb. 15).

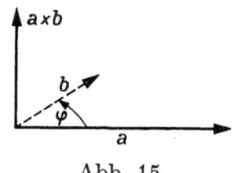

Abb. 15

Seine Länge ist

$$|a \times b| = ab \sin\varphi$$

Man sieht schon der Definition an, daß das kommutative Gesetz nicht gilt. An seine Stelle tritt die Regel:

$$a \times b = - b \times a$$

Das assoziative Gesetz für die Multiplikation mit einem Skalar und das distributive Gesetz gelten aber auch für das Vektorprodukt.

Als Besonderheit ist hier zu erwähnen, daß als Bedingung für die Parallelität zweier Vektoren $\boldsymbol{a}$ und $\boldsymbol{b}$ gilt

$$\boldsymbol{a} \times \boldsymbol{b} = \boldsymbol{0},$$

denn für parallele Vektoren ist $\varphi = 0$ und damit $\sin \varphi = 0$.

Wir wollen nun an Seite 228 anknüpfen und aufgrund des Dimensionsaxiomes Basisvektoren im E_3 einführen.

Es sei $\boldsymbol{g}_1, \boldsymbol{g}_2, \boldsymbol{g}_3$ eine solche Basis. Ein Vektor $\boldsymbol{A}$ läßt sich dann, weil es nur drei linear unabhängige Vektoren gibt und jeder vierte von ihnen linear abhängig ist, in dieser Basis darstellen:

$$\boldsymbol{A} = A^1 \boldsymbol{g}_1 + A^2 \boldsymbol{g}_2 + A^3 \boldsymbol{g}_3$$

Die Größen A^1, A^2, A^3 sind seine Komponenten. Wir bilden das Skalarprodukt mit einem Vektor

$$\boldsymbol{B} = B^1 \boldsymbol{g}_1 + B^2 \boldsymbol{g}_2 + B^3 \boldsymbol{g}_3$$

und erhalten:

$$\begin{aligned}\boldsymbol{A} \cdot \boldsymbol{B} = &A^1 B^1\, \boldsymbol{g}_1 \cdot \boldsymbol{g}_1 + A^1 B^2\, \boldsymbol{g}_1 \cdot \boldsymbol{g}_2 + A^1 B^3\, \boldsymbol{g}_1 \cdot \boldsymbol{g}_3 \\ + &A^2 B^1\, \boldsymbol{g}_2 \cdot \boldsymbol{g}_1 + A^2 B^2\, \boldsymbol{g}_2 \cdot \boldsymbol{g}_2 + A^2 B^3\, \boldsymbol{g}_2 \cdot \boldsymbol{g}_3 \\ + &A^3 B^1\, \boldsymbol{g}_3 \cdot \boldsymbol{g}_1 + A^3 B^2\, \boldsymbol{g}_3 \cdot \boldsymbol{g}_2 + A^3 B^3\, \boldsymbol{g}_3 \cdot \boldsymbol{g}_3\end{aligned}$$

Die Skalarprodukte

$$g_{ij} = \boldsymbol{g}_i \cdot \boldsymbol{g}_j$$

heißen „*Metrikkoeffizienten*"*.

Betrachten wir nun den Spezialfall, daß die Basisvektoren aufeinander senkrecht stehen und *Einheitsvektoren* sind, das heißt, die Länge 1 haben. Man spricht dann von einer *orthonormierten* Basis und bezeichnet sie mit $\boldsymbol{e}_1, \boldsymbol{e}_2, \boldsymbol{e}_3$. Die Komponenten A^1, A^2, A^3 eines Ortsvektors $\boldsymbol{A} = \boldsymbol{OA}$ sind dann die Koordinaten des Punktes A in einem kartesischen Koordinatensystem. (Abb. 16).

---

*) Ein Begriff aus der Tensoralgebra.

Skalar-, Vektorprodukt, orthonormierte, schiefwinklige Basis   235

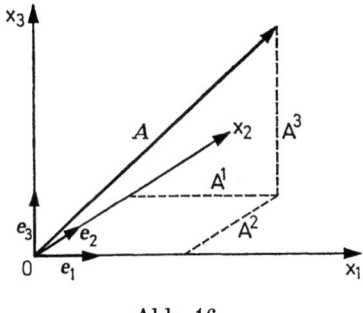

Abb. 16

Wir rechnen die Skalarprodukte nach Definition aus und erkennen, daß die Matrix der Metrikkoeffizienten gleich der Einheitsmatrix ist:

$$\begin{pmatrix} e_1 \cdot e_1 & e_1 \cdot e_2 & e_1 \cdot e_3 \\ e_2 \cdot e_1 & e_2 \cdot e_2 & e_2 \cdot e_3 \\ e_3 \cdot e_1 & e_3 \cdot e_2 & e_3 \cdot e_3 \end{pmatrix} = \begin{pmatrix} 1 & 0 & 0 \\ 0 & 1 & 0 \\ 0 & 0 & 1 \end{pmatrix}$$

Es gilt also

$$g_{ij} = e_i \cdot e_j = \begin{cases} 1 \text{ für } i = j \\ 0 \text{ für } i \neq j \end{cases}$$

Man schreibt dafür auch

$$g_{ij} = \delta_{ij}$$

und nennt

$$\delta_{ij}$$

das „*Kronecker-Symbol*".

In einer orthonormierten Basis stellen sich Skalarprodukte und Vektorprodukt besonders einfach dar:
Es sei

$$A = A^1 e_1 + A^2 e_2 + A^3 e_3$$
$$B = B^1 e_1 + B^2 e_2 + B^3 e_3$$

Dann ist das Skalarprodukt

$$A \cdot B = A^1 B^1 + A^2 B^2 + A^3 B^3.$$

Man multipliziert also einfach entsprechende Komponenten und addiert. Für das Vektorprodukt ist zu bemerken, daß offenbar folgende Beziehungen gelten:

$$e_1 \times e_2 = 0$$
$$e_2 \times e_2 = 0$$
$$e_3 \times e_3 = 0$$
$$e_1 \times e_2 = e_3 = -e_2 \times e_1$$
$$e_2 \times e_3 = e_1 = -e_3 \times e_2$$
$$e_3 \times e_1 = e_2 = -e_1 \times e_3$$

Damit erhält man:

$$\begin{aligned} \boldsymbol{A} \times \boldsymbol{B} = &(A^1 B^2 - A^2 B^1) e_3 \\ + &(A^2 B^3 - A^3 B^2) e_1 \\ + &(A^3 B^1 - A^1 B^3) e_2 \end{aligned}$$

Man kann das zum besseren Einprägen auch als Determinante schreiben:

$$\boldsymbol{A} \times \boldsymbol{B} = \begin{vmatrix} e_1 & e_2 & e_3 \\ A^1 & A^2 & A^3 \\ B^1 & B^2 & B^3 \end{vmatrix}.$$

Wir wollen den Inhalt eines Quaders (auch *Spat* genannt) bestimmen, der von den drei Vektoren $\boldsymbol{A}$, $\boldsymbol{B}$, $\boldsymbol{C}$ aufgespannt wird. $\boldsymbol{B} \times \boldsymbol{C}$ ist ein Vektor senkrecht auf dem von $\boldsymbol{B}$ und $\boldsymbol{C}$ aufgespannten Parallelogramm mit dem Parallelogramminhalt als Länge. Wir brauchen also nur mit der Projektion des Vektors $\boldsymbol{A}$ auf $\boldsymbol{B} \times \boldsymbol{C}$ zu multiplizieren, um V zu erhalten. Das geschieht mit positivem oder negativem Vorzeichen durch das Skalarprodukt von $\boldsymbol{A}$ mit $\boldsymbol{B} \times \boldsymbol{C}$:

$$V = \boldsymbol{A} \cdot (\boldsymbol{B} \times \boldsymbol{C}) = \begin{vmatrix} A^1 & A^2 & A^3 \\ B^1 & B^2 & B^3 \\ C^1 & C^2 & C^3 \end{vmatrix}$$

Man nennt

$$\begin{aligned} [\boldsymbol{A}, \boldsymbol{B}, \boldsymbol{C}] &= \boldsymbol{A} \cdot (\boldsymbol{B} \times \boldsymbol{C}) \\ &= \boldsymbol{B} \cdot (\boldsymbol{C} \times \boldsymbol{A}) \\ &= \boldsymbol{C} \cdot (\boldsymbol{A} \times \boldsymbol{B}) \end{aligned}$$

Spatprodukt, weil es der Größe nach den Rauminhalt des von $\boldsymbol{A}$, $\boldsymbol{B}$, $\boldsymbol{C}$ aufgespannten Spats angibt.

Beschäftigen wir uns noch ein wenig mit Vektoren, die auf schiefwinklige Koordinaten bezogen sind. Als Beispiel (Abb. 17) sei die schiefwinklige Basis g_i gegeben mit

$$g_1 = e_1$$
$$g_2 = e_1 + e_2$$
$$g_3 = e_1 + e_2 + e_3$$

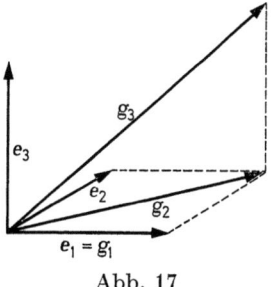

Abb. 17

Gegeben seien weiter die Vektoren

$$x = 2e_1 + 2e_2 + e_3$$
$$y = -e_1 - e_2 + 4e_3$$

Das Skalarprodukt ist

$$x \cdot y = -2 - 2 + 4 = 0$$

Es sollen nun x, y und $x \cdot y$ in der Basis g_i berechnet werden:
Aus:

$$e_1 = g_1$$
$$e_2 = g_2 - g_1$$
$$e_3 = g_3 - g_2$$

erhält man

$$x = g_2 + g_3 \qquad x^1 = 0,\ x^2 = 1,\ x^3 = 1,$$
$$y = -5g_2 + 4g_3 \qquad y^1 = 0,\ y^2 = -5,\ y^3 = 4$$

Die Metrikkoeffizienten sind

$$(g_{ij}) = \begin{pmatrix} 1 & 1 & 1 \\ 1 & 2 & 2 \\ 1 & 2 & 3 \end{pmatrix}$$

Somit ergibt sich

$$\begin{aligned}x \cdot y &= 0 \cdot 0 \cdot 1 + 0 \cdot (-5) \cdot 1 + 0 \cdot 4 \cdot 1 \\ &+ 1 \cdot 0 \cdot 1 + 1 \cdot (-5) \cdot 2 + 1 \cdot 4 \cdot 2 \\ &+ 1 \cdot 0 \cdot 1 + 1 \cdot (-5) \cdot 2 + 1 \cdot 4 \cdot 3 \\ &= -10 + 8 - 10 + 12 = 0\end{aligned}$$

wie vorher.

Gegeben sei eine schiefwinklige Basis g_i. Wir suchen eine neue Basis g^i (wir bringen den Index jetzt oben an), so daß die Basisvektoren der neuen Basis g^i auf jeweils zwei Basisvektoren der alten Basis g_i senkrecht stehen:

$$g_i \cdot g^j = \delta_i^j$$

Die Basis g^j soll dann die *reziproke Basis**) zur Basis g_i heißen.

Der Vektor g^1 steht senkrecht auf g_2 und g_3. Er muß also die Richtung des Vektorprodukts $g_2 \times g_3$ haben. Wir machen deshalb den Ansatz:

$$\alpha g^1 = g_2 \times g_3$$

Wir multiplizieren im Skalarprodukt mit g_1:

$$\alpha(g^1 \cdot g_1) = (g_2 \times g_3) \cdot g_1$$

Definitionsgemäß ist

$$g^1 \cdot g_1 = 1.$$

Damit wird α zu einem Spatprodukt:

$$\alpha = [g_1, g_2, g_3]$$

Man erhält demnach:

$$g^1 = \frac{g_2 \times g_3}{[g_1, g_2, g_3]}$$

$$g^2 = \frac{g_3 \times g_1}{[g_1, g_2, g_3]}$$

$$g^3 = \frac{g_1 \times g_2}{[g_1, g_2, g_3]}$$

---

*) In der Tensoralgebra heißen die Basen g_i und g^i „kovariante" und „kontravariante" Basis.

Bestimmen wir die reziproke Basis für unser vorangehendes Beispiel:

$$g_1 = e_1$$
$$g_2 = e_1 + e_2$$
$$g_3 = e_1 + e_2 + e_3.$$

Das Spatprodukt ist

$$[g_1, g_2, g_3] = \begin{vmatrix} 1 & 0 & 0 \\ 1 & 1 & 0 \\ 1 & 1 & 1 \end{vmatrix} = 1.$$

Damit wird

$$g^1 = g_2 \times g_3 = \begin{vmatrix} e_1 & e_2 & e_3 \\ 1 & 1 & 0 \\ 1 & 1 & 1 \end{vmatrix} = e_1 - e_2$$

$$g^2 = e_2 - e_3$$
$$g^3 = e_3.$$

2. Komplexe Zahlen

2.1. Definition und Veranschaulichung der komplexen Zahlen

Genauso, wie wir bei der Definition von Vektoren zunächst von Zahlenpaaren ausgegangen waren, die der Euklidischen Ebene E_2 zugeordnet sind, so wollen wir es auch hier tun.
Wir definieren:
Eine *komplexe Zahl* z ist ein Zahlenpaar (a, b) reeller Zahlen a und b mit folgenden Eigenschaften:

1) Zwei Zahlenpaare (a, b) und (c, d) sind genau dann gleich, wenn $a = c$ und $b = d$ ist.
2) Die Summe zweier Zahlenpaare (a, b) und (c, d) ist definiert durch:
   $(a, b) + (c, d) = (a+c, b+d)$
3) Das Produkt zweier Zahlenpaare (a, b) und (c, d) wird (abweichend von den Produkten von Vektoren) definiert durch
   $(a, b) \cdot (c, d) = (ac - bd, ad + bc)$

Man kann zeigen, daß alle Regeln für die Grundrechenarten der reellen Zahlen auch für die so definierten komplexen Zahlen gelten.
Wir untersuchen einige Spezialfälle. Es gilt z. B.

$$(a, 0) + (c, 0) = (a + c, 0)$$
$$(a \cdot 0) \cdot (c, 0) = (ac, 0)$$

Hierbei rechnen wir offenbar wie mit reellen Zahlen, schleppen nur die Null an zweiter Stelle mit.
Es gilt

$$(a, b) + (0, 0) = (a, b)$$
$$(a, b) \cdot (1, 0) = (a, b)$$

Es sind also (0,0) das „Nullelement" und (1,0) das „Einselement" der komplexen Zahlen.
Man macht demnach keinen Fehler, wenn man einfach schreibt:

$$(a, 0) = a \; (a \text{ reell})$$

Definition und Veranschaulichung der komplexen Zahlen

Nun zerlegen wir das Paar (a,b) mit Hilfe unserer Definitionen 1) bis 3):

$$z = (a,b) = (a,0) + (0,b)$$
$$= (a,0) + (b,0) \cdot (0,1)$$
$$= a + b \cdot (0,1)$$

Was ist aber das Paar $(0,1)$?
Wir rechnen:

$$(0,1) \cdot (0,1) = (-1,0) = -1$$

Bezeichnen wir $(0,1)$ mit i, so gilt also

$$i^2 = -1$$
$$\text{und } i = \sqrt{-1}$$

Eine Wurzel aus einer negativen Zahl wird als *imaginäre Zahl* bezeichnet. Man nennt deshalb i auch *imaginäre Einheit*. Damit wird

$$z = (a,b) = a + ib$$

Eine komplexe Zahl ist die Summe aus einer reellen Zahl a und einer imaginären Zahl ib.
Zur Veranschaulichung tragen wir uns die komplexe Zahl

$$z = (a,b)$$

in einem rechtwinkligen Koordinatensystem auf. (Abb. 18)

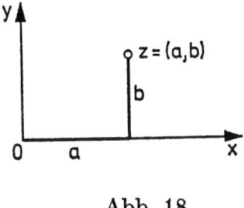

Abb. 18

242 Komplexe Zahlen

Jeder komplexen Zahl entspricht dann ein Punkt in der Ebene. Man nennt sie die Gaußsche Zahlenebene. Es heißen a *Realteil* und b *Imaginärteil* der komplexen Zahl z. In Zeichen:

$$a = \text{Re}\, z \qquad b = \text{Im}\, z$$

Wie man sich leicht überzeugen kann, gelten für die Addition und die Multiplikation mit einem Skalar dieselben Rechenregeln wie bei Vektoren. Man kann z deshalb auch als Ortsvektor darstellen (Abb. 19).

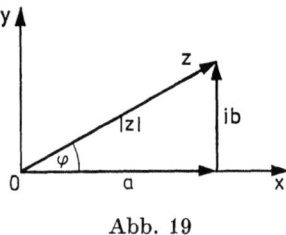

Abb. 19

Dazu muß man nur noch den *Betrag* der komplexen Zahl wie bei den Vektoren definieren:

$$|z| = \sqrt{a^2 + b^2}$$

Den Winkel φ bezeichnet man als *Argument* der komplexen Zahl:

$$\varphi = \arg z = \text{arc tg}\, \frac{b}{a}$$

Man schreibt auch gelegentlich

$$\varphi = \text{arc}\, z$$

und liest: Arcus (Bogen) von z.

Veranschaulichen wir uns noch die Addition (Abb. 20):
Es gilt

$$z_1 = a_1 + ib_1$$
$$z_2 = a_2 + ib_2$$
$$z_1 + z_2 = (a_1 + a_2) + i(b_1 + b_2)$$

Definition und Veranschaulichung der komplexen Zahlen   243

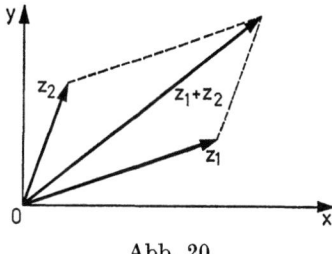
Abb. 20

Bis hierher läuft offenbar alles analog zu den Vektoren.
Aber das Produkt ist, wie bereits erwähnt, ganz anders definiert. Wir zeigen zunächst, daß die Rechenregeln es gestatten, bei der Multiplikation zweier komplexer Zahlen $z_1 = a_1 + ib_1$ und $z_2 = a_2 + ib_2$ einfach mit a_1, a_2, ib_1, ib_2 wie mit reellen Zahlen zu rechnen und dabei $i^2 = -1$ zu beachten. Man erhält so

$$(a_1 + ib_1)(a_2 + ib_2) = a_1 a_2 + i^2 b_1 b_2 + i(a_1 b_2 + a_2 b_1)$$
$$= (a_1 a_2 - b_1 b_2) + i(a_1 b_2 + a_2 b_1)$$
$$= (a_1, b_1) \cdot (a_2, b_2)$$

entsprechend unserer Definition.
Um die Multiplikation zu veranschaulichen, wollen wir Polarkoordinaten einführen (Abb. 21).

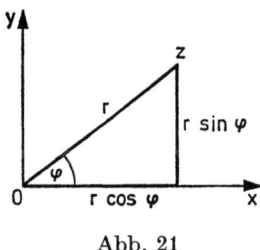
Abb. 21

Hier gilt, wie man sieht, $z = r(\cos\varphi + i\sin\varphi)$ mit $r = |z|$, $\varphi = \arg z$.
Wir multiplizieren die beiden komplexen Zahlen

$$z_1 = r_1(\cos\varphi_1 + i\sin\varphi_1)$$
$$z_2 = r_2(\cos\varphi_2 + i\sin\varphi_2)$$

und rechnen unter Anwendung der Additionstheoreme:

$$
\begin{aligned}
z_1 \cdot z_2 &= r_1 r_2 \cos\varphi_1 \cos\varphi_2 \\
&\quad - \sin\varphi_1 \sin\varphi_2 + i(\sin\varphi_1 \cos\varphi_2 \\
&\quad + \cos\varphi_1 \sin\varphi_2) \\
&= r_1 r_2 \cos(\varphi_1 + \varphi_2) + i \sin(\varphi_1 + \varphi_2)
\end{aligned}
$$

Die Multiplikation zweier komplexer Zahlen bedeutet also eine Drehstreckung. Man dreht den Vektor z_1 um den Winkel φ_2 und multipliziert seine Länge (Streckung) mit r_2.

2.2. Die Eulersche Formel

Die soeben angestellten Betrachtungen über die Multiplikation vereinfachen sich, wenn man die *Eulersche Formel* anwendet:

$$e^{i\varphi} = \cos\varphi + i \sin\varphi$$

Um sie herzuleiten verwenden wir Taylorreihen.

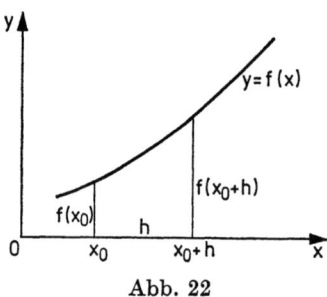

Abb. 22

Sind (Abb. 22) der Funktionswert $f(x_0)$ und die Ableitungen $f'(x_0)$ $f''(x_0)$, usw. an einer Stelle x_0 bekannt, so kann man den Funktionswert an einer um die Spanne h benachbarten Stelle $x_0 + h$ mit Hilfe der Taylorreihe

$$f(x_0 + h) = f(x_0) + hf'(x_0)$$
$$+ \frac{h^2}{2!}f''(x_0) + \frac{h^3}{3!}f'''(x_0) \quad + \ldots + \frac{h^n}{n!}f^{(n)}(x_0) + \ldots$$

nährungsweise berechnen, vorausgesetzt, daß die Taylorreihe konvergiert.
Man sagt, man entwickelt um die Stelle x_0 nach Taylor. Entwickelt man um den Nullpunkt, so setzt man

$$x_0 = 0, \; h = x \text{ und erhält}$$
$$f(x) = f(0) + xf'(0) + \frac{x^2}{2!}f''(0) + \ldots + \frac{x^n}{n!}f^{(n)}(0) + \ldots$$

Wir wollen die Funktionen e^x, $\sin x$, $\cos x$ um den Nullpunkt entwickeln. Es gilt

$$e^x = (e^x)' = (e^x)'' = \ldots.$$

und

$$(\sin x)' = \cos x \qquad (\sin x)'' = -\sin x$$
$$(\sin x)''' = -\cos x \qquad (\sin x)^{IV} = \sin x \text{ usw.}$$

und

$$(\cos x)' = -\sin x \qquad (\cos x)'' = -\cos x$$
$$(\cos x)''' = \sin x \qquad (\cos x)^{IV} = \cos x \text{ usw.}$$

Für die e^x-Reihe sind also Funktionswert und Ableitungen an der Stelle $x = 0$ sämtlich gleich 1.
Für die $\sin x$-Reihe gilt

$$f(0) = 0, \; f'(0) = 1, \; f''(0) = 0, \; f'''(0) = -1, \; f^{(IV)}(0) = 0, \; f^V = 1 \text{ usw.}$$

Für die $\cos x$-Reihe erhält man:

$$f(0) = 1, \; f'(0) = 0, \; f''(0) = -1, \; f^{III}(0) = 0, \; f^{IV}(0) = 1 \text{ usw.}$$

Komplexe Zahlen

Somit ergeben sich die Taylor-Reihen:

$$e^x = 1 + x + \frac{x^2}{2!} + \frac{x^3}{3!} + \cdots + \frac{x^n}{n!} + \cdots$$

$$\sin x = x - \frac{x^3}{3!} + \frac{x^5}{5!} - \frac{x^7}{7!} + - \cdots + (-1)^n \frac{x^{2n+1}}{(2n+1)!} + \cdots$$

$$\cos x = 1 - \frac{x^2}{2!} + \frac{x^4}{4!} - \frac{x^6}{6!} + - \cdots + (-1)^n \frac{x^{2n}}{(2n)!} + \cdots$$

Zur Beruhigung sei hier gesagt, daß alle drei Reihen für alle x konvergieren.

Wir rechnen nun

$$e^{ix} = 1 + ix + \frac{(ix)^2}{2!} + \frac{(ix)^3}{3!} + \cdots$$

$$= 1 - \frac{x^2}{2!} + \frac{x^4}{4!} - \frac{x^6}{6!} + - \cdots$$

$$+ i\left(x - \frac{x^3}{3!} + \frac{x^5}{5!} - \frac{x^7}{7!} + - \cdots\right)$$

Daraus folgt die Euler-Formel:

$$e^{ix} = \cos x + i \sin x$$

Zunächst sei bemerkt, daß die Eulersche Formel die Additionstheoreme für die trigonometrischen Funktionen beinhaltet. Man rechnet

$$e^{i(\alpha+\beta)} = e^{i\alpha} e^{i\beta} = (\cos\alpha + i\sin\alpha)(\cos\beta + i\sin\beta)$$
$$= \cos\alpha\cos\beta - \sin\alpha\sin\beta + i(\sin\alpha\cos\beta + \cos\alpha\sin\beta)$$

Trennen von Real- und Imaginärteil liefert die *Additionstheoreme*:

$$\cos(\alpha+\beta) = \cos\alpha\cos\beta - \sin\alpha\sin\beta$$
$$\sin(\alpha+\beta) = \sin\alpha\cos\beta + \cos\alpha\sin\beta$$

Die Eulerformel gestattet eine weitere Darstellung einer komplexen Zahl z in Polarkoordinaten:

$$z = r(\cos\varphi + i\sin\varphi) = r e^{i\varphi}$$

Die Eulersche Formel 247

Das Produkt zweier komplexer Zahlen

$$z_1 = r_1 e^{i\varphi_1}, \ z_2 = r_2 e^{i\varphi_2}$$

liefert mit unserer Darstellung

$$z_1 \cdot z_2 = r_1 r_2 e^{i(\varphi_1 + \varphi_2)}$$
$$= r_1 r_2 \cos(\varphi_1 + \varphi_2) + i \sin(\varphi_1 + \varphi_2)$$

also das gleiche Ergebnis wie vorher.
Beim Potenzieren von

$$z = r e^{i\varphi}$$

entsteht:

$$z^n = r^n e^{in\varphi} = r^n (\cos n\varphi + i \sin n\varphi)$$

Von dieser Darstellung rührt die Auffassung von $e^{i\varphi}$ als „Drehfaktor" her. Danach (Abb. 23) wird die reelle Zahl $r = r e^{i0}$ mit einem Drehfaktor $e^{i\varphi}$ versehen und führt zum Vektor $z = r e^{i(0+\varphi)} = r e^{i\varphi}$.

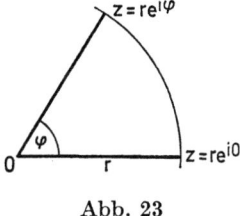

Abb. 23

Betrachten wir die reelle Zahlengerade

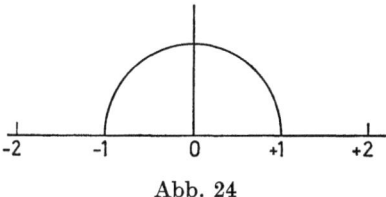

Abb. 24

Die Drehung um 180°, d.h. um das Bogenmaß π führt positive Zahlen in negative über (Abb. 24).

248 Komplexe Zahlen

Speziell entsteht in
$$z = r\,e^{i\varphi}$$
für
$$z = -1,\, r = 1$$
die Beziehung
$$e^{i\pi} = -1.$$

Wir wollen jetzt nur um 90° drehen (Abb. 25).

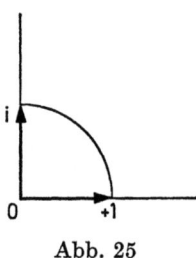

Abb. 25

Durch zweimalige Drehung um einen Winkel φ entsteht der Wert (-1). D.h.
$$1 \cdot e^{i\varphi} \cdot e^{i\varphi} = -1$$
$$e^{i2\varphi} = e^{i\pi}$$
Daraus folgt
$$\varphi = \frac{\pi}{2}$$
und
$$i = e^{i\frac{\pi}{2}}$$

Durch Drehung um 2π geht eine komplexe Zahl in sich selbst über, was anschaulich klar ist und sich z.B. aus
$$1 = (-1) \cdot (-1) = e^{i\pi} \cdot e^{i\pi} = e^{i2\pi}$$
ergibt.

Der Winkel oder das Argument von z ist also nur bis auf beliebige Vielfache von 2π bestimmt.

Man muß demnach für die komplexe Zahl z statt
$$z = r\,e^{i\varphi}$$

eigentlich schreiben:

$$z = r\, e^{i\varphi} \cdot e^{ik\cdot 2\pi}$$
$$= r\, e^{i(\varphi + k 2\pi)}$$

mit $k = 0,\ \pm 1,\ \pm 2, \ldots$

Aus dieser Tatsache rührt eine *Vieldeutigkeit* des Wurzelziehens her. Betrachten wir z.B. die Quadratwurzel:

$$\sqrt{z} = \sqrt{r}\, e^{i(\tfrac{\varphi}{2} + k\cdot\pi)}$$

Sie ist offenbar zweideutig. Es ergibt sich einerseits

$$\sqrt{z} = \sqrt{r}\, e^{i\tfrac{\varphi}{2}} \text{ für } k = 0,$$

andererseits

$$\sqrt{z} = \sqrt{r}\, e^{i(\tfrac{\varphi}{2} + \pi)} \text{ für } k = 1.$$

Alle anderen Fälle, für die k einen Wert annimmt, der weder Null noch eins ist, führen sich auf diese beiden zurück. Im Spezialfall einer positiven reellen Zahl ist $\varphi = 0$ und es ist einerseits:

$$\sqrt{z} = \sqrt{r}\, e^{i\cdot 0} = \sqrt{r},$$

andererseits

$$\sqrt{z} = \sqrt{r}\, e^{i\pi} = -\sqrt{r},$$

was uns bekannt ist.

Man kann zeigen, daß allgemein die n-te Wurzel einer komplexen Zahl $z \neq 0$ n verschiedene Lösungen hat.

Eine große Bedeutung haben die zu komplexen Zahlen z konjugiert komplexen Zahlen z^*.

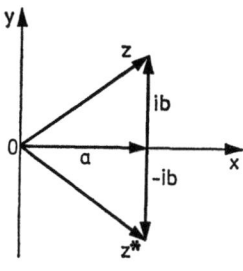

Abb. 26

Man definiert (Abb. 26):
Wenn
$$z = r\,e^{i\varphi} = r\,(\cos\varphi + i\sin\varphi) = a + ib,$$
so ist
$$z^* = r\,e^{-i\varphi} = r\,((\cos(-\varphi) + i\sin(-\varphi)) = r\,(\cos\varphi - i\sin\varphi) = a - ib.$$

Das Produkt einer komplexen Zahl z mit ihrer konjugiert komplexen Zahl ist reell.
Denn
$$z \cdot z^* = r\,e^{i\varphi} \cdot r\,e^{-i\varphi} = r^2\,e^{i\,(\varphi-\varphi)} = r^2.$$

Diese Tatsache benutzt man oft, um z.B. einen Quotienten komplexer Zahlen als komplexe Zahl darzustellen, d.h. um den Nenner „imaginärfrei" zu machen.
Beispiel:
$$z = \frac{1 + 2i}{1 - i}$$

Die konjugiert komplexe Zahl des Nenners ist $(1 + i)$.
Wir erweitern damit:
$$z = \frac{(1 + 2i)\,(1 + i)}{(1 - i)\,(1 + i)} = \frac{1 - 2 + 2i + i}{1 + 1 - i + i} = \frac{-1 + 3i}{2}$$

$$z = \frac{1}{2}(-1 + 3i).$$

Zum Abschluß wollen wir noch kurz ein für die Anwendung wichtiges Beispiel untersuchen, nämlich die komplexe Betrachtungsweise für Schwingungen.

Schwingungen sind „periodische" Vorgänge. Eine Funktion $f(t)$ heißt periodisch mit der Periode T, wenn

$$f(t + T) = f(t)$$

für alle t gilt, d.h. wenn sich nach der „Periode" T der ganze Vorgang wiederholt. Ein solcher periodischer Vorgang ist z.B. die Sinusschwingung

$$y = \sin t$$

y ist die Auslenkung der Schwingung, t die Zeit. Die Periode ist $T = 2\pi$.

Die Eulersche Formel 251

Betrachten wir nun die Sinusschwingung allgemeiner:
Wir können sie nämlich (Abb. 27) einerseits als Sinuslinie

$$y = a \sin \omega t$$

(Amplitude a, Kreisfrequenz ω)

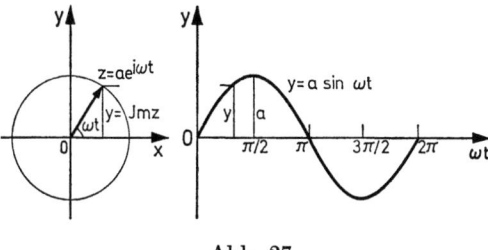

Abb. 27

auffassen, andererseits als Imaginärteil eines komplexen „Drehzeigers"

$$z = a\, e^{i\omega t}$$

von der Länge a, der mit der Winkelgeschwindigkeit ω um den Nullpunkt dreht:

$$y = Im(z) = Im(a\, e^{i\omega t})$$

Bei einer phasenverschobenen Sinusschwingung (Abb. 28)

$$y = a \sin(\omega t + \varphi)$$

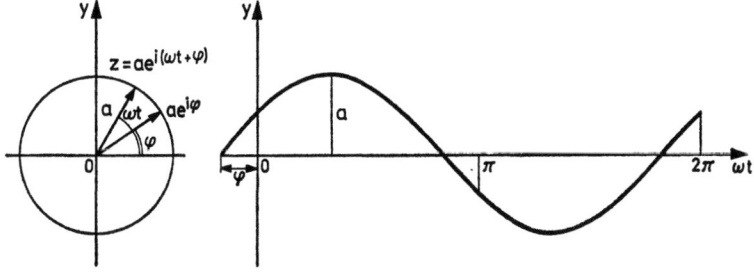

Abb. 28

beginnt der Drehzeiger zur Zeit $t=0$ seinen Umlauf von einer um den Winkel φ von seiner gegen die x-Achse verdrehten Anfangslage aus:

Der Winkel heißt Phasenverschiebung. Es ergibt sich demnach der Drehzeiger

$$z = a\, e^{i(\omega t+\varphi)} = a\, e^{i\varphi}\, e^{i\omega t}$$

oder

$$z = A\, e^{i\omega t}$$

mit der „komplexen Amplitude"

$$A = a\, e^{i\varphi}$$

Ein Beispiel ist die Cosinusschwingung:
Wie man aus Abb. 28 ersieht, ist die Cosinusschwingung offenbar eine um die Phasenverschiebung $\varphi = \frac{\pi}{2}$ verschobene Sinusschwingung:

$$\cos\omega t = \sin\left(\omega t + \frac{\pi}{2}\right)$$

Die Formel ist bereits aus der Trigonometrie bekannt. Man betrachte zur Erinnerung Abb. 29.

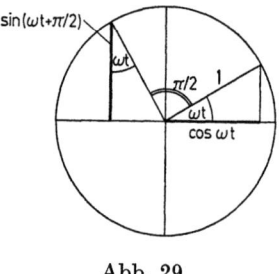

Abb. 29

Weil sich aus

$$z = z_1 + z_2$$

ergibt

$$Jm\, z = Jm\,(z_1 + z_2) = Jm\, z_1 + Jm\, z_2$$

kann man die komplexe Darstellung auch in folgender Weise auf die Überlagerung von Schwingungen gleicher Frequenz anwenden:
Ist
$$z_1 = a_1 \, e^{i \, (\omega t + \varphi_1)}$$
und
$$z_2 = a_2 \, e^{i \, (\omega t + \varphi_2)}$$

so gilt für den Drehzeiger der aus beiden Schwingungen überlagerten Schwingung:
$$z = a_1 \, e^{i \, (\omega t + \varphi_1)} + a_2 \, e^{i \, (\omega t + \varphi_2)}$$
oder
$$z = (a_1 \, e^{i \varphi_1} + a_2 \, e^{i \varphi_2}) \, e^{i \omega t}$$

Man erhält also eine Schwingung mit der gleichen Frequenz. Ihre Amplitude ist
$$a = |a_1 \, e^{i \varphi_1} + a_2 \, e^{i \varphi_2}|$$

und ihre Phasenverschiebung:
$$\varphi = arg \, (a_1 \, e^{i \varphi_1} + a_2 \, e^{i \varphi_2}).$$

Ist die Schwingung nicht nur Funktion der Zeit, sondern auch des Ortes, und ist diese ebenfalls trigonometrisch, so liegt eine „Welle" vor.

Hier sei z.B. eine eindimensionale Welle mit der Raumkoordinate x betrachtet (Man denke z.B. an ein schwingendes Seil). Zu einer konstanten Zeit t setzen wir dann die Schwingung in x periodisch, d.h. trigonometrisch an:
$$z = A \, e^{i \, (kx + \varphi)}$$

Schreitet die Welle mit der Zeit in x-Richtung vor, so wird die Phasenverschiebung mit der Zeit t abnehmen müssen, wie man an Abb. 28 sieht. Man erhält z.B. eine in x-Richtung „fortschreitende" Welle, wenn man setzt:
$$\varphi = - \omega t.$$

Der komplexe Drehzeiger
$$z = A \, e^{i \, (kx - \omega t)}$$

stellt somit eine in x-Richtung fortschreitende Welle dar.

3. Fourier-Reihen und Fourier-Integrale

3.1. Fourier-Reihen

Über die Entwicklung einer Funktion in eine Taylor-Reihe haben wir bereits gesprochen. Es handelt sich hierbei praktisch darum, eine Funktion durch ein „Polynom", d.h. durch eine abbrechende Potenzreihe in Potenzen x^n näherungsweise darzustellen. Man spricht von einer Approximation durch Polynome.

Eine Approximation durch Polynome ist aber nicht immer zweckmäßig. Man entwickelt nämlich eine Funktion nur um „einen" Punkt in eine Taylor-Reihe. Das mag in vielen Fällen günstig sein, wenn es sich um Funktionen handelt, deren Verhalten auch weit vom Entwicklungspunkt entfernt dem der Potenzen entspricht. Eine Funktion dagegen, die um die Entwicklungsstelle herum zunächst *stark schwankt und für große Entfernungen davon sich einem konstanten Wert nähert* wird sich für eine Darstellung durch Taylor-Reihen, wie man sich anschaulich leicht klar macht, schlecht eignen. Ein ähnlicher Fall liegt bei periodischen Funktionen vor. Es liegt nahe, in diesem Falle die Reihenglieder durch (periodische) Sinus- und Cosinus-Funktionen darzustellen.

Eine gegen die Funktion $F(t)$ gleichmäßig konvergente Reihe von der Gestalt

$$y = F(t) = \frac{a_o}{2} + a_1 \cos t + a_2 \cos 2t + a_3 \cos 3t + \ldots + a_n \cos nt + \ldots$$

$$+ b_1 \sin t + b_2 \sin 2t + b_3 \sin 3t + \ldots + b_n \sin nt + \ldots$$

oder

$$F(t) = \frac{a_o}{2} + \sum_{n=1}^{\infty} a_n \cos nt + \sum_{n=1}^{\infty} b_n \sin nt$$

heißt *Fourier-Reihe*.

Weil die Konstante $\frac{a_o}{2}$ und die Funktionen $\cos nt$ und $\sin nt$ überall stetige und beliebig oft differenzierbare Funktionen von t sind, gilt das auch für $F(t)$ selbst. Es sei vorausgesetzt, daß die Fourier-Reihe $F(t)$ periodisch sei mit der Periode 2π, so daß also gilt:

$$F(t + 2\pi) = F(t).$$

Dabei stellt sich heraus, daß man die Koeffizienten a_o, a_n, b_n der Fourier-Reihe durch $F(t)$ selbst darstellen kann. Weil die Integrale über die Sinus- und Cosinus-Glieder über eine volle Periode verschwinden, ergibt sich

$$\int_0^{2\pi} F(t)\,dt = \pi a_o.$$

Die Integrale

$$\int_0^{2\pi} F(t) \cos mt\, dt$$

und

$$\int_0^{2\pi} F(t) \sin mt\, dt$$

berechnen wir mit den sogenannten *Orthogonalitätsrelationen*, die hier ohne Beweis angegeben werden sollen:

$$\int_0^{2\pi} \sin mx \sin nx\, dx = \begin{cases} 0 \text{ für } m \neq n \\ \pi \text{ für } m = n \end{cases}$$

$$\int_0^{2\pi} \sin mx \cos nx\, dx = 0$$

$$\int_0^{2\pi} \cos mx \cos nx\, dx = \begin{cases} 0 \text{ für } m \neq n \\ \pi \text{ für } m = n \end{cases}$$

Sie ergeben sich aufgrund der Additionstheoreme für die trigometrischen Funktionen.

Wir wenden nun die Orthogonalitäts-Relationen auf unsere Integrale an und erhalten, wenn wir für $F(t)$ die Fourier-Reihe einsetzen:

$$\int_0^{2\pi} F(t) \cos mt\, dt = \pi a_m$$

Es fallen nämlich, außer einem, die Integrale für alle Glieder der Fourier-Reihe aufgrund der Orthogonalitätsrelationen weg. Übrig bleibt nur das Integral

$$\int_0^{2\pi} a_m \cos mt \cos mt \, dt,$$

das aufgrund der Relation

$$\int_0^{2\pi} \cos mt \cos mt \, dt = \pi$$

das obige Ergebnis liefert.

Entsprechend erhält man

$$\int_0^{2\pi} F(t) \sin mt \, dt = \pi b_m$$

Damit lassen sich die Koeffizienten der Fourier-Reihe durch $F(t)$ ausdrücken:

$$a_o = \frac{1}{\pi} \int_0^{2\pi} F(t) \, dt$$

$$a_m = \frac{1}{\pi} \int_0^{2\pi} F(t) \cos mt \, dt$$

$$b_m = \frac{1}{\pi} \int_0^{2\pi} F(t) \sin mt \, dt.$$

Diese Zusammenhänge macht man sich zunutze, um eine beliebige periodische Funktion $f(t)$, die sogar an einzelnen Stellen Sprünge aufweist, d.h. sogar unstetig sein darf, in eine Fourier-Reihe zu entwickeln. Man setzt einfach in die obigen Integrale für $F(t)$ die gegebene Funktion $f(t)$ ein:

$$a_o = \frac{1}{\pi} \int_0^{2\pi} f(t) \, dt$$

$$a_n = \frac{1}{\pi} \int_0^{2\pi} f(t) \cos nt \, dt$$

$$b_n = \frac{1}{\pi} \int_0^{2\pi} f(t) \sin nt \, dt$$

Mit diesen Fourier-Koeffizienten erhält man die Fourier-Reihe:

$$f(t) \approx \frac{a_o}{2} + a_n \cos nt + b_n \sin nt$$

Hierbei ist absichtlich das Gleichheitszeichen vermieden. Es ist nämlich nicht gesagt, daß die Fourier-Reihe genau die gegebene Funktion $f(t)$ darstellt. Hat die Funktion $f(t)$ Sprünge, so ist das sicher nicht der Fall, weil die Fourier-Reihe, wenn sie konvergent ist, nur gegen eine stetige Funktion konvergieren kann. Für die Belange der Praxis ist es deshalb unzweckmäßig, gleichmäßige Konvergenz zu verlangen. Man begnügt sich vielmehr damit, eine gute Approximation im „Mittel" zu verlangen.

Wenn unsere Funktion $f(t)$ durch das trigonometrische Polynom

$$P_N(t) = \frac{\alpha_o}{2} + \sum_{n=1}^{N} \alpha_n \cos nt + \sum_{n=1}^{N} \beta_n \sin nt$$

approximiert wird, so soll die Forderung der guten Approximation im quadratischen Mittel heißen, daß das Fehler-Integral

$$\Phi_N = \int_0^{2\pi} [f(t) - P_N(t)]^2 \, dt$$

möglichst klein werden soll. D. h., an einzelnen Stellen, wie z. B. den Unstetigkeitsstellen dürfen ruhig größere Abweichungen vorhanden sein, wenn sie nur „im Mittel" wenig ausmachen.

Man kann beweisen, daß unter allen trigonometrischen Polynomen vom Grade N

$$P_N(t) = \frac{a_o}{2} + \sum_{n=1}^{N} \alpha_n \cos nt + \sum_{n=1}^{N} \beta_n \sin nt$$

genau die Fourier-Reihe mit $\alpha_0 = a_o$, $\alpha_n = a_n$, $\beta_n = b_n$ die beste Approximation im quadratischen Mittel an die Funktion $f(t)$ gibt.

„Konvergenz im quadratischen Mittel" liegt vor, wenn das Fehler-Integral $\Phi_N(t)$ für $N \to \infty$ gegen Null geht. Das ist (hier ohne Herleitung) genau dann der Fall, wenn die Parsevalsche Gleichung erfüllt ist:

$$\frac{a_o^2}{2} + \sum_{n=1}^{\infty} (a_n^2 + b_n^2) = \frac{1}{\pi} \int_0^{2\pi} f^2(t) \, dt.$$

Beispiel: Rechteckkurve (Abb. 30):

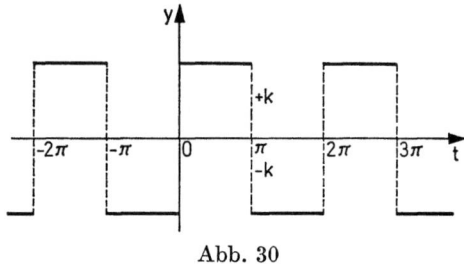

Abb. 30

Es ist
$$f(t) = \begin{cases} + k \text{ für } 0 < t < \pi \\ - k \text{ für } \pi < t < 2\pi \end{cases}$$

Wir rechnen

$$a_0 = \frac{1}{\pi} \int_0^{2\pi} f(t)\, dt = 0$$

$$a_n = \frac{1}{\pi} \int_0^{2\pi} f(t)\, dt = \frac{1}{\pi} \{\int_0^{2\pi} k \cos nt\, dt + \int_\pi^{2\pi} (-k) \cos nt\, dt\}$$

$$= \frac{k}{n\pi} \left(\sin nt \Big|_0^\pi - \sin nt \Big|_\pi^{2\pi} \right) = 0$$

Diese Tatsache ist anschaulich einzusehen. Man nennt eine Funktion $f(t)$, für die $f(-t) = -f(t)$ gilt, eine „*ungerade Funktion*" und entsprechend eine Funktion $f(t)$, für die $f(-t) = f(t)$
gilt, eine „*gerade Funktion*". Der Cosinus ist demnach eine gerade, der Sinus eine ungerade Funktion. Die obige Rechteckkurve ist eine ungerade Funktion. Ihre Fourier-Reihe muß sich dementsprechend nur durch Sinusglieder darstellen lassen, woraus folgt $a_n = 0$. Für die Sinus-Glieder rechnen wir:

$$b_n = \frac{1}{\pi} \int_0^\pi k \sin nt\, dt - \int_\pi^{2\pi} k \sin nt\, dt = \frac{k}{n\pi} \left(-\cos nt \Big|_0^\pi + \cos nt \Big|_\pi^{2\pi} \right)$$

Wir betrachten die beiden Fälle für gerade und ungerade n getrennt:
n gerade:
$$b_n = \frac{k}{n\pi} \left[-(1-1) + (1-1) \right] = 0$$

n ungerade:
$$b_n = \frac{k}{n\pi}\left[1+1+1+1\right] = \frac{4k}{n\pi}$$

Damit entsteht die Fourier-Reihe für die Rechteckkurve:

$$f(t) \approx \frac{4k}{\pi} \sum_{\nu=1}^{\infty} \frac{1}{2\nu-1} \sin(2\nu-1)t$$

$$= \frac{4k}{\pi}\left(\left(\sin t + \frac{1}{3}\sin 3t + \frac{1}{5}\sin 5t + \ldots\right)\right.$$

Wie schon gesagt, liefert sie gute Approximation im quadratischen Mittel.

An den Sprungstellen $t = n\pi$, mit $n = 0, \pm 1, \pm 2, \ldots$ von $f(t)$ liefert die Fourier-Reihe stets den Wert Null, obwohl $f(t)$ dort die Werte $+1$ bzw. -1 ergibt.

Wir haben sogar Konvergenz im quadratischen Mittel, d.h. die Parsevalsche Gleichung ist erfüllt. Ihre linke Seite ist

$$\sum_{\nu=1}^{\infty} b_n^2 = \frac{16k^2}{\pi^2}\left(1 + \frac{1}{3^2} + \frac{1}{5^2} + \ldots\right)$$

$$= \frac{16k^2}{\pi^2} \cdot \frac{\pi^2}{8} = 2k^2$$

denn die Summe der reziproken Quadrate der ungeraden Zahlen ist $\frac{\pi^2}{8}$ (ohne Beweis). Die rechte Seite ist

$$\frac{1}{\pi}\int_0^{2\pi} f^2(t)\,dt = \frac{1}{\pi}\int_0^{2\pi} k^2\,dt = 2k^2$$

liefert also dasselbe Ergebnis.

Die komplexe Behandlung von Schwingungen legt es nahe, auch bei Fourier-Reihen die komplexe Schreibweise einzuführen.

Wir setzen nach der Euler-Formel:

$$\cos nt = \frac{1}{2}(e^{int} + e^{-int})$$

$$\sin nt = \frac{1}{2i}(e^{int} - e^{-int})$$

17*

Damit wird:

$$\frac{a_0}{2} + \sum_{n=1}^{\infty} a_n \cos nt + \sum_{n=1}^{\infty} b_n \sin nt = \sum_{k=-\infty}^{+\infty} \alpha_k e^{ikt}$$

Der Koeffizientenvergleich liefert

$$\alpha_0 = \frac{a_0}{2}$$

und

$$\alpha_n = \frac{a_n - ib_n}{2}$$

$$\alpha_{-n} = \frac{a_n + ib_n}{2}, \text{ also: } \alpha_n = \alpha_{-n}^*$$

Es müssen also α_n und α_{-n} konjugiert komplex sein, sonst würde man keine reelle Funktion $F(t)$ für die Fourier-Reihe

$$F(t) = \sum_{-\infty}^{+\infty} \alpha_k e^{ikt}$$

erhalten. Die Fourier-Koeffizienten gewinnt man durch Multiplikation mit e^{-imt} und Integration:

$$\int_0^{2\pi} F(t) e^{-mt} dt = 2\pi \alpha_m$$

Ergebnis:
Man entwickelt eine Funktion $f(t)$ in eine Fourier-Reihe

$$f(t) \approx \sum_{-\infty}^{+\infty} \alpha_k e^{ikt}$$

indem man die Koeffizienten α_k aus

$$\alpha_k = \frac{1}{2\pi} \int_0^{2\pi} f(t) e^{-ikt} dt$$

berechnet.
Als Beispiel soll unsere Rechteckkurve dienen:

$$\alpha_m = \frac{1}{2\pi} \int_0^{\pi} k\, e^{-imt} dt - \frac{1}{2\pi} \int_{\pi}^{2\pi} k\, e^{-imt} dt$$

$$\alpha_m = \frac{ik}{2\pi m} \left(e^{-imt} \Big|_0^{\pi} - e^{-imt} \Big|_{\pi}^{2\pi} \right)$$

m gerade:
$$\alpha_m = 0$$

m ungerade:
$$\alpha_m = \frac{ik}{2\pi m}(-1-1-1-1)$$
$$= -i\frac{4k}{2\pi m}$$

$$\alpha_{-m} = \alpha_m^* = i\frac{4k}{2\pi m}$$

$$\alpha_0 = \frac{1}{2\pi}\int_0^\pi k\,dt + \frac{1}{2\pi}\int_\pi^{2\pi} -k\,dt = 0.$$

Man erhält also für ungerade m:

$$f(t) \approx \frac{4k}{2\pi}\sum_{\substack{m=1\\m\text{ ungerade}}}^{+\infty}\left(-\frac{i}{m}e^{imt} + \frac{i}{m}e^{-imt}\right) = -\frac{8ki}{2\pi}\sum_{m=1}^{\infty}\frac{i}{2m-1}\sin(2m-1)t$$

$$= \frac{4k}{\pi}\sum_{m=1}^{\infty}\frac{1}{2m-1}\sin(2m-1)t$$

also das gleiche Ergebnis wie vorher für die Rechteckkurve.

3.2. Fourier-Integrale

Wir wollen zunächst die Fourier-Reihe für die allgemeine Periode $2l$ statt für 2π aufschreiben. Anstelle der Zeit t wollen wir die Koordinate x einführen. Wenn die Funktion $f(x)$ in eine Fourier-Reihe entwickelbar ist, so gilt, wie man sich leicht überzeugt:

$$f(x) = \frac{a_0}{2} + \sum_{n=1}^{\infty} a_n \cos\frac{n\pi x}{l} + \sum_{n=1}^{\infty} b_n \sin\frac{n\pi x}{l}$$

Für $2l = 2\pi$ geht diese Fourier-Reihe in die zuvor behandelte über. Die Fourier-Koeffizienten sind:

$$a_0 = \frac{1}{l}\int_{-l}^{+l} f(y)\,dy$$

$$a_n = \frac{1}{l}\int_{-l}^{+l} f(y)\cos\frac{n\pi y}{l}\,dy$$

$$b_n = \frac{1}{l}\int_{-l}^{+l} f(y)\sin\frac{n\pi y}{l}\,dy$$

Weil wir diese Koeffizienten in unsere Fourier-Reihe einsetzen wollen, haben wir die Integrationsvariable von x in y geändert, was wir dürfen, denn nach der Integration werden die festen Grenzen $-l$ und $+l$ für x bzw. y eingesetzt, wodurch die Koeffizienten gar nicht von x bzw. y abhängen.

Wir setzen ein

$$f(x) = \frac{1}{2l}\int_{-l}^{+l} f(y)\,dy +$$
$$+ \frac{1}{l}\sum_{n=1}^{\infty}\int_{-l}^{+l} f(y)\left[\cos\frac{n\pi y}{l}\cos\frac{n\pi x}{l} + \sin\frac{n\pi y}{l}\sin\frac{n\pi x}{l}\right]dy.$$

Wir konnten $\cos\frac{n\pi x}{l}$ und $\sin\frac{n\pi x}{l}$ unter das Integral ziehen, weil ja über y, nicht über x integriert wird. Mit Hilfe des entsprechenden Additionstheorems erhalten wir:

$$f(x) = \frac{1}{2l}\int_{-l}^{+l} f(y)\,dy + \frac{1}{l}\sum_{n=1}^{\infty}\int_{-l}^{+l} f(y)\cos\frac{n\pi(y-x)}{l}\,dy$$

Der Versuch, eine andere für nichtperiodische Funktionen $f(x)$ gültige Darstellung zu finden, führt nun zu der Idee, einen Grenzübergang $l \to \infty$ auszuführen. Hier soll das rein formal geschehen, ohne zu untersuchen, unter welchen Voraussetzungen das erlaubt ist. Das Folgende gilt also nur unter Voraussetzungen, die wir hier aus Platzgründen nicht angeben*.

Betrachten wir in unserer letzten Darstellung von $f(x)$ das 2. Integral:

$$J_2(x) = \frac{1}{l}\sum_{n=1}^{\infty}\int_{-l}^{+l} f(y)\cos\frac{n\pi(y-x)}{l}\,dy.$$

---

*) Näheres darüber findet man z.B. in „Duschek": Höhere Mathematik, Bd. IV Wien: Springer, 1961

Wir denken uns eine neue Variable $z = \dfrac{n\pi}{l}$, die (weil n eine natürliche Zahl ist) freilich nur für diskrete Werte gegeben ist, z. B.

$$z_1 = \frac{\pi}{l},\ z_2 = \frac{2\pi}{l},\ z_3 = \frac{3\pi}{l}\ \text{usw.}$$

Wir setzen demnach eine Funktion $\varphi(x, z)$ an gemäß

$$\varphi(x, z_n) = \frac{1}{\pi} \int_{-l}^{+l} f(y) \cos z_n (y - x)\, dy$$

Dann wird

$$J_2(x) = \frac{\pi}{l} \sum_{n=1}^{\infty} \varphi(x, z_n)$$

Nun ist aber $\dfrac{\pi}{l}$ gerade die Spanne $\varDelta z$ der äquidistanten Stellen z_i (siehe Abb. 31).

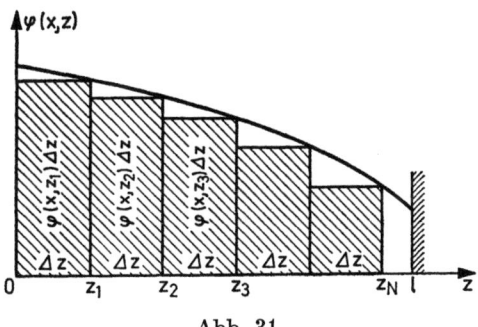

Abb. 31

Wir wollen zunächst höhere Fourier-Glieder weglassen, die obige Summe also nicht bis ∞ ausdehnen, sondern nur bis zu demjenigen N, für das z_N noch gerade in das Intervall

$$0 \leq z \leq l$$

zu liegen kommt.

Dann wird

$$J_2(x) = \sum_{n=1}^{N} \varphi(x, z_n)\, \varDelta z$$

Bei Verfeinerung der Teilung mit $l \to \infty$, d.h. $\Delta z \to 0$ und $N \to \infty$ wird $J_2(x)$ (siehe Abb. 31) den Flächeninhalt unter der Kurve $\varphi(x,z)$ ergeben, d.h. das Integral*):

$$\lim J_2(x) = \int_0^\infty \varphi(x,z)\, dz.$$

Es war
$$f(x) = J_1(x) + J_2(x)$$
mit
$$J_1(x) = \frac{1}{2l} \int_{-l}^{+l} f(y)\, dy$$

Für $l \to \infty$ wird das Integral $J_1(x)$ verschwinden, so daß gilt

$$f(x) = \frac{1}{\pi} \int_0^{+\infty} dz \int_{-\infty}^{+\infty} f(y) \cos z\, (y-x)\, dy$$

Diese Beziehung heißt *Fouriersches Integraltheorem*.

Es gilt auch für nichtperiodische Funktionen $f(x)$. So wie man vorher bei periodischen Funktionen auf der rechten Seite die Fourier-Reihe stehen hatte, nennt man hier die rechte Seite *Fourier-Integral*.

Weil $\cos z\,(y-x)$ hinsichtlich z eine gerade Funktion ist, kann man das erste Integral auch von $-\infty$ bis $+\infty$ ausdehnen, wenn man durch 2 teilt:

$$f(x) = \frac{1}{2\pi} \int_{-\infty}^{+\infty} dz \int_{-\infty}^{+\infty} f(y) \cos z\, (y-x)\, dy$$

Weil $\sin z\,(y-x)$ eine ungerade Funktion von z ist, gilt

$$0 = \frac{i}{2\pi} \int_{-\infty}^{+\infty} dz \int_{-\infty}^{+\infty} f(y) \sin z\, (y-x)\, dy.$$

Durch Subtraktion entsteht unter Beachtung der Eulerformel:

$$f(x) = \frac{1}{2\pi} \int_{-\infty}^{+\infty} dz \int_{-\infty}^{+\infty} f(y)\, e^{-iz(y-x)}\, dy$$

Das ist das Fouriersche Integraltheorem in komplexer Darstellung. Man würde es mit weniger Schreibarbeit gewinnen können, wenn man von der komplexen Fourier-Reihe ausgehen würde. Dieser Weg sei dem Leser als Übungsaufgabe empfohlen.

---

*) Diesem Vorgehen liegt die übliche Definition des Integrals als Flächeninhalt zugrunde, d.h. der Begriff des „Riemannschen Integrals".

Sachverzeichnis

Absolutwertbestimmung der Strukturamplituden 109 ff
Absorption, Einfluß auf die Intensitäten der Röntgeninterferenzen 48 ff
Additionstheorem 244, 246, 255
Äqui-Inklinationsverfahren 74
$AgClO_4$/Benzol-Komplex 174
Annonitin 200
Anomale Streuung 126
Argument 242
Assoziatives Gesetz 227, 231
Asymmetrische Einheit 8
Aufnahmeverfahren 65 ff
Auslöschungsgesetz
— seriales 60
— zonales 61
— integrales 62
Atomformamplitude 34, 43

Basis, orthonormierte 230
Basis, schiefwinklige 230
Basisvektor 228
Basiszentriertes Kristallgitter 25
Batrachotoxin 205
Batrachotoxinin A 205
Beugungswinkel 32
Bildsuchfunktion 117, 198
Bragg-Reflexe beim Einstrahlen von sichtbarem oder UV-Licht 186
Bragg'sche Gleichung 36 ff
Bravais-Gitter 14 ff
Bullvalen 196

L-5-Carboxy-7-formyl-1.2.5.6-tetrahydro-3H-pyrrolo[1,2a]azepin-3-on 206

Carnosin 163
Carnosin-Cu(II)-Komplex 163
Cholesterin 162
7α-Brom-cholesterylchlorid 162
7α-Brom-cholesterylbromid 162
7α-Brom-cholesterylmethyläther 162
Cephalosporin C 176
Codein 183

Dampfdruckisotherme von salzfreiem Pferde-Methämoglobin 185
Dampfdruckisotherme von salzhaltigem Pferde-Methämoglobin 185
Debye-Waller-Faktor 52
DeJong-Bouman-Verfahren 65, 90 ff
Differenz-Fourier-Synthesen 149
Diffraktometer 65, 94 ff
Digitoxigenin 203
Dimensionsaxiom 228
6.6-Dimethylamino-5-aza-azulen 212
Diosgenin 167
Diosgenin-jodacetat 167
Direkte Methoden 203
Direkte Methoden der Phasenbestimmung 134
Direkte Methoden der Phasenbestimmung der Strukturamplituden
— Nullpunktbestimmung der Elementarzelle — 140 ff
Distributives Gesetz 226, 227, 231
Drehachse 9
Drehfaktor 247
Drehinversionsachse 11, 12, 13
Drehkristallverfahren 65 ff
Drehspiegelachse 13, 14
Donator-Acceptor-Moleküle 174

Sachverzeichnis

Ecdyson 197
Einheitsvektor 234
Einselement 240
Eisen(III)-benzhydroxamat-trihydrat 119, 201
Elektronendichte 33, 98ff
Elementarzelle 7, 24
L-Ephedrin 182
Ergoflavin 168
Eulersche Formel 244, 246, 259
Euklidische Ebene 221, 240
Euklidischer Raum 221
Ewald P. P. 30, 40, 41
Experimentelle Phasenbestimmung der Strukturamplituden 126

Faltmolekülmethode 120
Fehler-Integral 257
Flächenzentriertes Kristallgitter 25
Flat-Cone-Verfahren 74
Fourier-Integral 261, 264
Fouriersches Integraltheorem 264
Fourier-Koeffizient 255, 257, 260
Fourier-Reihen 98ff., 254, 259ff.
Fourier-Reihen, zweidimensionale 107
Fourier-Transformation 120

Gaußsche Zahlenebene 242
gerade Funktion 258
Gesetz, assoziatives 227, 231
Gesetz, distributives 226, 227, 231
Gesetz, kommutatives 226f., 231, 233
Gitterfaktor 31, 34
Gitterkonstanten 7
Gittervektor 33
Gleitspiegelebene 22ff
Grundvektor 228

Hämoglobin 186, 194
Harker-Kasper-Ungleichungen 135
Harker-Schnitte 105ff
Hermann 14, 22
6-Hydroxycrinamin 208

Imaginäre Einheit 241
imaginäre Zahl 241

Imaginärteil 242
Interferenzfunktion, Laue'sche 34
Isomorpher Ersatz 132, 180
Isotyper Ersatz 180

Karle- und Hauptmann-Ungleichungen 135
Karle Symbolische Additionsmethode 146
Kinematische Theorie 30ff
Kommutatives Gesetz 226f., 231, 233
Komplexe Amplitude 252
Komplexverbindungen 163, 174, 180
π-Komplex Pikrinsäure/1-Brom-2-aminonaphthalin 174
Komplex Azulen/Trinitrobenzol 174
Komplex Indol/Trinitrobenzol 174
Komplexe Zahlen 240
Konfiguration, absolute 176
Koordinatensystem, rechtwinkliges 241
Kreysiginin 170
Kristallklassen 14ff
Kristallstruktur 31
Kristallsysteme 14ff
Kronecker-Symbol 235

Laue-Gruppe 14ff
Laue'sche Interferenzfunktion 34
Least-Squares-Strukturverfeinerung 149
Lorentzfaktor 44ff
Lorentzfaktor für die Präzessionsmethode 81ff
Lorentzfaktor für das Weißenberg-Verfahren 78
Lysozym 187

Mauguin 14, 22
4-Methyl-pentaleno[6.6a.1.2-def] heptalen 210

Sachverzeichnis

Metrikkoeffizient 234, 237
Minimumfunktion 119
Morphin 171
Mosaikkristall 30

Netzebenenserie 40
Normalisierte Strukturamplituden 135
Normalstrahlverfahren 74
Nullelement 240
Nullvektor 222

Orthogonalitätsrelationen 255f
orthonormierte Basis 234
Ortsvektor 226, 228

Patterson-Funktion 103ff
Patterson-Funktion, Auswertung 116
Periode 250
Peripherie-Winkel 231
Phasenbestimmung der Strukturamplituden 115ff
Phasenbestimmung der Strukturamplituden, experimentelle 126
Phasenbestimmung der Strukturamplituden — direkte Methoden 134
Phasenverschiebung 252
Phthalocyanin 181
Polarisationsfaktor 31, 47
Polarkoordinaten 243, 246
Polynom 254
Präzessionsmethode 65, 81
Präzessionsmethode, Lorentzfaktor 81ff
Produktfunktion 119
Proteine 186

Raumgruppe 22ff
Raumzentriertes Kristallgitter 25
Realteil 242
Rechenregeln 227

Rechteckkurve 258
Reflexionsvermögen, integrales 43ff
Reserpin 204
Reziprokes Gitter 36ff
Reziprokes Gitter, Symmetrie 53ff
Ribonuclease 190
Rubidiumbenzyl-penicillin 200

Samandaridin 199
Samandarin 161, 173
Satz des Pythagoras 232
Satz des Thales 231
Sayre-Gleichung 137
schiefwinklige Basis 230
Schoenflies 14, 21, 29
Schraubenachse 22ff
Schraubenzieherregel 233
Schweratommethode 116, 158
Sinusschwingung 251
Skalar 222
Skalarprodukt 230, 231, 235, 237
Spatprodukt 236
Spiegelebene 9
Strahlensatz 226
Streuvektor 33
Strukturamplitude 31, 34
Strukturamplituden, Absolutwertbestimmung 109ff
Strukturamplituden, normalisierte 135
Strukturamplituden, Phasenbestimmung 115ff
Strukturamplituden, unitäre 135
Summenfunktion 119
Symbolische Additionsmethode (Karle) 146
Symmetrie des reziproken Gitters 53ff
Symmetrieabhängige Punktlagen 9, 10
Symmetrieelemente 9, 13
Symmetriefaktor 55ff
Symmetrieoperationen 9, 10
Symmetriezentrum 9

Taylorreihe 244, 246
Temperatur, Einfluß auf die Intensitäten der Röntgeninterferenzen 50ff

Temperaturfaktor, anisotroper 53
Temperaturfaktor, isotroper 52
Testosteron 165
Testosteron-Hg-Cl$_2$-Komplex 165
Translationssymmetrie 7, 8
Translationsvektoren 7, 8

Ungerade Funktion 258
Unitäre Strukturamplituden 135

Vektorkonvergenzmethode 198
Vektorprodukt 230, 233, 235
Vektorraum 228
Verfeinerung der Parameter 149

Vierkreisdiffraktometer 65, 94ff
Vitamin B$_{12}$ 175

Weißenberg-Diffraktometer 65, 94ff
Weißenberg-Verfahren 65
Weißenberg-Verfahren
 Aufnahme höherer Schichten 74ff
Weißenberg-Verfahren, Lorentzfaktor 78
Wilson-Statistik 109ff

Zahl, komplexe 242
Zusatzsymmetrieelemente 22ff

Anleitungen für die chemische Laboratoriumspraxis

Herausgegeben von H. Mayer-Kaupp
Ab Band XII herausgegeben von F. L. Boschke

Band I
**Seith/Ruthardt:
Chemische Spektralanalyse**
6., ergänzte Aufl. von W. Rollwagen
84 Abbildungen und eine Tafel
XII, 185 Seiten. 1970
Geb. DM 48,—; US $21.70
ISBN 3-540-04770-0

Band II
Kortüm: Kolorimetrie, Photometrie und Spektrometrie
4., neubearb. und erweiterte Auflage
224 Abbildungen. VIII, 464 Seiten
1962. Geb. 58,—; US $26.20
ISBN 3-540-02782-3

Band IV
Hevrovský: Polarographisches Praktikum
2., neubearbeitete Auflage
105 Abbildungen. VIII, 116 Seiten
1960. Geb. DM 28,—; US $12.70
ISBN 3-540-02497-2

Band V
Otting: Der Raman-Effekt und seine analytische Anwendung
33 Abbildungen. VI, 161 Seiten
1952. DM 22,—; US $10.00
ISBN 3-540-01608-2

Band VI
**Rauen/Stamm:
Gegenstrom-Verteilung**
65 Abbildungen. VIII, 81 Seiten
1953. DM 22,—; US $10.00
ISBN 3-540-01676-7

Band VIII
Sagel: Tabellen zur Röntgenstrukturanalyse
VIII, 204 Seiten. 1958
DM 36; US $16.30
ISBN 3-540-02246-5

Band IX
Sagel: Tabellen zur Röntgen-Emissions- und Absorptions-Analyse
23 Abbildungen und 6 Tafeln
VIII, 135 Seiten. 1959
Geb. DM 32,—; US $14.50
ISBN 3-540-02364-X

Band X
Bayer: Gas-Chromatographie
2., völlig neubearb. erweit. Auflage
81 Abbildungen. XII, 324 Seiten
1962. Geb. DM 56,—; US $25.30
ISBN 3-540-02783-1

Band XI
Gál: Die Methodik der Wasserdampf-Sorptionsmessungen
48 Abbildungen. XII, 139 Seiten
1967. Geb. DM 38,—; US $17.20
ISBN 3-540-03721-7

Band XII
Habermehl/Göttlicher/Klingbeil: Röntgenstrukturanalyse organischer Verbindungen
Eine Einführung
136 Abbildungen. XII, 268 Seiten.
1973. Geb. 76,— DM; US $34.30
ISBN 3-540-06091-X

Band XIII
Cammann: Das Arbeiten mit ionenselektiven Elektroden
61 Abbildungen. Etwa 220 Seiten
1973. Geb. DM 56,—; US $25.30
ISBN 3-540-06278-5

Preisänderungen vorbehalten

**Springer-Verlag
Berlin Heidelberg New York**
München London Paris
Sydney Tokyo Wien

MIX
Papier aus verantwortungsvollen Quellen
Paper from responsible sources
FSC® C105338

If you have any concerns about our products,
you can contact us on
ProductSafety@springernature.com

In case Publisher is established outside the EU,
the EU authorized representative is:
**Springer Nature Customer Service Center GmbH
Europaplatz 3, 69115 Heidelberg, Germany**

Printed by Libri Plureos GmbH
in Hamburg, Germany